The Best Scientific Essays on Skepticism

스켑틱 10주년
베스트 에세이

나는 의심한다,
고로 존재한다

한국 스켑틱 편집부 엮음

바다출판사 | SKEPTIC KOREA

회의주의 선언

마이클 셔머

빈센트 데티에Vincent Dethier는 멋진 소책자《파리를 알기 위해
To Know a Fly》의 서문에서 아이들이 어떻게 과학자로 자라는지
익살스럽게 표현했다.

어린아이들에게는 개미를 밟아서는 안 된다는 금기가 있다. 개미
를 밟으면 비가 온다는 말을 들었기 때문이다. 그런데 파리의 다
리나 날개를 뜯어서는 안 된다는 금기는 없었던 것 같다. 대부분
의 아이들은 자라면서 그런 행동을 그만두게 된다. 나이가 들어서
도 이 버릇을 못 고치는 아이들은 나쁜 길로 빠지거나 아니면 생
물학자가 된다.

아이들이 어떻게 회의주의자로 자라는지에 대해서도 마찬가
지로 이야기할 수 있을 듯하다. 어린 시절에 아이들은 지식광처

럼 눈에 보이는 모든 것에 대해 질문하지만 회의적인 태도는 거의 보이지 않는다. 대다수의 아이들은 회의와 미혹의 차이를 배우지 못한다. 이를 깨닫는 아이들은 나쁜 길로 빠지거나 아니면 본격적인 회의주의자가 된다.

제임스 랜디James Randi도 그렇게 자란 회의주의자들 가운데 한 명이다. '초자연현상에 대한 과학적 조사 위원회Committee for the Scientific Investigation of Claims of the Paranormal, CSICOP'의 창립자 및 회원들도 마찬가지다. 그 단체를 전신으로 하는 회의론적 조사 위원회Committee for Skeptical Inquiry, CSI의 잡지《스켑티컬 인콰이어러Skeptical Inquirer》는 본지와 그 밖의 유사 출판물들이 회의주의를 추구하면서 따라야 할 기준을 세워왔다. 여기서 회의주의skepticism란 무슨 뜻일까? 이 단어는 거기 실린 무거운 짐 때문에 다루기가 만만찮다. 이 단어는 사람마다 생각하는 의미가 다르다. (우리는 본 잡지명과 단체명으로 수많은 이름을 고려해 보았지만, 뜻을 명확히 하기만 하면 스켑틱skeptic이라는 단어가 가장 유용할 것이라고 결론지었다. '합리적 회의주의 협회Institute for Rational Skepticism'도 고려해 보았지만, 우리가 IRS(국세청)로 알려질까 봐 그것은 쓰지 않기로 했다. 그 기관에 대해서는 수많은 사람이 이미 회의적인 태도를 취하고 있다!)

회의주의의 의미와 한계

회의주의의 역사는 고대 그리스 사상까지 거슬러 올라간다. 최고의 회의주의 역사가 리처드 포프킨Richard Popkin은 "회의주의는 기원전 3세기 소크라테스의 '내가 아는 것은 아무것도 모른다는 사실뿐이다'라는 말에서 시작되어 고대 그리스 플라톤 학당에서 정립되었다"라고 말했다. 오늘날 많은 사람이 회의주의를 다음의 두 가지 의미로 받아들인다. 하나는 '회의주의자는 아무것도 믿지 않는다'는 것이고, 다른 하나는 '회의주의자는 특정 신념에 대해 마음을 닫고 있다'는 것이다. 사람들이 첫 번째 의미를 받아들이는 데는 그럴 만한 이유가 있다. 《옥스퍼드 영어사전Oxford English Dictionary》에서 '회의주의자'의 관용적 의미는 다음과 같다. "회의주의자: 고대 그리스의 피론Pyrrho*과 그의 추종자들처럼 어떤 종류의 지식이든 참된 지식이 과연 존재할 수 있을지 의심하는 사람. 또는 어떤 명제든 그것의 참됨을 확신하기에 충분한 근거는 없다고 생각하는 사람."

이런 태도는 무익하고 비생산적이라서 (자신의 존재마저 의심하며 헤매는 몇몇 궤변가를 제외하면) 아무도 이런 태도를 취하려고 하지 않는다. 따라서 많은 사람들이 회의주의를 불편하게 생각하는 것은 놀랄 일이 아니다. 회의주의자라는 단어에 대해 《옥스퍼드 영어사전》에 나오는 두 번째 관용적 의미는 좀 더 생산적이다. "특정 연구 분야에서 지식이라고 주장되는 것이 타당한지 의심하는 사람. 특정 문제나 진술에 관해 의심하는 태도를 유지하는 사람."

회의주의자와 회의주의라는 말의 역사는 흥미로우면서 대체로 재미도 있다. 예컨대 1672년에 출간된 《철학회보Philosophical Transactions》 7권에는 이런 구절이 있다. "여기서 그는 피론주의Pyrrhonisme 혹은 회의주의, 즉 말하는 것과 생각하는 것이 다른 사람들이 취하는 입장을 검토한다." 그렇게 비난하는 것도 틀리

---

* 헬레니즘 시대의 철학자. 피론은 사물의 객관적 본질이 파악될 수 없는 불확실하고 식별 불가능한 것이며, 어떠한 감관(感官)의 감각이나 판단에 대해서도 참이라고도 거짓이라고도 말할 수 없다는 회의론을 피력했다.

진 않다. 가장 열성적인 회의주의자들은 회의주의가 자신의 소중한 신념을 침해하지 않을 때까지만 회의주의를 즐긴다. 그것이 침해당할 경우, 그의 회의적인 태도는 완전히 사라져버린다. 최근에 나는 회의주의자임을 자처하는 한 신사의 전화를 한 통 받았다. 그는 우리 학회를 후원하고 싶어 하며, 무엇이든 의심하는 우리의 회의주의에 동의했다. 단, 건강을 회복시키고 병세를 완화하는 비타민의 효능에 대해서만은 예외였다. 그는 내가 그 분야에 대해 회의적인 글이나 기사를 쓰지 않았으면 했는데, 이유인즉 그 분야는 이제 과학적으로 유효성이 입증되어 있다는 것이었다. "비타민 요법 쪽 일을 하시는 건 아니겠죠?" 하고 내가 묻자, "왜 아니겠어요!" 하고 그는 대답했다.

우리가 자기 신념에 대한 확신으로 의기양양할 때 다른 사람의 신념에 의문을 제기하기는 쉽고 또 재미있기도 하다. 하지만 자기 신념에 의문이 제기될 때 편견 없이 귀를 기울이려면 엄청난 인내력과 자아의 힘이 필요하다. 하지만 순수한 회의주의에는 더 심각한 결점이 하나 있다. 극단적으로 갈 경우, 이 입장은 그 자체로 유지될 수 없다는 것이다. 《옥스퍼드 영어사전》에는 이런 예문이 나와 있다. "모든 회의주의에는 긍정적인 태도가 깃들어 있다. 회의주의적 논변에 인류의 모든 지식을 뒤집어엎을 수 있는 힘이 있다는 전적인 확신 같은 것 말이다." 회의주의 그 자체는 지식을 긍정하고 있다. 따라서 회의주의를 극단적으로 주장하면 회의주의 자체도 유지할 수 없게 된다. 모든 것에 회의적 태도를 취하는 사람은 자신의 회의주의에도 회의적 태도를 취해야 할 것이다. 마치 붕괴하는 아원자 입자처럼, 순수한 회의주의는 우리의 지적 안개상자의 관측 스크린 너머에서 저절로 허물어진다.

회의주의만으로는 진보를 가져올 수 없다. 불합리한 것을 거부하기만 해서는 충분하지 않다. 회의주의에는 합리적인 것, 즉 정말 진보를 가져오는 뭔가가 뒤따라야 한다. 오스트리아의 경제학자 루트비히 폰 미제스Ludwig von Mises는 공산주의에 회의적이면서도 그 체제의 합리적 대안을 내놓지 않는 반공주의자들을 조심하라고 충고했다.

칼 세이건Carl Sagan은 1987년 CSI 연례 회의에서 직업적인 회의주의자들에게 비슷한 충고를 했다.

여러분은 여러분만큼 사물을 명료하게 보지 못하는 다른 사람을 모두 비웃는 사고 습관을 가질 수 있습니다. 우리는 그러지 않도록 각별히 조심해야 합니다.

합리적 회의주의자

회의주의자들이 특정 신념에 대해 마음을 닫고 있다는 두 번째 통념은 회의주의와 과학에 대한 오해에서 비롯된다. 회의주의자와 과학자가 꼭 '마음을 닫고' 있는 것은 아니다(그들도 사람인 만큼 그럴 수도 있긴 하지만). 그들은 어떤 신념에 마음을 열고 있었지만, 증거가 그 신념을 뒷받침하지 못했기에 그것을 거부한 것이다. 우주에는 과학자들이 증거에 기반해 연구할 수 있는 적절한 수수께끼가 이미 충분히 존재하므로, '보이지 않는' 혹은 '알려지지 않은' 수수께끼를 고찰하는 데 시간을 들이는 것은 그다지 실용적이지 않다. 회의주의자가 아닌 사람이 "당신은 우주의 알려지지 않은 힘에 대해 그냥 마음을 닫고 있군요"라고 말하면, 회의주의자는 이렇게 대답한다. "우리는 우주의 알려진 힘을 이해하려고 여전히 노력하는 중입니다."

회의적이란 말을 '합리적'이라는 의미로 생각하는 것이 유용한 이유가 바로 그것이다. 아주 흔히 쓰이는 이 단어 역시 관용적 의미와 역사를 살펴보면 유익할 것이다. '합리적rational'이란 단어는 사전에 이렇게 나와 있다. "추리력을 갖춘, 이유·이성을 갖춘." 그리고 '이유reason'는 이렇게 나와 있다. "어떤 행위를 옹호 또는 비판하거나 어떤 주장, 생각, 믿음을 입증 또는 반증하는 데 논거로 사용되는, 어떤 사실에 대한 진술." 사전을 뒤져 단어의 난해한 관용적 의미와 역사를 끄집어내는 일이 다소 현학적으로 여겨질 수도 있다. 하지만 어떤 단어의 원래 의미와 현재 의미를 이해하는 일은 유익하다. 그 둘은 같을 때도 있고 다를 때도 있으며, 또 저마다 복합적인 의미로 사용되기도 한다. 그래서 두 사람이 대화하다 보면 서로 의미가 엇갈릴 때가 많다. 어떤 사람의 회의주의는 다른 사람에게 맹신으로 보일 수도 있다. 그리고 자기 신념과 이념에 관한 한 자신이 합리적이라고 생각하지 않는 사람이 누가 있을까?

또 한 가지 기억해 둬야 할 것은 사전에 나온 설명이 정의는 아니라는 점이다. 사전에는 관용적 의미가 나온다. 청자가 화자를, 독자가 필자를 이해하려면, 주요 단어의 뜻을 정확히 정의해서 의사소통이 원활하게 이루어지도록 해야 한다. 내가 말하는 회의주의자는《옥스퍼드 영어사전》두 번째 관용적 의미다. "특정 연구 분야에서 지식이라고 주장하는 것의 타당성을 의심하는 사람." 그리고 '합리적'이란 이런 의미다. "어떤 행위를 옹호 또는 비판하거나, 어떤 주장·생각·믿음을 입증 또는 반증하는 데 논거로 사용된, 어떤 사실에 대한 진술." 하지만 이런 의미에는 중요한 요소 한 가지, 즉 이성과 합리성의 목적이 빠져 있다. 사고의 궁극적 목적은 우리를 둘러싼 세계의 인과관계를 이해하고 우주, 세계, 우리 자신을 아는 데 있다. 합리성은 가장 믿을 만한 사고 수단이다. 따라서 합리적 회의주의자는 '특정 지식에 대한 주장을 입증 또는 반증하는 사실 진술을 인과관계의 이해 수단으로 사용하거나 요구함으로써 그 주장의 타당성에 의문을 제기하는 사람'이라고 정의할 수 있다.

그러면 우리는 어떤 방법을 이용해야 할까? 회의적 방법만 취하면 소크라테스의 결론, 즉 우리는 아무것도 모른다는 결론에 이를 수밖에 없다. 이에 대한 답은 한 단어로는 과학, 두 단어로는 과학적 방법이다.

과학과 합리적 회의주의자

굳이 말할 필요도 없겠지만, 여기서 과학이라는 단어의 관용적 의미와 역사를 살펴보기엔 너무 오래 걸릴 것이다. 명확성을 위해, 이 글에서 나는 과학을 다음과 같은 의미로 쓸 것이다. 입증이나 반증에 모두 열려 있는 시험 가능한 지식 체계를 구축할 목적으로, 과거나 현재에 관찰되거나 추론된 현상을 기술하고 해석하고자 고안된 일련의 인지·행동 방법.

과학은 특정한 사고 및 행위 방식으로, 이는 직간접적으로 지각된(관찰하거나 추론한) 정보를 이해하기 위한 도구이다. 여기서 '과거나 현재'는 역사 과학과 실험 과학 둘 다를 가리킨다. 인지 방법으로는 직관, 추측, 발상, 가설, 이론, 패러다임 등이 있고, 행동 방법으로는 배경 조사, 자료 수집, 자료 정리, 동료와의 협력과 의사소통, 실험, 연구 결과 비교, 통계 분석, 논문 작성, 학술 발표,

출판 등이 있다. 과학적 방법에 대한 정의는 이보다 논란의 여지가 많아 종사자들 간에 합의를 볼 가능성이 더 적다. 사실 과학철학자이자 노벨상 수상자인 피터 메더워 경Sir Peter Medawar*은 이 문제에 대한 더 예리하고 재미있는 의견 중 하나를 내놓았다.

과학자에게 과학적 방법이 무엇이라고 생각하는지 물어보라. 그러면 그 사람은 아마 즉시 정색을 하고 눈알을 이리저리 굴릴 것이다. 정색을 한 까닭은 어떤 의견이라도 밝혀야 한다고 느끼기 때문이고, 눈알을 굴리는 까닭은 밝힐 의견이 없다는 사실을 어떻게 숨길지 고민하고 있기 때문이다.

과학적 방법에 대한 문헌은 상당히 많이 있지만, 저자들 사이에 의견이 일치하는 부분은 거의 없다. 그렇다고 과학자들이 자기가 무엇을 하는지 모른다는 뜻은 아니다. 실제로 무언가를 하는 것과 그것을 말로 설명하는 것은 별개의 문제일지도 모른다. 합리적 회의주의자가 미심쩍은 주장에 적용하는 방법론을 간략히 설명하자면, 다음 네 단계 과정이 바로 '과학적 방법'이라 불릴 만한 가장 간단한 방식에 해당할 듯하다.

귀납: 현재의 데이터에서 일반적인 결론을 끌어내어 가설을 만드는 일.
연역: 그 가설을 기초로 하여 특수한 예측을 이끌어내는 일.
관찰: 자연에서 우리가 찾아야 할 것이 무엇인지 가설들이 지시하

---

* 영국의 생물학자. 1960년 후천적 면역내성의 발견으로 M.버넷과 함께 노벨생리·의학상을 받았다.

는 바에 따라 데이터를 수집하는 일.

검증: 더 많은 관찰을 토대로 초기 가설이 타당한지 예측을 시험하는 일.

물론 과학이 이 정도로 엄격하진 않다. 의식적으로 이 단계들을 하나하나 밟아가는 과학자는 없다. 과학은 '관찰하기, 결론 이 끌어내기, 예측하기, 추가적인 증거에 비추어 예측 확인하기'가 끊임없이 상호작용을 하는 과정이다. 이 과정은 과학철학자들이 말하는 '가설 연역적 방법'의 핵심에 해당한다. 가설 연역법의 과정은 다음과 같다. "a-가설 제시하기, b-그 가설을 '초기 조건'에 대한 진술과 결합시키기, c-그 두 가지로부터 예측 도출하기, d-그 예측이 실제와 맞는지의 여부 확인하기."

관찰은 가설 연역적 과정의 구체적인 살을 이루는 것으로, 예측의 타당성에 대한 최종적인 심판자 역할을 한다. 아서 스탠리 에딩턴 경Sir Arthur Stanley Eddington*은 이렇게 말했다. "과학적 결론의 진위를 판명하는 데 있어, 관찰은 대법원에 해당한다." 과학적 방법을 통해 우리는 다음과 같은 일반화를 할 수 있다.

가설: 일련의 관찰 결과를 설명할 수 있는 시험 가능한 진술.

이론: 일련의 관찰 결과를 설명할 수 있는 충분히 입증된 시험 가능한 진술.

사실: 잠정적 합의를 제안해도 합당할 만큼 입증된 자료나 결론.

---

* 영국의 천문학자이자 이론 물리학자. 1919년 5월 29일 일식 때 찍은 천체 사진을 통해 아인슈타인의 일반상대성이론을 입증했다.

이론은 '구성물construct', 또는 '일련의 관찰 결과를 설명할 수 있지만 시험 불가능한 진술'과 반대될 것이다. 지구상의 생물을 관찰한 결과는 신으로도 설명할 수 있고, 진화로도 설명할 수 있을 것이다. 전자의 진술은 구성물이고, 후자의 진술은 이론이다. 생물학자들은 대부분 진화를 사실이라고 부르기도 한다.

과학적 방법을 통해 이르고자 하는 목표는 객관성이다. 그리고 우리는 신비주의를 지양하고자 한다.

객관성: 결론의 근거를 외적 검증에 두는 것.
신비주의: 결론의 근거를 외적 검증이 결여된 개인적 통찰에 두는 것.

개인적 통찰에서 출발해도 잘못될 것은 없다. 훌륭한 과학자들 가운데 상당수는 중요한 아이디어를 통찰과 직관 같은 정의하기 힘든 무언가의 도움으로 얻었다고 말했다. 앨프리드 러셀 월리스Alfred Russel Wallace*는 말라리아를 앓던 중에 자연선택이라는 아이디어가 '불현듯 떠올랐다'고 했다. 티머시 페리스Timothy Ferris**는 아인슈타인을 '위대한 직관적 과학 예술가'라고 불렀다. 하지만 통찰적, 직관적 아이디어는 외적 검증을 받기 전까지는 받아들여지지 않는다. 이 점에 대해 리처드 하디슨Richard Hardison***은 다음과 같이 설명했다.

---

* 영국의 박물학자. 다윈과 같은 시기에 다윈과 독립적으로 자연선택에 의한 진화론을 생각해냈다.
** 과학 저술가. 1956년부터 천체 관측을 시작했고, 1960년부터 천문학에 관한 글을 쓰기 시작했다. 저서로는 《우주의 모든 것(The Whole Shebang)》과 《은하 시대의 도래(Coming of Age in the Milky Way)》가 있다.
*** 글렌데일대학교 교수. 《거인의 어깨 위에서(Upon the Shoulders of Giants)》를 썼다.

신비주의적 '진리'는 그 본성상 엄연히 개인적인 이치일 수밖에 없으며, 외적 검증이 전혀 불가능하다. 각각의 신비적 진리들은 저마다 동등한 진리주장을 가진다. 찻잎 점이든 점성술이든 불교든, 관련 증거가 없는 것으로 판단된다면 각각은 동등하게 옳은 주장이거나 동등하게 그른 주장인 것으로 판단할 수 있다. 그런 믿음을 폄하하려는 것은 아니다. 다만 그런 믿음의 정확성을 검증하기란 불가능하다고 말하려는 것일 뿐이다. 신비주의자는 역설적인 입장에 처해 있다. 그가 자기 의견을 뒷받침할 외적 근거를 찾고자 한다면 외적 논증에 의거해야만 하는데, 그렇게 되면 신비주의를 부정하게 된다. 신비주의자에게는 외적 검증이 정의상 불가능하다.

과학은 우리를 합리주의Rationalism로 인도한다. 합리주의는 논리와 증거를 기초로 결론을 내린다. 예를 들어 보자. 우리는 어떻게 지구가 둥글다는 사실을 알까? 이는 다음과 같은 관찰을 통해서 얻은 논리적인 결론이다.

1. 달에 드리워진 지구의 그림자가 둥글다.
2. 떠나가는 배에서 마지막으로 보이는 부분이 돛대다.
3. 지평선이 굽어 있다.
4. 우주에서 찍은 지구 사진.

과학은 또한 우리가 교조주의Dogmatism에 빠지지 않게 돕는다. 교조주의는 논리와 증거보다는 권위에 근거해서 결론을 내린다. 예를 들어 교조주의에 근거한다면 우리는 다음에 근거해 지구가 둥글다는 것을 안다.

1. 부모님이 그렇게 말씀하셨다.
2. 선생님이 그렇게 말씀하셨다.
3. 목사님이 그렇게 말씀하셨다.
4. 교과서에 그렇게 적혀 있다.

교조적 결론이 무조건 잘못된 것은 아니지만, 그것은 또 다른 의문을 제기한다. 그 권위자들은 그런 결론을 어떻게 얻었는가? 과학에 의한 것인가, 아니면 다른 수단을 사용했는가?

회의주의와 경솔한 믿음 사이의 본질적 긴장

과학과 과학적 방법의 오류 가능성을 인정하는 일도 중요하다. 하지만 오류 가능성에는 자기 교정이라는 과학의 최대 강점이 숨어 있다. 정직한 실수든 부정직한 실수든, 사기 행위를 알고 저지르든 모르고 저지르든 간에, 결국 그런 오류는 외적 검증에 의해 과학계에서 퇴출될 것이다. 저온 핵융합의 대실패*는 과학계에서 신속하게 오류를 적발해낸 고전적인 사례다.

자기 교정이 그토록 중요하기 때문에, 과학계에는 리처드 파인만이 말하는 "일종의 철저한 정직성, 즉 정직해지려고 최선을 다하는 태도를 일컫는 과학적 사고 원칙"이 있다. 파인만은 이렇게 말했다. "당신이 어떤 실험을 하고 있다면, 당신은 그 실험에서

---

* 1989년 3월, 스탠리 폰스와 마틴 플라이슈만은 상온에서 핵융합에 성공했다고 발표했다. 태양에서 에너지가 발생하는 과정이 바로 핵융합 반응이며, 저온 핵융합 반응이 가능하다면 값싼 비용으로 거의 무한한 에너지를 얻을 수 있었다. 그러나 폰스와 플라이슈만은 재현 실험에 실패했고 이 소동은 해프닝으로 끝났다.

제대로 이루어진 듯 보이는 부분뿐 아니라 그 실험을 무효화시킬 만한 것들도 모두 보고해야 한다. 예를 들어 다른 원인들로도 당신의 실험 결과를 설명할 수 있다면 그것도 보고해야 한다."

그런 내재적 메커니즘이 있음에도 불구하고 과학은 신중한 과학자와 합리적 회의주의자들조차 해결하기 어려운 여러 문제와 오류에 빠지기 쉽다. 하지만 우리는 그런 난제를 극복하고 세계와 인간을 이해하는 데 기념비적 공헌을 한 사람들에게서 영감을 얻을 수 있다. 찰스 다윈Charles Darwin은 토머스 쿤Thomas Kuhn이 말하는 과학의 '본질적 긴장', 즉 기존의 생각을 전적으로 수용하고 그것에 헌신하는 태도와 새로운 생각을 기꺼이 탐구하고 수용하려는 태도 사이의 긴장 속에서 균형을 잘 유지한 과학자의 훌륭한 예다. 그런 미묘한 균형은 과학의 역사에서 패러다임 전환이란 개념 전체의 기반을 이룬다. 과학계에서 충분히 많은 사람(특히 힘 있는 위치의 사람들)이 자진해 오래된 통설을 버리고 급진적(이었던) 새 이론을 지지할 때, 오로지 그럴 때에만 패러다임의 전환이 일어날 수 있다.

과학의 변화에 대한 이러한 일반화에서는 보통 패러다임을 일종의 체계로 다루지만, 우리는 패러다임이 개개인의 마음속에 있는 인식 틀임을 알아야 한다. 프랭크 설로웨이Frank Sulloway*는 다윈이 과학의 역사에서 적정 균형점을 찾아낸 몇 안 되는 거인 중 한 명이 될 수 있었던 원인으로 그의 세 가지 지적·성격적 특징을 든다. "첫째, 다윈은 타인의 의견을 상당히 존중하긴 했지만,

---

* 과학사학자 겸 진화심리학자. 개인의 출생 순서와 성격 사이의 관계에 대해 연구한 《타고난 반항아》의 저자로 유명하며, 정신분석학의 기원과 효용에 대해 재평가한 《프로이트, 마음의 생물학자》로 미국과학사학회가 주는 파이저상을 받은 바 있다.

기꺼이 권위에 도전하고 스스로 생각할 줄 알았다." 둘째, "다윈은 또 학자로서는 특이하게도 부정적 증거를 대단히 중요시하며 거기에 관심을 기울였다." 예컨대 다윈은 '이론의 난점'에 대한 장을 《종의 기원》에 포함시켰는데, 그 결과 다윈의 반대자들은 다윈이 아직 직면하지 않았거나 다루지 않은 문제를 제기하기가 힘들었다. 그리고 셋째는 다윈이 "과학계의 공유 자원을 이용하고 다른 과학자들에게 자기 프로젝트에 공동 연구자로 참여해 달라고 요청할 줄 알았다"는 점이었다. 다윈이 쓴 편지는 현존하는 것만 해도 1만 4000통이 넘는데, 그런 편지에는 대개 과학적 문제에 대한 긴 논의와 일련의 질의응답이 들어 있다. 다윈은 끊임없이 질문하고, 항상 배웠으며, 독창적인 학설을 세울 만큼 자신 있으면서도, 자신도 오류를 범할 수 있다는 것을 인정할 만큼 겸손했다.

네 번째 자질로 언급할 만한 것은 다윈이 적당히 겸손하고 조심스러운 태도를 유지했다는 점인데, 설로웨이에 따르면 그런 태도는 "자기 이론의 과대평가를 막는" 데 도움이 되는 "소중한 자질"이다. 다윈의 자서전 《나의 삶은 서서히 진화해왔다》를 보면 이와 관련해 배울 점이 많다. 다윈은 "일부 영리한 사람들에게서 두드러지는 재빠른 이해력이나 기지"가 자신에게 없다고 고백한다. 그런 부족한 점 때문에 그는 "비판에 서툴러서, 어떤 논문이나 책을 처음 읽어보면 보통 감탄하기만 하다가 한참 심사숙고한 후에야 약점을 알아차리게 된다"라고 한다. 안타깝게도 많은 다윈 비평가들은 다윈을 공격하기 위해 그런 구절들을 선별적으로 인용했다. 그들은 이런 태도가 지닌 이점을 보지 못했지만, 다윈은 이것이 나중에 후회될 만한 실수를 방지해 주는 이점을 알고 있었다.

그의 이야기는 배울 가치가 충분한 교훈을 담고 있다. 설로웨이가 보기에 다윈의 특별한 점은 자기 내면의 본질적 긴장을 해소하는 능력이었다. 설로웨이는 이렇게 말한다. "과학계에는 전통과 변화 사이의 본질적 긴장이 있다. 왜냐하면 사람들은 저마다 선호하는 사고방식이 있기 때문이다. 그런 모순적 특징들이 한 개인의 내면에서 그토록 성공적으로 결합되는 경우는 과학의 역사에서 비교적 드문 일이다." 칼 세이건은 '회의주의의 짐The Burden of Skepticism'에 대한 CSI 강연에서 회의주의와 경솔한 믿음 간의 본질적 긴장을 다음과 같이 요약했다.

상충하는 두 필수 요소 간의 정교한 균형이 필요합니다. 즉 우리가 얻은 모든 가설을 극히 회의적인 태도로 철저히 검토하는 동시에 새로운 아이디어에 마음을 활짝 열어야 합니다. 만약 당신이 회의적이기만 하다면, 새로운 아이디어를 전혀 받아들일 수 없을 겁니다. 새로운 것을 절대 배우지 못하겠죠. 당신은 난센스nonsense가 세상을 지배한다고 확신하는 괴팍한 노인이 되고 말 것입니다(물론 당신의 확신을 뒷받침하는 자료는 많이 있습니다).
반면에 만약 당신이 잘 속는다고 할 만큼 개방적이며 회의감이라고는 눈곱만큼도 없는 사람이라면, 당신은 유용한 아이디어와 무용한 아이디어를 구별하지 못할 것입니다. 모든 아이디어의 타당성이 동등하다면, 제가 보기에, 어떤 아이디어에도 타당성이 전혀 없다는 말과 같습니다. 결국 당신은 길을 잃게 됩니다.

어쩌면 합리적 회의주의와 과학적 방법은 우리가 순수한 회의주의와 경솔한 믿음 사이의 위험한 해협을 항해하는 데 도움이 될 수도 있다.

마음의 도구

과학은 인류가 인과관계를 이해하려고 고안한 최선의 방법이다. 그러므로 과학적 방법은 우리가 자연세계는 물론 일상생활에서 직면하는 현상들의 원인을 이해하는 데 가장 효과적인 도구다. 인간의 특성 가운데 정말 보편적이라고 여길 만한 것은 거의 없다. 하지만 대다수의 사람들은 인류의 생존, 구체적으로는 개개인이 더 큰 행복을 달성하는 것이 거의 모든 인간이 추구하는 보편적 목표라는 데 동의할 것이다. 우리는 지금까지 과학, 합리성, 합리적 회의주의의 상호 관계를 살펴보았다. 따라서 우리는 인류의 생존과 개개인의 더 큰 행복이 과학적, 합리적, 회의적으로 사고하는 능력에 달려 있다고까지 말해도 될지 모른다.

인간은 인과관계를 인지하는 능력을 타고나는 듯하다. 갓 태어났을 때 우리는 문화적 경험이 전혀 없다. 하지만 우리가 완전히 무지한 상태로 세상에 나오는 것은 아니다. 우리는 여러 가지를 알고 있다. 보는 법, 듣는 법, 음식을 소화하는 법, 시야에서 움직이는 물체를 눈으로 좇는 법, 물체가 다가올 때 눈을 깜박이는 법, 선반같이 높은 곳에 놓였을 때 불안해 하는 법, 유해 식품에 대한 미각 혐오를 키우는 법 등등. 또 우리는 포식자와 자연재해, 독성 물질 등 온갖 위험으로 가득한 세계에서 조상들이 진화시킨 형질도 물려받았다.우리는 인과관계를 이해하는 데 있어서 가장 성공한 조상들의 후손이다.

우리 뇌는 서로 연관되어 있는 듯한 사건들을 종합하고 주의가 필요한 문제를 해결하는 천연 기계 장치다. 우리는 아프리카에서 원시 인류가 커다란 포유류 사체를 자르기 위해 돌을 깎고 갈고 다듬어 날카로운 도구로 만드는 모습을 상상해 볼 수 있다.

혹은 부싯돌을 치면 불을 지필 수 있는 불꽃이 일어난다는 사실을 발견한 최초의 인물을 상상해 볼 수도 있을 것이다. 우리를 환경에 맞추기보다는 환경을 우리에 맞추게 했던 발명품들—바퀴, 지렛대, 활과 화살, 쟁기 등—로 시작된 인류 문명은 오랜 역사를 거쳐 현대 과학 기술 세계에 이르렀다. 이 선언문의 첫머리를 장식한 빈센트 데티에는 과학의 보상을 논하면서 돈, 안전, 명예 등의 뻔한 보상뿐 아니라 초월적 보상도 언급한다. "세계로 나아갈 권리, 인류의 한 사람이라는 소속감, 정치적인 장벽, 이념, 종교, 언어를 초월하는 느낌." 하지만 그는 이 모든 것을 뒤로 제치고 "더 고귀하고 미묘한" 보상에 대해 이야기한다. 그것은 바로 인간이 세계를 이해하고자 하는 욕구에 들어 있는 자연스러운 호기심이다.

인간이 다른 모든 동물과 구별되는 특징 중 하나는 지식에 대한 순수한 욕구이다(그리고 인간도 분명 동물이다). 많은 동물에게도 호기심이 있지만, 그들에게 있어 호기심은 적응의 한 측면에 불과하다. 인간에게는 알고자 하는 갈망이 있다. 그리고 많은 사람이 앎에 대한 능력을 부여받기에 앎에 대한 의무가 있다. 아무리 작고, 진보나 행복과 무관한 앎이라 하더라도 모든 지식은 전체의 일부다. 바로 이것이 과학자가 참여하는 것이다. 파리를 안다는 것은 전체 지식의 숭고함을 조금이라도 나누는 것이다. 바로 이것이 과학의 도전이자 기쁨이다.

아이들은 본래 주위 환경에 대해 호기심이 많아 꼬치꼬치 캐묻고 파고들길 좋아한다. 가장 기본적인 수준에서 보면 사물이 어떻게 작용하는지, 세상이 왜 지금 이대로인지 알고 싶어 하는 호기심이 바로 과학의 전부이다. 리처드 파인만은 이렇게 말했다. "나는 어렸을 적 경이로운 무언가를 선물 받은 사람처럼 항상 그것을 다시 찾고 있습니다. 아이처럼 나는 항상 경이로움을 찾고 있습니다. 매번은 아닐지라도 가끔씩은 꼭 그 경이로움을 만나게 될 거라는 걸 알고 있습니다." 교육에서 가장 중요한 문제는 이것이다. 아이들이 가진 것 중에서, 세상을 탐험하고, 즐기고, 이해하는 데 도움이 될 도구가 무엇일까?

가장 기본적인 수준으로 돌아가 생각해 보면, 우리는 생각하지 않으면 죽는다. 살아 있는 사람들은 많든 적든 이성을 사용하고 생각을 한다. 이성을 많이 사용하는 사람들, 합리적 회의주의를 이용하는 사람들은 만족의 원인을 이해하므로 더 큰 만족을 얻을 것이다. 그럴 수밖에 없다. 에인 랜드Ayn Rand*는 대표작《아틀라스Atlas Shrugged》에서 다음과 같은 결론을 내렸다.

인간은 지식을 얻지 않고는 생존할 수 없으며, 이성은 지식을 얻는 유일한 수단이다. … 인간의 기본 생존 수단은 정신이다. 인간은 생명은 타고나지만, 생존은 타고나지 않는다. 육체는 타고나지만, 육체를 유지하는 법은 타고나지 않는다. 정신은 타고나지만, 정신의 내용은 타고나지 않는다. 살아남으려면 인간은 행동해야 하고, 행동하기에 앞서 자기 행동의 본질과 목적을 알아야 한다. 인간은 음식을 얻는 방법에 대한 지식이 없으면 음식을 얻지 못한다. 인간은 자기 목적과 그 달성 수단에 대한 지식 없이는 도랑을

---

* 미국의 소설가이자 극작가, 시나리오 작가이며 철학자이다. 1957년에 출판한 소설 《아틀라스》는 혁신자가 나라를 지도하는 디스토피아적인 미국을 탐구하며, 기업가부터 예술가까지 각 분야의 전문가들이 사회의 착취로부터 대항하는 모습을 그린다.

파지도 사이클로트론을 만들지도 못한다. 살아남으려면 인간은 생각해야 한다.

300여 년 전에 프랑스의 철학자이자 회의주의자인 르네 데카르트Rene Descartes는 지성사에서 가장 철저한 회의적 반성으로 꼽히는 일을 한 후, 자신이 이 한 가지는 확실히 알고 있다고 결론지었다.

나는 생각한다, 고로 존재한다Cogito ergo sum.

그러나 진화는 우리를 다른 방향으로 이끌었다. 인간은 규칙을 찾고 원인을 추론하며, 천성적으로 이 세계에서 의미 있는 관계를 찾도록 진화했다. 이런 일에서 가장 뛰어난 인간이 살아남아 자손을 남겼다. 우리가 바로 그 자손들이다. 다시 말하면, 인간으로 존재한다는 것은 곧 생각한다는 것이다. 그러므로 데카르트의 말을 바꿔 표현하고자 한다.

나는 존재한다, 고로 생각한다Sum ergo cogito. 번역 박유진

차례

3부 우리에게 무엇이든 믿을 권리는 없다

나가며

1부

회의주의자의 생각법

비판적 사고를 가로막는 29가지 사고 오류

마이클 셔머

과학자 아서 스탠리 에딩턴 경이 쓴《물리과학의 철학The Philosophy of Physical Science》은 가장 중요한 과학철학책 가운데 하나로 꼽힌다. 이 책에서 에딩턴은 다음과 같은 견해를 밝힌다: "물리과학이 내린 결론의 진위를 판정하는 데 있어, 관찰은 대법원에 해당한다." 참 간단하다. 분쟁이 일어날 때마다 우리가 내린 결론들을 살펴본 다음 법정에 제출하기만 하면 된다. 물론 이렇게 간단한 일이었으면 에딩턴이 오로지 이 주제만을 다룬 책까지 써내지 않아도 되었을 것이다. 이 책은 생명과학이나 사회과학에 비해 상대적으로 '순수함'을 지닌 물리과학에서 과학자들이 맞닥뜨리는 문제들을 모두 아우르고 있다.

그런데 여기서 문제는 그 법정의 판사들이 비논리적이고 감정적이며, 자기중심적이고 문화적으로 편협해 있으며, 사회적 환경에 구애되는 관찰자들이라는 점이다. 관찰은 그냥 스스로 말하는 법이 없다. 관찰은 오류를 저지르기 쉬운 우리네 뇌를 거치며 걸러지게 마련이고, 그 과정에서 생각이 잘못될 수 있으며, 실제로 잘못되는 경우도 많다. 이는 회의주의자들이 종종 몹시 즐거워하며 찌르고 쑤셔대곤 하는 주장을 펼친 사이비 과학자, 초과학주의자, 광신적 믿음 속에 거하는 자들에게만 해당되는 말이 아니다. 다양한 얼굴을 한 사고의 오류들은 안타깝게도 모든 사람, 심지어 가장 엄격하고 신중한 과학자와 회의주의자들도 피해가지 못한다. 회의주의조차 극단으로 가면 창조적·비판적 사고를 억누를 수 있다. 그렇기에 우리 생각이 잘못 들 수 있는 여러 길들을 다시 짚어보는 게 우리 모두에게 유익한 연습이 될 것이다. 나는 그 길들을 네 가지 범주로 나누었고, 각 범주마다 특수한 오류와 문제점들을 열거했다.

과학적으로 저지를 수 있는 오류

1. 이론은 관찰에 영향을 미친다

물리 세계를 이해하고자 길을 나섰던 베르너 하이젠베르크 Werner Heisenberg는 이런 결론을 내렸다. "우리가 관찰하는 것은 자연 자체가 아니라 우리의 탐구 방법에 노출된 자연이다." 특히 양자역학에서 이 말은 참이다. 양자 작용에 대한 '코펜하겐 해석*'은 이렇게 말한다. "확률 함수는 사건을 규정하는 게 아니라, 측

---

* 하이젠베르크의 불확정성 원리를 입자와 파동의 이중성을 허용하는 상보성이라는 보다 큰 틀 안으로 포섭하여 양자계를 해석한 것으로, 양자역학의 핵심 개념들이 정식화되었던 1927년 솔베이 학회에서 닐스 보어가 제시했다.

정 행위로 인해 계의 고립이 간섭을 받고 단일 사건이 현실화될 때까지 가능한 사건들의 연속체를 기술한다." 코펜하겐 해석은 이론과 실재reality의 일대일 대응을 제거해 버린다. 이론은 부분적으로 실재를 구성한다. 물론 실재는 관찰자와 독립적으로 존재하지만, 실재에 대한 우리의 지각은 우리가 실재를 검토할 때 쓰는 이론들의 영향을 크게 받는다. 그래서 철학자들은 과학을 '이론 의존적'이라고 부른다. 에딩턴은 이것을 이렇게 말한다.

어느 예술가가 울퉁불퉁한 모양을 한 대리석 덩어리 속에 인간 머리의 형상이 존재한다는 기상천외한 이론을 제시한다고 생각해 보자. 우리가 지닌 모든 이성적 본능은 그런 식으로 의인화하는 사변에 반발한다. 자연이 그런 형상을 돌덩어리 속에 두었으리라고는 생각할 수가 없기 때문이다. 그런데 그 예술가는 더 나아가서 그 이론을 실험으로 입증하고 나선다. 꽤 초보적인 장비까지 갖추고서 말이다. 곧, 우리가 조사할 수 있게 그냥 정 하나로 돌을 쪼아 그 형상을 떼어내어 의기양양하게 자기 이론을 증명하는 것이다.

이는 물리과학뿐만 아니라 세계에 대해 이루어진 모든 관찰에도 해당된다. 신세계에 당도했을 때, 콜럼버스는 자신이 아시아에 있다는 심적 모형을 갖고 있었기에 신세계를 아시아로 지각했다. 계피는 값비싼 아시아 향신료였던 탓에 신세계에서 계피 냄새가 나는 관목을 처음 만나자 계수나무라고 단언했다. 서인도 제도에서 향기로운 검보림보 나무를 만난 콜럼버스는 지중해의 유향나무와 비슷한 아시아 종이라고 결론을 내렸다. 신세계의 견과는 마르코 폴로가 서술했던 코코넛으로 잘못 알았다. 콜럼버스의 선의船醫는 선원들이 캐낸 몇 가지 카리브해의 식물 뿌리를 살펴보고, 중국의 대황大黃을 발견했다고 선언하기까지 했다. 비록 콜럼버스는 아시아에서 지구 반 바퀴나 멀리 떨어져 있었지만, '이곳이 아시아다'라는 이론이 아시아라는 관찰을 낳았던 것이다. 잘못된 이론이 우리 감각과 마음을 속이는 위력이 바로 이 정도다.

2. 관찰 행위는 관찰 대상을 변화시킨다

물리학자 존 아치볼드 휠러John Archibald Wheeler는 우리의 자연 이해에서 양자역학이 일으킨 사고의 변화에 대해 이렇게 말한 적이 있다.

심지어 전자처럼 지극히 작은 대상을 관찰하려 해도 [물리학자는] 렌즈를 깨트리고, 그 속으로 들어가야만 한다. 그리고 거기에 자기가 선택한 측정 장비를 설치해야 한다. 전자의 위치를 측정할 것이냐 운동량을 측정할 것이냐는 결정은 그의 몫이다. 한쪽을 측정할 장비를 설치하면 다른 쪽을 측정할 장비 설치를 방해하면서 설치할 여지를 주지 않는다. 더군다나 측정은 전자의 상태를 바꿔버린다. 그러면 우주는 측정 전의 우주와 결코 같지 않을 것이다.

이는 특히 어떤 문제를 조사하는 행위가 그 문제를 바꿔 버릴 수 있는 인간과 인간 사회 영역에서 볼 수 있는 문제다. 인류학자들은 어떤 부족을 조사할 때 외부인에게 관찰되고 있다는 사실로 인해 부족민들의 행동이 달라질 수 있음을 알고 있다. 심리학자들이 맹검법blind control과 이중맹검법double-blind control을 사용하는 이유가 바로 이 때문이다. 피험자들이 자신이 당하고 있는 실험적 조건이 무엇인지 알게 될 경우, 그들은 행동을 바꿀 수 있다. 또는 어느 피험자가 어느 집단에 들어 있는지 심리학자가 아는 경우에는 피험자가 보인 행동이 해당 조건에 적절한지 아닌지 알아차릴 수도 있다. 초과학적인 능력을 시험하는 자리에서는 그런 통제가 없는 경우가 자주 있기에, 그쪽 부문에서 생각이 잘못되는 전형적인 방식의 하나가 바로 이것이다.

3. 실험이 결과를 구성한다

실험을 수행할 때 쓰는 장비 유형과 실험 방식은 매우 중요한 방식으로 결과를 빚어낸다. 망원경의 크기에 따라 우주의 크기에 대한 이론이 결정되곤 한다. 19세기에 두개골측정학은 지능을 뇌 크기로 정의했기에, 뇌 크기로 지능을 쟀다. 반면 오늘날에는 지능을 IQ 테스트를 써서 정의한다. 에딩턴은 다음과 같이 뛰어난 유비를 제시해서 이 문제를 그려낸다.

한 어류학자가 해양 생명을 탐사하고 있다고 해보자. 그는 그물을 물속으로 던져 갖가지 물고기들을 끌어올린다. 잡은 물고기를 조사하면서 어류학자는 과학자가 으레 하는 방식대로 그 물고기들의 드러난 바를 체계화한다. 그 결과 다음과 같은 두 가지 일반화에 도달한다.

(1) 몸길이가 5센티미터보다 작은 해양 생물은 없다.
(2) 모든 해양 생물에게는 아가미가 있다.

이 유비를 과학에 적용해 보면, 잡은 물고기는 물리과학을 이루는 지식 체계를 나타내고, 그물은 우리가 지식을 얻을 때 사용하는 감각 기관과 지능적인 장비를 나타내며, 그물을 던지는 것은 관찰 행위에 해당한다.

한 구경꾼이 첫 번째 일반화가 잘못되었다고 반박할 수도 있다. "5센티미터보다 작은 바다 생물이 부지기수입니다. 다만 당신의 그물이 그것들을 잡기에 적당하지 않을 뿐이죠." 그 어류학자는 코웃음을 치며 그 반론을 물리쳐버린다. "내 그물로 잡을 수 없는 것은 사실상 어류학적 지식 범위의 바깥에 있습니다. 따라서 어류학적 지식의 주제로 정의되어 온 어류계의 일부가 아닙니다. 간단히 말해서, 내 그물로 잡을 수 없는 것은 어류가 아니란 겁니다."

4. 일화를 든다고 해서 과학이 되진 않는다

일화anecdote만 드는 것으로는 과학이 되지 못한다. 다른 정보원에서 나온 보강 증거가 없다면, 또는 모종의 물리적 증거가 없다면, 일화를 하나 드나 열 개 드나, 열 개 드나 백 개 드나 나을 것이 없다. 일화는 마음이 기우는 대로 이야기를 고르는 이야기꾼이 자기 경험에 대해 들려주는 그냥 이야기일 뿐이다. 캔자스주 퍼커브러시의 농부 밥은 정직하고, 교회를 다니고, 가정적인 남자이긴 하지만, 우리에게 필요한 것은 새벽 3시에 어느 외딴 시골 도로에 외계인들이 착륙해서 자기를 납치했다는 이야기가 아니라, 외계인이 타고 온 우주선이나 외계인의 몸에 대한 구체적인 물리적 증거다. 수없이 제기되는 의학적 주장들도 마찬가지다. 당신의 이모 메리가 마르크스 형제Marx Brothers*가 나오는 영화를 보고, 또는 거세한 닭에서 빼낸 간 추출물을 먹고 암이 치유되었다고 해도 나는 상관하지 않는다. 암은 자연적으로 완

---

* 20세기 초 미국의 연극, 영화, 라디오에서 큰 인기를 끌었던 코미디언 형제.

화될 수도 있고, 실제로 암이 저절로 완화되는 경우도 있다. 또는 잘못 진단했을 수도 있다. 또는 이럴 수도 있고, 저럴 수도 있다. 우리에게 필요한 것은 그런 일화들이 아니라 통제된 실험들이다. 올바로 진단한 암 환자 100명을 뽑아서 25명에게는 마르크스 형제들이 나오는 영화를 보게 하고, 25명에게는 앨프리드 히치콕의 영화를 보여주고, 25명에게는 뉴스를 보게 하고, 25명에게는 아무것도 보여주지 않는 실험을 할 필요가 있다. 그러고 나서 각 피험자군에서 나타나는 해당 암 유형의 평균 완화율을 도출한 다음, 그 값들 사이에 통계적으로 유의미한 차이가 있는지 통계 분석을 할 필요가 있다. 만일 뜻밖에도 통계적으로 유의미한 차이가 있다면, 기자 회견을 열어 암을 치유하는 획기적인 방법을 찾았다고 공표하기에 앞서, 우리가 한 실험과는 별개로 독자적인 실험을 수행한 다른 과학자들로부터 확증을 받는 것이 낫다.

사이비 과학적으로 저지를 수 있는 오류들

5. 과학의 언어를 사용한다고 과학이 되는 것은 아니다

'창조과학'처럼 과학이 쓰는 언어나 전문 용어를 써서 어떤 믿음 체계를 과학의 모습으로 꾸몄다고 해도, 그것을 뒷받침할 증거, 실험, 보강 증거가 없다면 아무 의미도 없다. 우리 사회에서 과학이 그토록 힘을 가진 체계이기 때문에, 사회적 인정을 얻고는 싶으나 증거가 없는 이들은 과학처럼 보이게 하는 방법으로 그 문제를 피해간다. 《산타 모니카 뉴스Santa Monica News》에 실린 한 뉴에이지 칼럼이 그 고전적인 사례다.

이 행성은 지금까지 아득한 세월 동안 잠들어 있었다. 그러다가 고에너지 진동수higher energy frequencies가 시작되면서 바야흐로 의식과 영성이 깨어나려 하고 있다. 한계의 대가들과 점술의 대가들은 그와 똑같은 창조의 힘을 써서 자신들의 참모습을 현시한다. 하지만 전자는 나선형 하강downward spiral으로 운동하고 후자는 나선형 상승upward spiral으로 운동하여, 각자 본래부터 갖고 있던 공명 진동resonant vibration을 증가시킨다.

나는 이게 도무지 무슨 소리인지 알아먹을 수가 없지만, 이 글은 '고에너지 진동수', '나선형 하강과 나선형 상승', '공명 진동' 같은 양자물리학에서 쓰는 용어들로 도배되어 있다. 그러나 어떻게 작용하는지 엄밀한 용어 정의가 없기 때문에 이 글귀들은 아무 의미도 없다. (이를테면, 행성의 고에너지 진동수라든가 점술 대가들의 공명 진동을 대체 어떻게 측정한단 말인가? 그건 그렇고 대체 점술의 대가라는 게 무엇이란 말인가?)

6. 대담하게 진술한다고 주장이 참이 되지는 않는다

무지막지한 주장으로 그 권위와 진실됨을 보이려 한다면, 특히 그 주장을 뒷받침하는 증거가 없다면, 사이비 과학의 냄새가 난다는 신호다. 예를 들어 L. 론 허버드L. Ron Hubbard는 《다이어네틱스: 정신 건강의 현대 과학Dianetics: The Modern Science of Mental Health》의 서문에서 이렇게 말했다. "인류에게 다이어네틱스의 탄생은 불의 발견에 비견될 만하며, 바퀴와 아치의 발명보다 뛰어난 획기적인 사건이다." 빌헬름 라이히Wilhelm Reich는 자기가 만든 오르고노미Orgonomy 이론을 "코페르니쿠스의 혁명에 견줄 만한 생물학과 심리학의 혁명"이라고 불렀다.

과학자들도 이따금 이런 실수를 저지르는데, 그 잘못에 대해 치러야 할 대가는 크다. 1989년 3월 23일 오후 1시, 스탠리 폰스Stanley Pons와 마틴 플라이슈만Martin Fleischmann은 기자 회견을 열어 저온 핵융합을 성공시켰다고 세상에 공표했다. 과학에서는 어떤 주장이 나오면 다른 곳에서 연구하는 다른 과학자들로부터 시험을 받고 교차 검증 후 동료심사가 이루어지는 학술지에 논문으로 발표한 **다음에** 기자 회견을 여는 것이 적절한 절차다. 그리고 주장이 대단하면 대단할수록, 세상에 선보이기에 앞서 그만큼 대단한 증거가 반드시 있어야만 한다. 개리 토브스Gary Taubes는 저온 핵융합 대소동 이야기를 탁월하게 풀어낸 《나쁜 과학Bad Science》이라는 걸맞은 제목의 책에서 이 문제에 담긴 함의들을 똑똑히 보여주었다.

7. 박해를 받는다고 해서 올바르다는 뜻은 아니다

사람들은 코페르니쿠스를 보고 웃었다. 사람들은 라이트 형제도 보고 웃었다. 물론 사람들은 마르크스 형제를 보고도 웃었다. 그래서 어쨌단 말인가? 순교자가 된다고 해서 당신이 옳음을 뜻하지는 않는다. 빌헬름 라이히는 스스로를 헨리크 입센Henrik Ibsen의 희곡에 나오는 주인공 페르 귄트Peer Gynt와 견주었다. 사회와 어울리지 못하고 관습에서 자유로웠던 천재, 생각이 옳음이 증명될 때까지 오해받고 조롱받았던 페르 귄트 말이다. "지금까지 당신네들이 내게 한 짓이 무엇이든, 앞으로 내게 할 짓이 무엇이든, 당신네들이 나를 천재로 추앙하든 정신병원에 처넣든, 나를 당신네들의 구세주로 숭배하든 간첩이라며 목을 매달든 간에, 조만간 당신네들은 내가 정말로 인생의 법칙들을 발견했음을 납득할 수밖에 없게 될 것이다."

역사를 보면 동료들과 반목하고 해당 연구 분야의 기존 학설과 대립되는 것도 아랑곳 않고 혼자 연구하고 박해를 받는 과학자들에 대한 기록과 이야기로 그득하다. 그러나 그들 대부분은 틀렸음이 판명되었고 그런 과학자들의 이름은 기억되지도 않는다. 그런데 그들은 정말로 해당 분야의 전문가들이 그 분야에서 나타나는 모든 새로운 생각들을 필수적인 검증 과정도 거치지 않은 채 아무 의심 없이 수용할 것이라고 기대할 수 있었을까? 물론 아니다.

8. 소문과 실상은 같지 않다

"어디에서 읽은 건데⋯" "누구에게 들은 소린데⋯", 이것은 고전적인 사고의 오류다. 증거로 뒷받침될 필요도 없이 대개 말을 통해 사람에서 사람으로 소문이 전해지다가 오래지 않아 소문은 진실이 되어 버린다. 물론 '도시괴담' 같은 소문이 맞을 수도 있지만, 대개의 경우는 그렇지 않다. 설사 굉장한 이야기를 만들어 내더라도 말이다. 연인들의 장소에서 청년들은 데이트 상대에게, 갈고리 손을 단 미치광이가 정신병원에서 도망쳐 나와서는 자기 둘이 있는 바로 그 주차장에 출몰한다더라 하는 '실화'에다가, 한 쌍의 연인이 집에 도착하고 보니 조수석 문의 손잡이에 갈고리가 대롱대롱 매달려 있었다더라 하는 이야기를 덧붙여 들려주곤 하지 않는가? 히치하이크하던 여자가 얻어 탄 차에서 감쪽같이 사라져버렸다는 '사라진 히치하이커' 괴담도 있다. 운전자가 그 여자에게 재킷을 빌려주었는데, 알고 보니 그 여자는 1년 전 바로 그 날에 죽은 여자였고, 그 여자 무덤 위에서 자기 재킷을 찾았다더라 하는 이야기다. 다음에 열거한 것들은 사실상 진실에 기초하지 않은 소문의 예들이다:

- 닥터페퍼의 비밀 성분은 프룬주스다.
- 어떤 여인이 푸들을 전자레인지에 넣고 말리다가 그만 죽이고 말았다.
- 폴 매카트니는 이미 죽었고, 그를 쏙 빼닮은 사람이 폴 매카트니 행세를 하고 있다.
- 거대한 앨리게이터들이 뉴욕시 하수구에 살고 있다.
- 달 착륙은 조작된 것이며, 할리우드의 영화 스튜디오에서 찍은 것이다.
- 조지 워싱턴의 이는 나무이빨이었다(사실은 상아나 바다코끼리 엄니로 만든 틀니였다).
- 〈플레이보이〉 표지의 'P'자 속에 있는 별의 수는 간행자인 휴 헤프너Hugh Hefner가 화보 속 여인과 섹스를 한 횟수를 나타낸다(사실은 유통기호에 불과했다).
- 뉴멕시코에 비행접시가 한 대 불시착했는데, 외계인들의 시체를 공군에서 거두어 은밀한 창고에 보관하고 있다.

사실이 아닐까 하는 이런 이야기들이 수도 없이 많지만, 확실한 증거도 없이 입소문뿐이라면 진짜라고 여겨서는 안 된다.

9. 설명되지 않는다고 해서 설명이 불가능한 것은 아니다

자기가 무언가를 설명할 수 없다면, 그것은 틀림없이 설명 불가능한 것이며, 따라서 진정한 초과학적 신비라고 생각할 만큼 스스로를 과신하는 사람들이 많다. 한 아마추어 고고학자가 자기로선 피라미드의 건축 방식을 설명할 수 없기 때문에 피라미드는 틀림없이 외계인들이 세운 것이라는 단언만큼 재미있는 것은 없을 것이다. 이보다 이성적인 사람들조차 적어도 무언가를 전문가들이 설명할 수 없다면, 그것은 틀림없이 설명 불가능한 것이라고 생각해 버린다. 이런 생각은 겉으로는 불가능해 보이는 묘기를 펼치는 자리에서 흔히 볼 수 있다. 이를테면 숟가락을 구부리거나 불 위를 걸어가는 것, 또는 텔레파시 같은 묘기들은 대부분의 사람들이 설명할 수 없다는 이유로 흔히 초과학적이거나 신비적인 성질을 가진 것으로 생각되곤 한다. 그러나 이를 본 마술사들은 감흥이 덜하다. 세상에는 정말로 풀리지 않는 신비들이 많이 있기 때문에 이렇게 말해도 상관없다. "아직은 모르지만 언젠가는 알게 될 거야."

10. 우연의 일치가 있다고 해서 인과관계가 성립하는 것은 아니다

짠 것처럼 보이지 않는데도 둘 이상의 사건이 이어진 것을 우연의 일치라고 한다. 우리가 가진 확률 법칙의 직관으로는 불가능하게 보이는 방식으로 연관성이 이루어지면, 우리는 뭔가 신비로운 것 또는 초과학적인 것이 작용하고 있다고 생각하는 경향이 있다. 당신은 친구 밥에게 전화를 하려고 전화기 쪽으로 간다. 마침 전화벨이 울려서 받아 보니 바로 밥이다. 당신은 이렇게 생각한다. "와, 이럴 수가 있나? 이건 단순한 우연의 일치일 리가 없어. 어쩌면 밥과 내가 텔레파시로 통하고 있는지도 몰라." 확률 법칙에 대해서 대부분의 사람들이 가진 이해는 몹시 형편없다. 도박사는 연거푸 여섯 번을 따게 되면, "또 따게 되겠지"라고 생각하거나 "곧 잃게 되겠지"라고 생각할 것이다. 가능한 두 가지 결과를 예상한 것뿐이니, 꽤 안전한 내기가 아닌가! 방 안에 있는 서른 명 가운데 둘의 생일이 같을 확률은 71퍼센트*다. 그러

---

* 생일이 같은 사람이 있을 확률은 전체(1)에서 생일이 모두 다를 확률을 빼면 된다.

나 대부분의 사람들은 그런 '우연의 일치'를 발견하면 깜짝 놀라서 무언가 신비로운 것이 작용하고 있다고 생각할 것이다. B. F. 스키너B. F. Skinner가 실험실에서 증명했다시피, 사람의 마음은 사건들 사이의 관계성을 찾으려 들고, 관계가 전혀 없을 때조차 관계가 있다고 여기는 경우가 흔히 있다. 슬롯머신은 스키너의 간헐 강화intermittent reinforcement*의 원리를 기초로 하고 있다. 어리석은 쥐처럼 어리석은 사람을 계속해서 손잡이를 잡아당기게 하려면 그저 가끔씩 보상으로 강화를 해주기만 하면 된다. 나머지는 사람 마음이 다 알아서 할 것이다.

11. 대표성

신기하게 보이는 사건이 일어나면 그 부류의 현상을 그 사건이 얼마나 대표하는지 따져보아야 한다. 선박과 비행기가 '수수께끼처럼' 사라진다는 '버뮤다 삼각해역'의 경우, 우리는 초과학적인 무엇 또는 외계인이 배후에 있다고 곧바로 가정한다. 그러나 그 해역에서 일어난 사건이 얼마나 대표적인지를 따져야 한다. 주변 해역보다 버뮤다 삼각해역을 통과하는 항로가 훨씬 많기 때문에, 그곳에서 사고나 재난이 일어날 가능성이 더 크다. (사실은 교통량을 기준으로 볼 때 버뮤다 삼각해역에서 일어난 사고가 주변 해역보다 더 적음이 밝혀졌다. 아마 '비非버뮤다 삼각해역'이라고 불러야 할 정도다. 버뮤다 삼각해역의 수수께끼를 풀어낸 자초지종 설명은 쿠쉬Kusche

---

즉, 30명 중 생일이 같은 사람이 있을 확률은 $1 - 365/365 \times 364/365 \times 363/365 \times \cdots \times 336/365 ≒ 0.71$이다.

* 원하는 반응을 실험 대상이 보일 때마다 자극을 주어 그 반응이 더 많이 나타나도록 강화하는 연속 강화와 달리, 원하는 반응을 보여도 불규칙적으로 자극을 주어 강화하는 것이다.

의 책을 참고하라.) 흉가를 조사할 때도, 우리는 거기서 일어나는 일들이 이상하다고 (따라서 신비롭다고) 말하기 이전에, 소음이나 삐걱거림 같은 사건들에 대해 기준이 되는 대표적 척도를 갖고 있어야 한다.

12. 실패를 합리화하다

과학에서 부정적 성과―실패―의 가치는 아무리 강조해도 지나치지 않는다. 대개의 경우 그것은 원하지 않은 결과이고, 발표되지 않을 때도 많이 있다. 그러나 대부분의 경우에 우리는 실패를 통해서 진리의 영토에 더 가까이 갈 수 있다. 정직한 과학자라면 자기 실수를 인정할 것이다. 동료 과학자들이 그 실수를 떠벌리고 다닐 것임을 알고 있고, 특히 자기들도 그래 왔기 때문이다. 그런데 사이비 과학자들은 그렇지 않다. 그들은 실패를 무시하거나, 특히 그 실패가 노출되었을 때에는 무시하기보다는 합리화를 더 많이 한다. 실제로 속임수가 들통나면―자주 있는 일은 아니다―, 평상시에는 힘이 발휘되지만 간혹 발휘되지 않을 때도 있기 때문에, 텔레비전 프로그램이나 실험실에서 해보라는 압박을 받을 때면 속임수에 의지한다고 주장한다. 자기 능력을 보여주는 데 아예 실패하게 되면, 온갖 기발한 이유를 둘러댄다. 이를테면 실험에 너무 많은 통제를 가한 탓에 결과가 부정적이 되었다느니, 회의주의자가 있는 데선 능력 발휘가 안 된다느니, 전자장비들이 있는 데선 제대로 힘을 쓸 수 없다느니, 힘은 들어올 때도 있고 나갈 때도 있는데 지금은 힘이 나가 버린 경우라느니 어떻게든 둘러대는 것이다. 끝에 가서는 만일 회의주의자들이 모든 걸 설명할 수 없다면 틀림없이 무언가 초과학적인 것이 있다고 주장한다. 다시 말해 '설명되지 않는 것은 설명할 수 없다'는 오류에 빠지는 것이다.

13. 맞힌 것은 기억하고 못 맞힌 것은 무시하기

'실패를 합리화하다' 오류와 관련된 이것은 심령술사, 예언가, 점쟁이들이 즐겨 범하는 오류다. 이들은 1월 1일에 예언 수백 개를 쏟아놓고 세밑에 가서는 '맞힌 것' 몇 개만 집계한다(그 맞힌 것이란 게 "캘리포니아 남부에 큰 [규모는 정하지 않는다] 지진이 있을 것이다" 또는 "왕실에 문제가 있는 게 보인다"처럼 따 놓은 당상 식의 두루뭉술한 예언이 대부분이다). 그 이듬해가 되면 지난해에 자기들이 맞힌 것만 발표하고 못 맞힌 것은 넘어가버린다. 회의주의자들이 추적해서 성가시게 하지 않길 바라면서 말이다.

그러나 이보다 미미하기는 해도 이 오류는 우리 모두에게 영향을 끼친다. 친구에게 전화를 하려고 전화기 쪽으로 가는데, 전화벨이 울려 수화기를 드니 바로 그 친구에게서 걸려온 전화임을 알고 우리는 깜짝 놀라는데, 같은 상황에서 그 친구에게 전화가 오지 않은 적이, 또는 다른 사람이 전화한 적이, 또는 그 친구를 생각하고 있지도 않았는데 그 친구에게서 전화가 걸려온 적이 얼마나 많았는지 잊었기 때문이다. 아리스토텔레스의 말마따나 "우연의 일치들의 합은 확실성과 같다." 우리는 대수롭지 않은 우연의 일치들은 대부분 잊기 때문에, 의미 있는 우연의 일치는 기억하고 무의미한 일치는 무시하는 것이다. 이상하게 보이는 사건이 일어났을 때, 우리는 언제나 방심하지 말고 반드시 그 사건이 일어난 더 큰 맥락을 염두에 두어야 한다.

14. 증명의 부담

이것은 멀리 달나라에 살든 이 지구땅에 조금은 더 가까이에 살든 비주류에 속한 사람들은 누구나 잘 저지르는 오류다. 누가 누구에게 무엇을 증명해야 할까? 여기에 과학과 지식의 사회적 본성이 자리한다. 색다른 주장을 하는 사람은 거의 모든 사람이 받아들이는 믿음보다 자기 믿음이 더 타당함을 전문가들과 전체 공동체에 증명해야 하는 부담이 있다. 여기에는 민주주의와 비슷한 면모가 좀 있다. 먼저 당신 의견을 들어줄 사람을 찾아가 만나고 다녀야 한다. 그다음에는 전문가들을 당신 편으로 만들어서, 다수로 하여금 그들이 이제까지 늘 표를 주었던 주장 대신 당신의 주장에 '표를 주도록' 설득할 수 있어야 한다. 마침내 당신이 다수에 속하게 되면, 증명의 부담은 생소한 주장으로 당신에게 도전하고자 하는 주변인에게로 넘어간다.

증명의 부담은 창조론자들에게 있다. 진화론이 왜 틀렸고 창조론이 왜 맞는지 창조론자들이 보여야 한다는 말이다. 진화론자들에게는 자기들을 지켜내야 할 증명의 부담이 없다(다윈 이후 반세기 동안 증명의 부담을 가진 쪽은 진화론자들이었다). 증명의 부담은 홀로코스트 부정론자들에게 있다. 홀로코스트가 일어나지 않았음은 홀로코스트 부정론자들이 증명해야 하며, 홀로코스트 역사학자들이 홀로코스트가 일어났음을 증명해야 할 부담은 없다. 증명의 부담은 에릭 러너Eric Lerner에게 있다. 대폭발Big Bang이 일어나지 않았음을 증명하는 몫은 그에게 있으며, 우주론자들이 대폭발이 일어났음을 증명해야 할 부담은 없다(그런데 이렇게 입장이 바뀌게 된 것은 아주 최근에 와서의 일이다). 설령 당신이 옳다고 판명된다 하더라도, 당신이 주변인이라면 이는 반드시 치러야 하는 대가다.

논리적으로 저지를 수 있는 오류들

15. 감정적인 말과 잘못된 은유/유비

감정적인 말은 감정을 불러일으키고 이성을 흐리게 하기 위해 사용된다. 그 말들이란 모성, 조국, 성실, 정직처럼 긍정적인 감정을 불러일으키는 말일 수도 있고, 강간, 암, 악, 공산주의자처럼 부정적인 감정을 불러일으키는 말일 수도 있다. 정치인들은 이 오류를 남용하는 도사들이다. 이들은 인플레이션을 말할 때 '사회의 암'이라는 말을 쓰기도 하고, '산업이 환경을 강간한다' 같은 말도 한다. 마찬가지로 은유와 유비도 강력한 언어적 도구일 수는 있지만, 생각을 감정 쪽으로 돌리거나 엉뚱한 방향으로 몰고 가면 잘못된 이해를 낳을 수 있다. 예를 들면, 1992년 민주당 후보 지명 연설에서 앨 고어Al Gore는 병든 자기 아들 이야기를 가지고 교묘한 유비를 하나 구성했다. 사경을 헤매고 있던 아들을 두 팔로 보듬었고, 그 보살핌으로 마침내 아들이 다시 건강해졌다는 얘기를 했다. 그리고 병든 나라 미국을 줄기차게 언급했다. 말하자면 레이건 대통령과 부시 대통령이 집권했던 12년이 흐르면서 미국이 사경에 처하게 되었으나 새로운 행정부가 들어서면 곧 다시 건강해질 것이라는 얘기였다. 유비는 당신에게 유리하게 쓸 수도 있고 불리하게 쓸 수도 있는 막강한 언어적 도구다.

16. 무지에 호소함

이것은 무지나 무식에 호소하는 것으로, '증명의 부담' 오류와 '설명되지 않는 것은 설명할 수 없다'는 오류와 관련이 있다. 곧, 어떤 주장을 논박할 수 없다면 그 주장은 틀림없이 참일 것이라고 논증하는 것을 말한다. 예를 들어 심령의 힘이라는 게 없음을 증명할 수 없다면, 심령의 힘은 있어야 한다는 것이다. 산타클로스가 존재하지 않음을 증명할 수 없다면 산타클로스는 틀림없이 존재해야 한다고 말할 경우, 이런 논증이 얼마나 어리석은지 분명히 보일 것이다. 비슷한 방식으로 이것과 반대되는 논증을 펼칠 수도 있다. 곧, 산타클로스의 존재를 증명할 수 없다면, 틀림없이 산타클로스는 없는 것이라고 논증할 수도 있다는 말이다. 증명이라는 것은 주장을 긍정적으로 뒷받침하는 증거에서 나오며, 주장을 뒷받침하거나 논박하는 증거가 없다는 데서 나오지 않는다. 어느 쪽이든 무지에 호소해서는 진리에 전혀 가까이 다가갈 수 없다.

17. 대인 논증Ad Hominem과 피장파장의 오류Tu Quoque

라틴어로 'Ad Hominem'과 'Tu Quoque'는 각각 '사람에게'와 '당신도 마찬가지'라는 뜻이다. 이 오류들은 논점이 되는 생각을 벗어나서 그 생각을 가진 사람에게로 사고의 방향을 바꿔버린다(그리고 상대방도 다를 게 없다고 비난함으로써 자기를 변호한다). 사람을 공격하는 목적은 주장하는 사람에 대한 신뢰를 무너뜨려서 그 주장의 신뢰까지 무너뜨리려는 것이다.

누구를 무신론자라고, 공산주의자라고, 아동 학대자라고, 신新나치라고 부른다고 해서 해당 문제에 답하는 것은 결코 아니다. 누가 특정 종교나 이념을 갖고 있음을 아는 게 도움이 될 수도 있다. 그것 때문에 연구에 편향성이 생길 수도 있기 때문이다. 그러나 주장을 반박할 때는 직접적으로 반박해야지 간접적으로 반박해서는 안 된다. 예를 들어 어느 홀로코스트 부정론자가 실제로 신나치라면, 그 점을 아는 게 좋을 것이다. 왜냐하면 역사적 사건들 중 어떤 것을 강조하고 어떤 것을 무시하느냐를 선택할 때 분명 이 점이 치우침을 줄 수 있기 때문이다. 그러나 이를테면 히틀러에게는 유럽의 유대인을 말살할 종합적인 계획이 없었다고 이들이 주장하고 나선다면, "그럼 그렇지, 신나치이기 때문에 그런 소리를 하는 것이다"라는 말만으로는 그 주장을 논박하는 것이 아니다. 피장파장의 오류도 이와 마찬가지다. 누군가 당신이 탈세했다고 비난할 때, "너도 그러잖아"라고 대답하는 것은 해명도 아니고 항변도 아니다.

18. 성급한 일반화의 오류

논리학에서 성급한 일반화는 부적절한 귀납의 한 형태다. 일상생활에서는 '편견'이라고 불린다. 성급한 일반화의 경우든 편견의 경우든, 사실에 의해 정당화되기도 전에 결론을 도출한다. 우리 뇌가 사건들과 그 밑에 깔린 원인들 사이의 연관성을 찾아내기 위해 끊임없이 경계하도록 진화했기 때문에(생존에 도움이 되니까), 가장 흔하게 저지르는 오류 중 하나가 바로 이것이다. 악질 교사가 두세 명 있으면 그 학교는 다닐 가치가 없어지고, 불량 자동차가 몇 대 있으면 그 차종은 미덥지 못하게 된다. 집단을 이루는 구성원 중 소수만으로 집단 전체를 판단하는 것이다. 과학에서는 결론을 공표하기 이전에 가능한 한 많은 정보를 모아야 한다. 앨프리드 킨지Alfred Kinsey가 인간의 성적 행동에 대해 깜짝 놀랄 만한 결론을 발표하기 전에 무려 1만 명이 넘는 남녀에게서 데이터를 수집했던 까닭이 바로 이 때문이다. 킨지는 여러 가지로 비난을 많이 받았지만, 성급한 일반화는 그 비난에 들어 있지 않다.

19. 사후 추리

'이것 후에, 그러므로 이것 때문에post hoc, ergo propter hoc'라고도 하는 이 오류는 '우연의 일치가 있다고 해서 인과관계가 성립하는 것은 아니다' 오류와 관련되며, 말 그대로 '이것 다음에 일어났기 때문에 이것이 원인'이라고 추리한다. 가장 기본적인 수준에서 보았을 때 이는 미신의 한 형태다. 홈런을 날리기 위해 면도를 하지 않는 야구 선수가 있다. 또 행운의 신발만 신는 도박사도 있다. 예전에 그 신발을 신고 돈을 딴 적이 있기 때문이다. 이보다 미묘하기는 해도, 과학적 연구도 이 오류의 희생양이 될 수 있다. 최근에 한 연구는 모유로 키운 아이들의 지능이 더 높음을 보여주었다. 모유 속의 어떤 성분이 지능을 높일 수 있느냐를 두고 크게 논란이 벌어졌다. 우유로 아기를 키운 엄마들은 그것 때문에 죄책감을 느끼게 되었다. 그러나 얼마 가지 않아 연구자들은 모유로 키운 아기들이 다른 식의 보살핌을 받은 것은 아닌지, 또는 모유를 수유하는 엄마들이 아기들과 더 많은 시간을 함께 보냈던 것은 아닌지, 또는 지능을 더 높아지게 한 다른 요인들이 있지는 않은지 의심하기 시작했다. 데이비드 흄David Hume이 올바로 가르쳐주었다시피, 두 사건이 순서대로 일어났다고 해서 인과적으로 이어져 있다는 뜻은 아니다. 다시 말해 상관성이 곧 인과성을 뜻하지는 않는다는 말이다.

20. 상대를 미루어 반대하는 오류

상대방이 무얼 찬성한다. 그런데 그 상대방은 다른 것들에 대해 틀린 소리를 많이 하는 사람이다. 따라서 우리는 상대방이 찬성하는 그 무엇에 반대해야 한다는 것이다. 이것은 회의주의자들에게 위험천만한 오류다. 초과학적인 것을 믿는 사람들은 다른 영역에서도 올바로 생각하지 못한다고 우리는 으레 생각하는데, 일반적으로 보면 맞을 수 있지만, 구체적으로 보면 분명 맞지 않기 때문이다. 예를 들어, 훌륭한 과학자라 해도 영리한 마술사나 사기꾼에게 속아서 터무니없는 주장을 숱하게 믿게 되었던 경우가 많이 있다. 앨프리드 러셀 월리스는 진화적 변화의 주요 메커니즘이 자연선택임을 다윈과 공동으로 발견한 사람이었지만, 정령, 유령, 사후세계를 믿기도 했다. 이런 믿음을 가졌다는 이유로 그 사람의 생각을 모두 무시하게 된다면, 우리는 좋은 생각들을 수없이 놓쳐버리게 될 것이다.

21. 유래에 의존하는 오류

이 오류는 어떤 생각을 지지하거나 무너뜨리기 위해 그 생각의 기원 또는 그 생각을 처음 한 사람에 호소한다. 이것은 두 방향으로 갈 수 있다. (1) 그 생각을 처음 한 사람은 공인된 전문가다. (2) 그 생각을 처음 한 사람은 공인된 돌팔이다. 달리 말하면, 주장을 한 사람이 누구냐에 따라 모든 게 달라진다는 것이다. 그 주장을 한 사람이 노벨상 수상자라면, 우리는 귀담아 듣는다. 그전에도 그 사람의 말은 많이 옳았기 때문이다. 그러나 그 주장을 한 사람이 평판 나쁜 사기꾼이라면, 우리는 깔깔거리고 비웃을 것이다. 그전에도 그 사람의 말은 많이 틀렸기 때문이다. 이것은 알곡과 쭉정이를 골라내는 데 유용한 체이긴 하지만, (1) 존경하는 사람이 지지한다는 이유만으로 그른 생각을 받아들이거나(잘못된 긍정), (2) 경멸하는 사람이 지지한다는 이유만으로 옳은 생각을 거부할(잘못된 부정) 수 있다는 점에서 위험하기도 하다. 어떻게 하면 이것과 저것을 분간할 수 있을까? 증거를 검토하면 된다.

22. 이것 아니면 저것, 양자택일의 오류

부정의 오류 또는 잘못된 딜레마라고도 하는 이 오류는 으레 세계를 이것 아니면 저것, A 아니면 B로 나누어서, 당신이 한쪽을 무너뜨렸을 때 관찰자가 다른 쪽을 받아들일 수밖에 없게 한다. 이것은 창조론자들이 즐겨 쓰는 책략이다. 창조론자는 생명은 신이 창조했거나 진화한 것이라고 주장한다. 그런 다음 대부분의 시간을 들여 진화론을 무너뜨리고는, A(진화론)가 틀렸기 때문에 B(창조론)가 틀림없이 맞다고 결론을 내린다. 하지만 과학혁명과 패러다임의 전환을 이루려면, 이론을 무너뜨리는 것만으로는 충분치 않다. 낡은 이론으로 설명되는 '정상' 데이터와 낡은 이론으로는 설명되지 않는 '이상' 데이터를 모두 설명해 내는 이론으로 그걸 대신해야만 한다. 달리 말해서 더 뛰어난 모형을 내놓아야 하는 것이다. 그러려면 상대편에 반대되는 증거만이 아니라 그 이론을 뒷받침하는 증거까지 제시해야만 한다. 양자택일 사고가 가진 문제는 어느 무명씨 시인의 경망스러움으로 표현해 볼 수 있다.

논란이 되는 문제들에서
내 지각력은 퍽 예민하다.
나는 언제나 두 관점을 본다.
틀린 관점과 내 관점을.

23. 순환 논증

중복의 오류, 논점 회피, 동어반복이라고도 하며, 결론이나 주장이 전제 가운데 하나를 단순하게 다시 말한 것에 불과할 때 일어나는 오류다. 기독교 변증론(신을 변론하는 것)은 동어반복으로 가득 차 있다. 하느님은 있는가? 그렇다. 어떻게 아는가? 성경에서 그리 말하기 때문이다. 성경이 옳음을 어떻게 아는가? 하느님으로부터 영감을 받아서 쓴 책이기 때문이다. 달리 말하면 하느님이 있기 때문에 하느님이 있다는 말이다. 과학에서도 이런 중복 논증을 찾아볼 수 있다. 중력이 무엇인가? 물체들이 서로를 끌어당기는 경향이다. 왜 물체들은 서로를 끌어당기는가? 중력 때문이다. 달리 말하면 중력이 있기 때문에 중력이 있다는 것이다. 문제는 '정의'에 있다. 동어반복적인 사고 없이 정의를 내리기는 힘들다. 테레사 수녀는 왜 남을 위해 그처럼 좋은 일을 하는가? 왜냐하면 그녀는 도덕적이기 때문이다. 도덕적이라는 것은 무슨 뜻인가? 남을 위해 좋은 일을 한다는 것이다. 정의내리기가 이렇게 어렵다 할지라도, 우리는 시험할 수 있고 반증할 수 있고 논박할 수 있는 조작적 정의*를 구성하는 일에 힘써야 한다.

24. 귀류법과 미끄러운 비탈길의 오류

귀류법은 논증을 논리적 한계까지 끌고 나가 부조리한 결론으로 귀착시킴으로써 논증을 논박하는 것이다. 결론이 부조리하다면, 틀림없이 그 진술은 거짓이어야 할 것이다. 그런데 꼭 그렇게 되지만은 않는다. 그러나 귀류법이 유용한 비판적 사고 연습일 때도 있다. 왜냐하면 종종 귀류법은 해당 주장이 타당성을 가지는지 찾아내는 한 방도가 되어주기 때문이다. 특히 실험(실제로 귀결되는 결론을 확인할 수 있다)을 돌려 그 타당성을 찾아낼 수 있을 경우에 말이다.

미끄러운 비탈길의 오류도 이와 비슷하다. 곧, 어느 것이 마지막에 너무나 극단적으로 다른 결론으로 귀결되면, 첫걸음부터 떼지 말았어야 한다는 논증이다. 예를 들어보자. "벤앤제리 아이스

---

* 실험, 관찰, 추리 같은 구체적 방법으로 시험해서 판정할 수 있을 만한 정보, 이를테면 측정 가능한 양이나 비교 가능한 기준 등을 넣어서 정의하는 것을 말한다.

크림을 먹으면 몸무게가 불 것이다. 몸무게가 불면 비만이 될 것이다. 금방 160킬로그램이 넘을 것이다. 따라서 벤앤제리 아이스크림은 나쁘니 입에 댈 생각도 하지 마라." 물론 벤앤제리 아이스크림을 먹어서 비만으로 이어질 수도 있고, 아주 드물기는 해도 160킬로그램까지 부풀어 오르게 할 가능성도 있다. 그러나 그렇게 될 공산은 별로 없다. 전제로부터 반드시 그런 결론이 따라 나오는 것은 아니다.

심리적으로 저지를 수 있는 오류들

25. 부실한 노력과 확실성, 통제, 단순성에 대한 욕구

사람들은 대부분 거의 언제나 확실성을 원하고, 주변을 통제하고 싶어 하며, 단순성을 선호한다. 의심할 것 없이 이런 성향은 생존을 위해 주변 환경을 더 잘 이해하고 변화시키고자 해온 우리네 진화적 배경에서 유래했다(주변 환경을 가장 잘 이해하고 통제했던 이들이 가장 많은 자손을 남겼고, 선조들보다 더 잘해낸 자손들이 더 많은 자손을 남겼고, 이 과정이 이어지고 이어져 우리에게까지 왔다). 따라서 확실성, 통제, 단순성을 향한 욕구, 최소한의 노력을 기울여 최대한의 보상을 얻고자 하는 욕망은 아마도 생물학적으로 정해졌을 것이며 종을 위해서도 좋은 일일 것이다. 그러나 '종에게 좋다'고 해서 꼭 '개체에게 좋다'고는 할 수 없다. 문제들이 복잡하게 얽혀 있고 다종다양한 면모를 가진 사회에서는 이런 특징들이 비판적 사고와 문제 해결을 어렵게 만들 수 있다.

과학적이고 비판적인 사고는 자연스럽게 얻어지는 것이 아니다. 훈련, 경험, 노력이 필요하다. 앨프레드 맨더Alfred Mander는

《대중을 위한 논리Logic for the Millions》에서 이렇게 설명했다.

생각이란 숙련이 필요한 일이다. 어떻게 생각해야 하는지에 대한 학습이나 연습 없이 명확하고 논리적으로 생각할 수 있는 능력을 우리가 타고난다는 건 사실이 아니다. 훈련하지 않은 마음을 가진 사람이 명확하고 논리적으로 생각할 수 있다고 기대하는 것은 학습이나 연습 없이 자신이 훌륭한 목수나 골퍼, 브리지 플레이어, 피아니스트일 수 있다고 기대하는 것과 다를 바 없다.

절대적으로 확신하고 완벽한 통제 상태에 있고자 하는 욕구, 문제에 대해서 언제나 단순하고 수월한 해법만 찾으려는 욕구를 우리는 쉬지 않고 억눌러야 한다. 물론 단순하고 도출하기 쉬운 해법이 있을 수도 있겠지만, 대개는 그렇지 않다. 그러니 우리 프시케psyché*를 이루는 이 성분을 꺼두는 것이 현명할 것이다.

26. 권위에 지나치게 의존하기

이것은 앞에서 살펴본 '유래에 의존하는 오류'와 비슷한 오류다(그러나 범위는 더 넓다). 우리는 우리 문화에서의 권위, 특히 지적 능력이 높다고 생각되는 권위자들에 대단히 크게 의존하는 경향이 있다. 지난 반세기 동안 지능 지수는 거의 신비에 가까운 지위를 차지했다. 그러나 제임스 랜디의 말마따나, "'높은 지능 지수'를 가진 것과 이성적 인간으로서 기능하는 능력은 별 관련이 없을 때가 흔하다." 그 예로 랜디는 멘사Mensa―지능 지수가 전체 인구의 상위 2퍼센트에 드는 사람들을 대표한다―회

---

* '영혼' 또는 '정신'을 의미하는 그리스어.

원들 사이에서도 초과학적 현상에 대한 믿음이 드물지 않음을 들었다. 어떤 회원들은 자기들이 '심령 지수Psi-Q'도 월등히 높다는 주장까지 한다. 생화학자이자 《스켑틱》편집진에 있는 엘리 시나우어Elie Shneour는 이렇게 말한다. 문제는 "우리 사회에서 스스로 생각할 능력이나 의지가 있는 개인들이 적다는 것이다. 우리가 무엇을 생각할지 정해주는 압력이 거의 언제나 구석구석 미치고 있으며 거의 모든 범위를 망라하고 있다." 랜디는 박사 학위라는 형태의 권위를 가진 자들을 즐겨 비꼬기도 한다. 랜디의 말에 따르면, 일단 박사 학위를 받고 나면 그들은 "나는 모른다"와 "내가 틀렸다"라는 두 마디를 말하는 게 거의 불가능하다고 여긴다. 어느 분야에서 전문적 식견을 쌓은 권위자라면 그 분야에서 옳을 가능성이 클 테지만, 확실히 장담할 수는 없으며, 전문적인 식견을 가졌다고 해서 필히 다른 영역에서도 결론을 속단할 자격이 있는 것은 아니다.

27. 부실한 문제 풀이

어떤 면에서 보면, 비판적이고 과학적인 사고란 모두 문제 풀이다. 부실한 문제 풀이를 야기하는 심리적 방해 인자들은 수없이 많다. 심리학자 배리 싱어Barry Singer는 사람들에게 특정 추측들의 옳고 그름을 사전에 알려준 다음에 문제를 하나 내서 옳은 답을 선택하라는 과제를 주었을 때, 그들이 다음과 같이 문제를 풀어나간다는 걸 보여주었다.

- 즉시 가설을 세우고 그에 부합하는 예시만을 찾는다.
- 가설을 반증할 증거를 찾지 않는다.
- 가설이 명백히 틀렸을 때도 가설을 바꾸는 데 매우 오래 걸린다.

- 정보가 너무 복잡하면, 지나치게 단순한 가설이나 해결 전략을 택한다.
- 만약 해결책이 없는 문제를 내거나 가짜 문제를 내고 '옳다'와 '그르다'를 무작위로 제시할 경우, 사람들은 우연한 관계에 대해 가설을 세웠다. 사람들은 항상 인과관계를 발견했다.

만일 이것이 일반적으로 모든 사람들에게 해당된다면, 과학이나 인생의 문제들을 풀 때 이런 부실함을 극복하기 위해 부단히 노력해야 할 것이다.

28. 이념적 면역 또는 플랑크 문제

이제는 고전이 된《과학혁명의 구조Structure of Scientific Revolutions》에서 토머스 쿤은 이 과학혁명들의 본질을 '패러다임의 전환'으로 묘사했다. 과학 공동체 구성원 가운데 충분한 수(특히 과학정치적 패권을 쥔 자리에 있는 사람들)가 기꺼이 낡은 정론을 버리고 (이전 시각에서는) 급진적인 새 이론의 편을 들 때, 오직 그 때에만 패러다임의 전환이 일어날 수 있다. 패러다임을 체계로 보는 경우에는 과학에서 일어난 변화를 대개 이런 식으로 일반화하지만, 개개인의 마음속에 있는 '인지 구조' 또는 '모형'도 패러다임이라는 것을 우리는 인식해야 한다. 그래서 우리는 변화에 저항하는 문제를 사회학적인 문제로도 심리학적인 문제로도 고려할 수 있다. 사회학자 제이 스튜어트 스넬슨Jay Stuart Snelson은 이렇게 변화에 완고한 태도를 일러 "이념적 면역 체계ideological immune system"라고 불렀다. "교양 있고 지성적이며 성공한 성인은 자기가 가진 가장 근본적인 전제들을 좀처럼 바꾸지 않는다." 스넬슨에 따르면, 개인이 더 많은 지식을 쌓고 자기가 가진 이론들의 토대가 단단히 다져질수록, 그 이

넘에 대한 자신감은 더욱 커진다. 하지만 이렇게 되면 기존에 가졌던 생각을 보강해 주지 못하는 새로운 생각들에 저항하는 '면역성'을 키우는 결과가 나오고 만다. 과학사학자들은 이를 물리학자 막스 플랑크Max Planck의 이름을 따서 '플랑크 문제'라고 부른다. 플랑크는 과학에서 혁신적인 진전이 일어나려면 어떤 일이 있어야 하느냐를 놓고 이렇게 생각했다.

중요한 과학적 혁신이 조금씩 상대를 설복해 마음을 돌리게 하는 식으로 이루어지는 경우는 좀처럼 없다. 즉 사울이 바울이 되는 경우는 별로 없다. 정말로 일어나는 일은 그 상대들이 서서히 죽어 사라져 가고, 처음부터 그 혁신적인 생각들에 친숙한 세대가 점점 성장하는 것이다.

심리학자 데이비드 퍼킨스David Perkins는 피험자들을 대상으로 벌였던 상관성 조사를 통해 이 현상에 대한 우리의 이해를 늘렸다. 그는 이 조사에서 지능(표준 IQ 테스트로 측정한 지능)과, 어떤 관점을 취하고 그 입장을 옹호하는 근거를 제시하는 능력 사이에 높은 긍정적 상관성이 있음을 발견했다. 그뿐 아니라 지능과, 다른 대안적 관점을 고려하는 능력 사이에 강한 부정적 상관성이 있음도 발견했다. 다시 말해서 지능이 높은 사람일수록 이념적 면역 가능성이 커진다는 얘기다. 하지만 어떤 수준에서 보면, 다양한 주장들의 타당성을 시험할 수 있을 만큼 충분히 오랫동안 현 상태를 유지할 한 가지 방도로서 이념적 면역성이 과학 활동 속에 의도적으로 심겨 있기도 하다. 과학사학자 I. B. 코언Cohen은 이렇게 설명했다.

새롭고 혁명적인 과학 체계는 두 손 들어 환영받기보다는 으레 저항을 받곤 한다. 왜냐하면 성공한 과학자들은 모두 현 상태를 유지하는 데에서 지적, 사회적, 심지어 재정적으로도 기득권적인 이해관계를 갖고 있기 때문이다. 만일 새롭고 혁명적인 생각들이 모두 두 손 들어 환영받는다면 그 결과는 완전한 혼돈일 것이다.

결국 역사는 (적어도 잠정적으로) '옳은' 사람들에게 보상을 준다. 변화는 정말 일어난다. 천문학에서는 프톨레마이오스의 지구 중심적 우주관이 서서히 코페르니쿠스의 태양 중심적 우주관에게 자리를 내주었다. 지질학에서는 조르주 퀴비에Georges Cuvier의 격변론이, 더 착실하게 증거의 뒷받침을 받은 제임스 허튼James Hutton과 찰스 라이엘Charles Lyell의 동일과정론에 의해 서서히 밀려났다. 생물학에서는 다윈의 점진주의적 진화론이 종이 불변한다는 창조론자들의 믿음을 폐기했다. 지구과학에서는 알프레트 베게너Alfred Wegener의 대륙 이동설이 대륙은 고정되고 안정적이라는 공인된 정론에 맞서서 인정을 받기까지 거의 반세기가 걸렸다. 과학은 진보적이므로 그러한 이념적 면역성도 결국에는 극복되기 마련이다.

29. 초월의 유혹

비판적 사고를 가로막는 마지막 심리적 성분으로 고려할 것이 하나 있는데, 철학자이자 인문주의자인 폴 커츠Paul Kurtz가 '초월의 유혹transcendental temptation'이라고 부른 것으로서, 같은 제목의 책(1986)에서 상세히 살피고 있다. 본질적으로 초월의 유혹은 우리 존재의 궁극적 끝—죽음과 죽은 뒤에 삶이 있을 가능성—을 깊이 생각해 본 사람 누구에게나 영향을 준다. 그 유혹이 모든 영혼을 건드릴 수 있는 이유는 단순하다고 커츠는 말한다.

곧, 삶이 끝난 상태를 미리 내다보고 전율을 느낄 사람은 아무도 없기 때문이라는 것이다. "초월의 유혹은 사람의 가슴속 깊이 도사리고 있다. 그것은 늘 있으면서, 초월적 실재라는 미끼로 사람을 유혹하고, 사람들이 지닌 비판적 지성의 힘을 무너뜨려서, 증명되지도 않고 근거도 없는 신화 체계를 사람들이 받아들이게 할 수 있다." 특히 신화, 종교, 사이비 과학, 초과학적 주장이 바로 우리로 하여금 이성적, 비판적, 과학적 사고를 벗어나도록 유혹하는 미끼들이라고 커츠는 논한다. 바로 우리 모두가 안에 품고 있는 성스럽고 소중한 무엇, 곧 생명과 불멸성을 그것들이 건드리기 때문이라는 것이다. "초월을 추구한다는 것이 사람의 가슴속에 자리한 불멸과 영생에 대한 욕망이 표현된 것임은 분명하다. 이 충동은 워낙 강하기에 지난날과 오늘날에 위대한 종교와 초과학적 운동을 일으켰으며, 평소에는 분별 있는 남녀들을 부추겨서 누가 봐도 거짓인 신화들을 곧이곧대로 믿게 하여, 그 신화들을 신앙개조로 여기고 쉬지 않고 되뇌도록 한다."

물론 '초월의 유혹'을 담당하는 유전자나 형질을 찾아내기는 어려울 것이므로, 우리가 지닌 감정과 욕망에 그토록 큰 호소력을 지닌 이런 인지 작용이 구성되는 배후에 무엇이 있는지 고려해야만 한다. 커츠는 '창조적 상상력'이 바로 초월의 유혹 뒤에서 작용하는 원동력이라고 주장한다.

사람의 마음속에서는 우리가 지어낸 심상들과 실제 진실이 끊임없이 싸우고 있다. 과거에는 무엇이 있었겠으며 미래에는 무엇이 있겠는지 우리는 시적이고 예술적이고 종교적인 관념의 환영들을 꾸며낸다. 그러나 이렇게 관념화된 세계가 참인지는 또 다른 문제다. 과학자와 시인, 철학자와 예술가, 현실주의자와 몽상가 사이에는 긴장이 끊이지 않는다. 과학자, 철학자, 현실주의자는 우주를 해석해서 우주의 진정한 모습을 이해하고 싶어 한다. 반면에 시인, 예술가, 몽상가에게 영감을 주는 것은 우주의 가능한 모습이다. 과학자들은 가설적 구성 관념들을 시험하길 원하지만, 공상가들은 그 구성 관념들로 살아간다. 사람들이 갈망하는 것이 시험을 거친 지식이 아니라 신앙과 확신인 경우가 너무나도 많다. 상상력의 날개를 타고 높이 날아오르면서 믿음은 진실로부터 까마득히 멀어져간다.

이것은 우리가 자동인형이 아니라 인간이기에 치르는 대가다.

번역 류운

패턴을 찾는 뇌, 음모론에 취약한 뇌

로버트 D. 커벨

효과적인 음모론은 대개 분석이나 증거로 뒷받침되는 인과 관계보다는 감정에 호소하는 뻔뻔하고 흉흉한 주장으로 관심을 끈다. 음모론과 관련된 요인에 대한 연구는 지난 10년간 빠르게 증가하였고 이제 주요 성과들이 나타나고 있다.

하지만 음모론에 끌리는 인간의 성향의 근간에 놓인 몇몇 요인들은 여전히 외면당하고 있다. 나는 이 글에서 기존에는 다루지 않았던 음모론의 세 가지 토대에 대해서 탐구하고자 한다. (1) 수학의 램지 이론. 이는 명백한 무질서에서도 예외 없이 질서(조직에 대한 인식)가 나타난다고 말한다. (2) 신호 및 패턴 지각에 관한 신경생리학. 이는 척추동물이 생물학적 혹은 진화적으로 생존에 유리한 정보를 탐지하도록 조율된 방식이다. (3) 감각에 감정적으로 의미 가득한 해석을 부과하고 그에 따라 행동을 수정하려는 인간의 성향.

폭넓게 연구된 음모론적 믿음의 감정적 특성과 더불어 편향 동화biased assimilation나 동기가 부여된 추론motivated reasoning 등 여타의 연구자들이 제안한 심리 기제를 고려하면, 음모론은 사건을 합리적으로 설명할 수 있는 인지 도구가 부족하거나 그것을 거부하는 사람들에게서 충분히 예측할 수 있는 결과로 볼 수 있다.

음모론의 해악

음모론은 은밀하고 사악한 음모를 핵심으로 하는 특정 사건에 대한 설명이나 생각으로 종종 부정적 의미를 담고 있다. 여기에서 음모의 목적은 대개 사람들을 기만하고 조종하거나 정치적, 경제적 권력을 찬탈하는 것이다. 마키아벨리는 《군주론》에서 실제 음모가 원하는 목적을 이루지 못할 때가 많으므로 음모론을 내세우지 말라고 조언했다. 최근의 연구 결과들은 음모론이 좀더 골치 아픈 결과를 낳는다고 지적한다. 이들에 따르면 음모론은 사회의 건설적인 담론을 훼손해 불화, 폭력 불신의 씨앗이 될수 있다. 또한 터무니없는 음모론도 사람들의 삶, 건강, 안전에 악영향을 미칠 수 있다.

내부자 거래나 은행 강도 모의 등 실제 음모에는 추적 가능한 인과 관계의 사슬이 존재하지만, 음모론은 어조가 악랄하고 분석적이기보다 직관적인 감정에 뿌리를 둔 주장을 한다. 이런 부정적인 측면에도 불구하고 음모론은 비주류 집단에만 국한되지 않으며 인터넷이나 소셜미디어가 활발하기 전부터 널리 퍼져 있었다. 음모론은 다양한 문화와 역사 전반에서 발견되며 어디서든 나타날 수 있다. 얼토당토않거나 교묘한 음모론이 그렇게 흔히 나타나는 이유는 뭘까? 모종의 심리적 특성 때문에 '음모론적 사고방식'을 지닌 사람들이 음모론에 특히 쉽게 현혹된다는 것이 사실일까? 이런 의문을 파헤친 연구는 지난 10년간 크게 증가했다. 이와 더불어 생물학 및 감정과 불안이 인간의 믿음을 형성하는 방식과 관련된 생각들은 음모론의 기원에 관한 또 다른 통찰을 제공한다.

무질서에서도 왜 패턴이 보이는 걸까?

램지 이론은 명백한 무질서에서 어느 정도의 질서나 규칙성이 불가피하게 나타나는 현상을 다루는 수학의 한 분야다. 1920년대에 프랭크 램지Frank Ramsey가 창안하고 팔 에르되시Paul Erdős에 의해 크게 발전한 램지 이론의 핵심 개념은 임의의 요소들이 특정 형태로 배열되게 된다는 것이다. 이 이론에 따르면, 충분한 구성 요소(많은 수는 필요치 않다)가 주어지는 경우 흥미로운 패턴이 반드시 나타난다. 램지 이론의 놀라운 예는 파티에 참가한 사람들의 사례를 통해 확인할 수 있다. 파티에 참여한 사람들 중 최소 6명을 무작위로 골라 집단을 구성하면, 그 집단은 언제나 구성원으로 서로 친구인 세 명 또는 서로 친구가 아닌 세 명을 포함한다. 램지 이론에 관한 글을 쓴 수학자 T. S. 모츠킨T. S. Motzkin에 따르면, 완벽한 무질서는 불가능하다.

완벽한 무질서가 불가능하다면, 우리가 마주하는 무질서처럼 보이는 현상에서 질서(혹은 더 중요한 의미나 목적)를 구하거나 찾는 일은 우리에게 논리적이고 유익할지 모른다. 패턴은 어디에나 있고 그것을 인지하는 것이 우리에게 도움이 된다는 사실을 고려하면, 근저에 놓인 의도를 인식하는 경향을 수학에 바탕을 둔 생물학적 성향(진화론 용어로는 '적응 과정')으로 볼 수 있을까?

여덟 살 때 맹장과 편도선 수술을 한꺼번에 받은 나는 지루한 회복 기간 동안 병원 침대 위의 방음 천장 타일을 올려다보며 시간을 보냈다. 흰 타일의 표면에는 조그만 구멍들이 무작위로 흩어져 있었다. 밤하늘의 별 무리에서 동물의 형태를 보듯, 나는 흩어진 구멍에서 이미지를 찾아냈다. 사람 얼굴이나 말의 모양을 한 번 발견하고 나자, 천장을 볼 때마다 그 패턴들을 의식하지 않을 수 없었다. 여덟 살 나이에도 나는 그 이유가 궁금했다. 존재하지 않는 이미지를 보는 사람이 나 하나뿐일까? 이런 현상을 가리키는 용어가 있기나 할까?

패턴을 찾도록 설계된 뇌

명백한 무질서에서 질서를 감지하는 경향은 인간이 아닌 다른 동물에게서도 나타난다. '변상증pareidolia'은 앞서 말한 현상을 기술하는 용어로 구름에서 어떤 형상이나 임의의 소리에서 단어나 어구를 발견하는 것과 같이 존재하지 않는 패턴을 잘못 지각하는 경향이다. 또 다른 용어인 패턴성patternicity은 의미 있는 정보와 의미 없는 잡음 모두에서 의미 있는 패턴을 찾는 경향을 가리킨다. 마이클 셔머Michael Shermer가 제안한 개념인 패턴성은 인류가 초래한 지구 온난화처럼 겉보기에 무작위적인 변칙으로 보였던 많은 패턴이 사실로 드러났다는 점에서 변상증을 더 상세히 다룬다. 사실 과학의 두 핵심 도구인 신호 탐지 이론과 통계 탐지 이론은 잡음에서 신호를 탐지하는 기준을 세울 필요가 있다는 점에서 등장하게 됐다.

인간을 포함한 많은 동물의 뇌는 특정 신호와 패턴을 감지하는 데 최적화되었다. 1950년대 후반부터 과학자들은 개구리의 망막이 날카로운 가장자리 선, 구부러진 가장자리 선, 움직이는 윤곽, 그림자처럼 어두운 형상의 움직임과 같은 특징들을 탐지하는 데 특화되었다는 사실을 입증해 왔다. 개구리의 생존이 천적을 피하고 벌레를 낚아채는 능력에 있다는 점에서 이는 그다지 놀랍지 않다. 개구리의 눈에 포식자와 먹이 모두는 어둡고 움직이는 윤곽선이라는 특징을 갖는다.

뛰어난 밤눈과 레이저 포인터처럼 쏜살같이 움직이는 대상에 달려들기 좋아하는 성질 등 고양이가 세상을 보고 반응하는 방식은 잘 알려져 있다. 신경과학자 데이비드 허블David Hubel과 토르스텐 비셀Torsten Wiesel은 20년 이상 고양이와 영장류를 이용해 인간의 시각을 연구하는 실험을 했다. 그들은 시각 경로의 종착지에 위치한 뉴런을 규명한 공로로 노벨상을 수상했다. 고양이와 원숭이의 시각 피질에 위치한 세포는 양서류의 가장자리 감지와는 달리 훨씬 더 구체적이고 특징적인 구조와 윤곽을 탐지하도록 '조율'되어 있었다. 이들의 또 다른 중요한 발견은 생애 초기에 새끼 고양이의 시각 정보가 뇌에 도달하지 못하도록 제한하면 시각 피질의 전기 활성이 바뀐다는 점이다. 반면 성인이 된 후 시각을 잃은 경우에는 이와 같이 정보 처리 과정 자체가 상실되지 않는다는 점에서 한 번 형성된 패턴 감지 능력은 평생 지속된다는 점을 알 수 있다.

이 예들은 양서류부터 고양잇과, 영장류에 이르는 모든 동물이 오랜 세월에 걸쳐 복잡한 세계에서 살아남는 데 도움이 되는 윤곽과 패턴을 지각하도록 진화했음을 의미한다. 때때로 실제 잡음

가운데 신호가 있으므로, 잡음을 감지하고 인식해 그 안에 획득 가능한 유용한 정보가 있는지 확인하는 건 바람직한 일일 수 있다. 최소한 생물학적 차원에서는 우리의 패턴 감지 경향이 뇌 자체의 작동 방식과 관계가 있다. 우리 눈과 뇌는 특정 특징을 지각하도록 진화했기에 이를 인식하기 싫어도 피할 수 없다. 여기에서부터 우리는 음모론이 왜 그렇게도 판을 치는지에 대한 설명을 시작할 수 있다. 우리는 기능적으로든 허구적으로든 생물학적으로 특징들을 보도록 조율되었다. 신호는 예측 가능한 패턴을 표상하므로 우리에게 유용할 수 있다.

확실히 무작위는 아니지만 무작위로 보이는 세계에서 인간이 감지할 수 있는 신호는 가장자리 선이나 갑작스러운 움직임에 그치지 않는다. 인간의 뇌는 얼굴의 특징을 감지하는 데 특화되어 있다. 후두 측두엽에 위치한 방추 이랑fusiform gyrus이라는 영역은 오로지 얼굴 지각에만 쓰이며, 이 작업에는 뇌의 양반구가 똑같이 개입한다. 익숙한 얼굴과 낯선 얼굴 지각에는 서로 다른 신경 중추가 관여하며, 인간의 전두엽 피질을 포함한 다른 뇌 영역도 얼굴에 반응하고 편도체를 포함한 감정 영역과 강하게 상호작용한다. 또한 개별 뉴런이 특정인의 얼굴에 선택적으로 반응하며, 옥시토신이라는 신경 전달 물질이 사회적 상호작용에서 특히 중요한 얼굴과 감정 인식을 촉진하는 데 중요한 역할을 한다고 알려졌다. 더욱이 최근 연구에 따르면 하나의 축으로 배열된 개별 얼굴 지각 세포들의 발화 비율이 각각의 얼굴 특징에 대응하고, 이 세포들의 다양한 조합으로 다양한 얼굴 이미지를 놀랄 만큼 정확하게 재현할 수 있다. 뇌가 지극히 복잡한 실로폰이나 키보드라고 한다면, 특성을 지각하는 뇌 세포는 건반 하나에 해당하며, 얼굴은 악기가 연주하는 복잡한 화음이라고 할 수 있다.

물론 음모론은 가장자리 선이나 움직임 같은 특징을 감지하는 기능만으로 설명할 수 없다. 그러나 뇌가 작동하는 기본 방식은 우리가 자극을 감지하고 이를 처리하는 방법에 대한 중요한 정보를 제공한다. 개구리는 텅 빈 캔버스에서 가장자리 선만을 보는 것이 아니라 입력 값에 의미를 부여하고 그에 따라 행동한다. 가장자리 선이 날카로운 윤곽과 빠른 움직임이라는 특성을 갖는다면, 개구리는 그것을 벌레라 여기고 혀로 낚아챈다. 반면 움직이는 가장자리 선이 맹금류와 같은 대형 포식자를 의미한다면, 개구리는 폴짝 뛰어 달아난다. 우리 역시 얼굴만을 감지하지 않는다. 특정인을 남편 혹은 아내로 인식하고 그의 얼굴 표정에 의미와 의도를 부여한다. 미소는 농담이 성공했다는 의미고, 찡그린 얼굴은 우리의 경솔한 행동을 경고한다.

패턴은 패턴을 찾는다

우리 뇌는 명백한 잡음에서 의미나 의도가 담긴 신호를 포착하도록 설계되었으며, 측두엽의 뉴런은 우리가 인식하지 못할 때도 쉴 새 없이 이런 작업을 수행한다. 의미나 관련성에 대한 잘못된 인식을 아포페니아apophenia라고 하며, 프레이돌리아preidolia(천장 타일에서 말의 형상을 보는 것과 같이 시각적 자극에 대한 잘못된 인식)는 그 하위 범주에 속한다.

우리가 사물이나 사건을 지각하는 방식에 두려움과 같은 감정과 위협이나 개인적인 믿음과 같은 요인이 더해지면, 속성을 잘못 부여할 가능성과 함께 음모론적 사고의 주요 요건이 갖춰진다. 사람들은 불행한 사회적 사건으로 위협, 불안, 무력감 또는 불확실성을 느낄 때 음모론에 혹하는 경향이 있다. 더욱이 사회 심리학자 얀빌럼 판프로이언Jan-Willem van Prooijen 박사에 따르면 하나의 음모론을 믿는다고 위협을 덜 느끼는 것이 아니라 반대로 일종의 양성 피드백 고리가 작용해 음모론을 믿는 경향이 더 자극된다. 천장에 박힌 점에서 의미 있는 패턴을 보고 나면 그 이미지가 사라지지 않는 법이다. 달에서 한 번 얼굴 형상을 보고 나면, 달을 볼 때마다 얼굴을 안 떠올리는 것이 어려워진다.

특정 음모론을 믿고 나면 다른 곳에서도 음모의 작용을 보고 싶은 충동이 생긴다. 사실 한 음모론에 대한 믿음을 가장 잘 예측하는 지표는 다른 음모론에 대한 믿음이다. 불안, 불신, 전염병의 대유행 등을 지적하며, 지금이야말로 음모론이 활개를 칠 최적의 조건이라고 한탄하는 사람들도 있다. 하지만 이런 주장은 오래 전부터 꾸준히 제기되었다. 정치학자 조지프 우신스키Joseph Uscinski와 조지프 패런트Joseph Parent 는 지난 100년간《뉴욕 타임스New York Times》에 실린 음모론 관련 독자 편지 10만 통 이상을 샅샅이 조사했다. 그 결과 그들은 아돌프 히틀러, 아프리카 민족회의, 세계보건기구, 시온주의 공동체 등 세 페이지는 족히 될 음모 주제를 정리해 좌파, 우파, 공산주의자, 자본주의자, 정부, 언론, 기타의 7가지 유형으로 분류했다(마지막 유형에는 프리메이슨, 과학자, 미국의사협회도 포함된다). 예를 들어 1890년대에 편지를 보낸 독자들은 모르몬교도가 공화당 선거를 조작하고 캐나다와 영국이 미국의 영토를 빼앗으려는 음모를 꾸민다며 두려워했다. 1900년대 초의 독자들은 민주주의를 훼손하는 재정적 이해관계를 걱정했다. 이런 우려가 20세기 내내 계속되었다는 점에서 음모론이 최근의 현상이라는 신화는 반박된다.

음모론자를 예측하는 인자

음모론에 대한 믿음은 분명 정치적 당파성이 강할수록 커지지만, 최근 조사에 따르면 정치적 성향(진보 대 보수)과 음모론을 믿는 경향 사이에는 상관관계가 성립하지 않는다. 오히려 음모론과 정치의 관계를 연구하는 학자 애덤 엔더스Adam Enders와 스티븐 스몰페이지Steven Smallpage에 따르면, 우리는 모두 수용과 거부를 양극단으로 하는 음모론적 사고의 연속체 어딘가에 위치하고 있다. 특히 우리가 위협을 느낄 때, 연관 관계를 찾기 위해 뇌가 작동하는 방식과 의심을 하거나 조심을 할 때 얻을 수 있는 이익을 고려하면, 우리의 믿음이 형성되는 데는 종종 정당한 이유가 있다. 거의 모든 행동이 어느 정도는 전략적이므로 음모론은 기초가 되는 정보의 일부 또는 전부가 허풍인 경우에도 위협에 대응하는 전략이 되는 듯하다. 마이클 셔머는 이를 건설적 음모주의라 부르는데, 많은 음모론이 사실은 아니지만 개중에는 사실인 것도 있으므로, 대부분이 사실이라고 과도한 가정을 하는 데 이익이 있다는 뜻이다.

음모론을 옹호하는 사람들은 적어도 표면적으로는 대체로 합리적이고 개방적으로 보이는 경향이 있다. 음모론적 믿음을 연구한 95건의 논문들을 체계적으로 리뷰한 한 논문에서 음모론과 관련된 예측 변수를 평가했다. 이 연구에 따르면 이전에 일부 심리학자가 제안한 낮은 우호성과 경험에 대한 높은 개방성과 같은 성격 요인은 물론 신경증과 같은 다른 요인도 중요한 예측 변수가 아니었다.

그러나 불확실한 시기에 합리적 설명이 실패를 거듭하면 논리와 이성보다는 선정주의가 선호될 수 있다. 그렇다면 불안을 경험할 때 어떤 사람이 음론적 사고에 쉽게 빠지게 될까? 시카고 대학교의 연구자 에릭 올리버Eric Oliver는 성격 특성을 예측 변수로 보는 대신 사고방식의 차이를 평가했다. 올리버에 따르면 사람들은 마술적 혹은 직관적 사고와 합리적 사고를 양극단으로 하는 스펙트럼의 한 지점에 속한다. 직관주의자는 눈에 보이지 않거나 불가사의한 힘을 믿고, 감정과 직감 또는 종교적 신념에 더 의존하며, 사건을 설명할 때 관찰 가능한 현상을 거부하고 섣부르게 판단하는 경향이 있다. 반면 합리주의자는 분석적 사고와 투명성을 바탕으로 논리, 추론, 사실을 선호하는 경향이 있다. 올리버는 사람들 대부분(약 60퍼센트)이 이 양극단 사이 어디쯤에 속하며, 나머지 40퍼센트의 사람 중 2 대 1의 비율로 직관주의자가 더 많다고 지적한다. 이 평가가 정확하다면, 인구 집단에 상대적으로 직관주의자가 많아 우리 사회는 음모론에 취약하다고 볼 수 있다. 대체로 점쟁이나 복음주의자는 물리학자나 통계학자보다 음모론에 동조할 가능성이 높다.

기본 성격, 심리적 동기, 사고방식 외에도 음모론에 대한 믿음을 예측하는 인구통계학적 요인을 제안한 연구자도 있다. 여기에는 저학력, 저소득, 남성, 소수 집단의 구성원이나 '외부인' 등이 포함된다. 변수 통제를 비롯한 복잡한 문제 때문에 이런 인구통계학적 개념들에 대해서는 더 많은 연구가 필요하다.

우리는 음모론을 외면할 수 있을까

개구리가 윙윙거리는 벌레를 무시하게 만들거나 우리 뇌가 지인의 얼굴을 인식하지 못하게 막을 수 없는 것처럼, 달에서 한 번 사람의 얼굴을 보고 나면 다시 이를 무시하기는 쉽지 않다. 효과적인 음모론은 충격적인 생각과 영리한 해석이 교묘히 섞인 대담한 주장으로 관심을 끈다. 음모론은 우리가 이미 의심을 품고 있는 바에 대해 놀랍고도 충격적인 제안으로 설명할 수 없는 것처럼 보였던 현상을 설명한다. 음모론처럼 흥미롭고 자극적이며 극단적이고 쾌감과 웃음을 주고 패배에 대한 위로와 보상을 제공하는 아이디어는 무엇이든 우리의 관심을 끌 가능성이 높다. 음모론은 사람들이 공식적인 이야기와 이면의 진실이 다르다고 생각할 때만 성공할 수 있다. 음모론적 진실이 참된 진실을 추구하는 사람들에게는 결코 진실이 될 수 없다는 점에서 음모론의 성공은 참으로 아이러니하다. 이는 고속도로에서 일어난 교통사고나 열차 충돌과 같이 훌륭한 음모론을 무시하거나 외면하기는 어렵기 때문일 것이다. 번역 김효정

왜 사람들은 아직도 이상한 것을 믿는가

대니얼 록스턴

코로나19를 통제하려는 우리의 싸움이 2년 차로 들어서면서, 잘못된 정보가 수많은 사람의 생명을 위협한다는 사실이 명백해지고 있다. 나는 현재의 점증하는 위기가 회의론의 미래에 중요한 교훈을 준다고 믿는다. 이 교훈에 초점을 맞추기 위하여, 여러 세기 전 훨씬 더 강력했던 흑사병Black Death의 사례를 살펴보는 것으로 논의를 시작하려 한다.

1347년 10월, 동방의 항구에서 온 배들이 알려지지 않았던 무서운 질병을 이탈리아의 항구로 실어왔다. 당국이 병들고 죽어가는 선원이 배에서 내리지 못하도록 신속하게 조치했지만, 결국 이 무서운 병은 빠르게 퍼져 인구의 30~40퍼센트를 죽음으로 이끌었다.

흑사병은 중세기 문명에 전례가 없는 파국적 혼란을 초래했다. 흑사병은 단순한 질병이 아닌 인구 감소의 주요 원인이었다. 이 질병은 유럽 사회와 경제를 변화시켰고, 심지어 꽃가루 퇴적물에서 그 영향력을 측정할 수 있을 정도로 생태계를 바꿔놨다.

우리가 코로나에 대처하기 위하여 사용해 온 전술의 많은 부분은 흑사병이 유행하는 동안에 고안된 것이다. 전염병이 발발하자 당국은 앞으로 무슨 일이 닥칠지 사람들에게 경고를 하며 위협에 대처하기 위한 최선의 노력을 기울였다. 많은 지역에서 보건을 담당하는 중앙 조직을 구성하고 비상 계획을 마련했으며 주민을 보호하기 위하여 막대한 자원을 할애했다.

당연한 말이지만 그들의 의학은 중세 수준이었다. 보통의 질병이 문제였다면, 당시의 의학 수준으로도 충분했을 것이다. 당시 의학 수준은 나쁜 공기가 질병을 유발한다는 정도였지만, 유럽인들은 전염에 대해 알고 있었고 어떻게 대처해야 하는지도 알았다. 이미 나병과 같은 질병을 통해 환자들을 건강한 사람과 분리해야 한다는 걸 배웠다. 이번에도 그와 같은 일을 시도했다.

이탈리아의 도시들은 성벽과 국경을 폐쇄했다. 처음에는 환자들을 피했고 이어서 고립시켰다. 이것이 '격리quarantine(이탈리아어로 40, 또는 40일의 분리)'라는 단어의 유래다. 대규모 공공 위생 캠페인도 벌였다.

하지만 모든 노력은 실패로 끝났다. 전염병은 모든 도시와 마을로 퍼졌으며, 부자와 빈자, 의인과 악인, 현명한 사람과 어리석은 사람을 가리지 않았다. 사람들은 도망치거나 기도하거나 부자들의 버려진 저택을 약탈했다. 또 다른 이들은 술에 취해 비틀거리고 거리에서 썩어가는 시체 옆에서 히스테리를 일으키면서 무덤으로 가는 파티를 벌였다.

다섯 자식을 자기 손으로 묻은 한 남자는 말했다. "너무 많은 사람이 죽었기 때문에 모두가 세상의 종말이 왔다고 믿었다." 사회는 완전히 붕괴했다. "흑사병이 너무도 갑자기 들이닥쳐서 처음에는 관리자가 충분하지 않았고 나중에는 아무도 남지 않았기 때문에." 법치가 사라졌다.

4년 동안 유럽인의 약 3분의 1이 사망했다. 사망률이 50퍼센트를 넘어, 심지어 70퍼센트를 기록한 지역도 있었다. 더욱 치명적인 폐렴성 흑사병이 휩쓴 곳에서는 살아남은 사람이 거의 없었다.

긴급 조치가 실패한 것은 보건 당국에 필요한 정보가 없었기 때문이었다. 그 정보는 이후 여러 세기 동안 셀 수 없는 위기의 파도를 넘으면서도 알려지지 않았다. 쥐와 벼룩이 선페스트 bubonic plague를 옮긴다고 의심하는 사람은 없었다. 그러한 지식이 없이는 최선의 조언도 무용지물이었다.

중세인들은 다음과 같은 말을 많이 들었다. "사람들과 모임을 피하라. 전염병이 지나갈 때까지 집에 머무는 것이 최선이다." 현명한 한 교회 지도자는 다음과 같이 경고했다. "전염병이 유행할 때는 사람이 많이 모이는 곳을 피해야 한다. 그들 중에 감염자가 있을 수 있기 때문이다. 손은 매일같이 자주 씻는 것이 좋다."

불행히도 개인적 예방책이나 공식적 안전 조치는 전혀 소용이 없었다. 격리된 선박에서 밧줄을 타고 내려온 쥐들은 봉쇄된 도시로 들어가 곳곳으로 벼룩을 옮겼다.

전염병에 대한 합리적 대응의 실패는 초자연적 설명과 음모론의 여지를 남겨놓았다. 많은 사람이 흑사병을 신이 내리는 징벌로 해석했다. 그 정도의 재난을 설명할 수 있는 다른 원인을 생각할 수 있었을까?

사람들은 끝끝내 오지 않을 신의 자비를 간절히 기도했다. 가장 극단적인 사례는 '채찍질' 운동이었다. 채찍질 고행단은 마을 광장에서 옷을 벗고 피부가 찢어지도록 스스로 채찍질하는 열렬한 광신자들이었다. 이들 광신도 집단은 이 마을에서 저 마을로 돌아다녔다. 그들은 사람들에게 죄를 제거하고 신의 적들을 공동체에서 몰아냄으로써 구원을 받자고 요구했다. 하지만 상황은 점점 나빠지고 있었다.

여러 지역에서 적들이 식수에 독약을 풀어 전염병을 일으켰다는 오래된 소문이 다시 돌기 시작했다. 채찍질 고행단의 부추김과 함께 대부분의 지역에서 부랑자와 외부인이 의심을 받았는데, 특히 유대인이 주요 타깃이었다. 당시 유럽의 여러 도시와 마을에는 유대인 지구가 있었다. 그들이 이웃을 독살했다는 혐의를 받자 당국은 유대인 용의자들을 체포하여 고문을 가하면서 심문했다.

나중에 마녀사냥의 광풍에서도 그랬듯이, 희생자들은 심문자가 원하는 바를 이야기할 때까지 고문을 받았다. 그들은 흑사병이 기독교인을 말살하려는 유대인의 거대한 음모라고 거짓 자백을 했다. 이 거짓 자백에 따르면 유럽에 있는 모든 유대인(남자, 여자, 일곱 살이 넘은 아이들)이 집단 학살 음모에 가담했다. 모두가 유죄였다. 모두가 죽어 마땅했다.

이런 이야기들은 현대 음모론과 결점을 공유하고 있는 듯 보인다. 그건 바로 음모가 현실에 존재하기에는 너무도 거대하고 사악하다는 것이다. 당시에도 비평가들은 가상적인 독극물 공격이 "그렇게 큰 규모의 전염병을 일으킬 수 없다"라고 지적했다. 누군가가 대체 왜 그런 일을 원했단 말인가?

교황 역시 그런 혐의가 사실일 수 없다고 주장했다. 교황의 지적처럼 도무지 말이 되지 않는 이야기였다. "세계적으로 여러 지역에서 같은 전염병이 (중략) 유대인과 유대인 주변에 살아본 적이 없는 여러 인종에게 피해를 주었다." 유대인은 이웃과 같은 물을 마셨고 다른 모든 사람과 마찬가지로 전염병 때문에 죽어갔다.

클레멘스 6세 교황은 기독교인들에게 파문의 고통 속에 있는 어떤 유대인도 감히 붙잡거나 때리거나 다치게 하거나 죽이지 말라고 명령했다.

하지만 그 어떤 말도 소용이 없었다. 사람들은 소문을 믿었고 자신의 믿음대로 행동했다. 살인적인 폭도들은 유대인 공동체를 공격하고 그들을 죽였다. 꼬챙이에 꿰이거나 익사당하거나 사지가 찢겨 죽은 사람도 있었지만, 대부분은 불에 타서 죽었다.

그들은 유대인들을 집이나 회당에 몰아넣고 불을 질렀다. 한 기록에 따르면, "일단 시작된 유대인 불태우기는 계속해서 늘어났다." 집단 학살의 폭력은 마치 들불 혹은 전염병처럼 마을에서 마을로 퍼져나갔다. 머지않아 유대인을 찾을 수 있는 모든 곳이 불태워졌다.

또 다른 기록에서는 당시 상황이 다음과 같이 묘사됐다. "전 세계가 잔혹하게 그들에 대항하여 일어났고, 독일을 비롯하여 유대인 공동체가 있는 나라에서는 기독교인이 수천 명의 유대인을 무차별적으로 도살하고 산 채로 불태웠다." 수백에 달하는 마을과 도시에서 학살이 일어났다. 도망친 사람은 거의 없었다. 모든 저항은 실패로 끝났다.

한 마을에서는 희생자를 모두 태우는 데 무려 엿새가 걸렸다. 다른 곳에서는 집단 화형을 위한 특별한 감옥이 세워졌다. 희생자 모두가 거대한 불구덩이 속으로 던져진 곳도 있었다. 이 마지막 형언할 수 없는 공포의 장면을 묘사한 기록이다. "나무와 짚이 다 타버린 뒤에도 젊고 늙은 유대인 몇 명이 여전히 반쯤 살아 있었다. 지켜보던 사람 중에 힘 좋은 사람들이 곤봉과 돌을 들고 달려들어 불구덩이에서 기어 나오려 애쓰는 희생자들의 머리통을 터뜨렸다…"

흑사병과 코로나19 음모론

우리는 이 끔찍한 이야기에서 무엇을 배울 수 있을까? 흑사병 음모론이 과연 지금의 코로나 음모론, 전 세계적인 인종차별주의 등의 사태에 직면한 오늘의 상황과 관련이 있을까? 나는 그렇다고 생각한다.

흑사병에 대항해 일어난 세 가지 대응을 떠올려보자. (1) 합리적 대응: 계획과 준비를 했고 가용한 최선의 정보에 기초해 가능한 모든 예방 조치 취하기. (2) 종교적 대응: 신의 자비를 탄원하기. (3) 음모론 대응: 거대한 음모 탓하기.

우리는 사람들이 재난의 시기에 음모론으로 눈을 돌렸다는 사실에 놀라지 말아야 한다. 이런 일은 본래 전염병, 특히 새롭고 무서운 질병이 퍼질 때 항상 일어난다. 에이즈와 사스가 발발했을 때도 그랬고, 코로나가 유행하는 지금의 상황도 마찬가지다.

우리는 심리학 연구를 통해서도 음모론이 팬데믹에 대한 전형적인 반응이라고 예측할 수 있다. 예를 들어 실험을 통해 특정 조건에서 사람들이 더 쉽게 음모론을 수용하도록 만들 수 있다는 사실이 밝혀졌다. 그저 사람들이 불안과 불확실성 혹은 두려움을 느끼도록 만들면 된다. 단지 우리의 통제를 벗어난 위험을 상기시키는 것만으로도 음모론적 주장에 대한 개방성이 증가한다.

몇몇 심리학자는 이것이 통제감을 되찾으려는 무의식적 방어 기제라고 제안한다. 즉 일상적 삶의 예측할 수 없는 위협보다 어두운 악의 세력을 생각하는 게 더 편하다는 뜻이다. 적은 적어도 구체성을 갖는다. 적은 색출하거나 무찌를 수 있는 가능성이 있으니 말이다.

이상한 믿음은 인간사의 보편적 양상이다

앞에서 살펴본 세 영역 모델은 각 영역이 모호하고 서로 겹침에도 불구하고 인간사를 이해하는 데 유용한 수단을 제공한다. 인류는 지진이나 기후와 같이 자신의 통제력을 넘어선 힘과 사건이 있다는 사실을 알았다. 우리는 직감적으로 이런 것들이 신의 영역이라고 생각하는 경향이 있다. 우리는 보통 이런 힘들을 피할 수 없다고 받아들인다. 신에게 간청하기는 하지만, 우리 자신이 이런 힘들을 통제할 수 있다고 기대하지 않는다.

다음으로 자연적 대상으로 이뤄진 개입 가능한 영역이 존재한다. 이 영역에서 우리는 지식을 구하고 수수께끼를 풀고 행동을 취하고 위협에 대처하고 해결책을 제안할 수 있다.

이와 더불어 세 번째 영역이 있다. 이곳은 일상 너머에 있지만 도달이 불가능한 곳으로 여겨지지 않는다. 사회학자들은 한때 이를 '이중으로 거부된 영역'으로 정의했다. "과학의 인정을 받지 못하고 주류 종교와도 관련이 없는 믿음, 관행, 경험." 이것은 과학적 회의론의 전통을 따르는 회의론자의 주제다. 하지만 우리에게는 아직 이 영역을 나타내는 적절하고 포괄적인 용어가 없다.

'초자연적paranormal'이라는 말이 약칭으로 자주 사용되지만, 이 범주는 엄밀히 '초자연적'이지 않은 많은 주장을 포함한다. 예를 들어 빅풋Bigfoot을 구성하는 대부분의 개념은 '과학적 설명'을 넘어서지 않는다. 마찬가지로 대부분의 음모론, 유사과학, 부정주의자의 주장은 초자연적이지 않다(초자연적 요소가 포함될 수는 있지만).

이 엑스파일X-files 영역에 속하는 주장들에는 몇 가지 공통점이 있지만 정확히 무엇인지 명시하기는 어렵다. 우선 느슨한 대비를 통해 이 영역의 흐릿한 거울상에서 합리적 영역을 구별해보자.

이런 엑스파일 영역의 주장들은 종종 '변두리 주장fringe claims', 즉 인간 사유의 광적 극단에 모여 있는 기이한 주장들로 묘사된다. 하지만 나는 '변두리'라는 포괄적 용어에 심각한 오해의 소지가 있다고 주장하려 한다. 알고 보면 변두리 주장은 그렇게 변두리가 아니다. 실제로는 오히려 정반대다. 이상한 믿음은 인간사의 정상적이고 중심적이며 거의 보편적인 양상이다. 그런 믿음은 창조성, 편견, 또는 사랑만큼이나 인간 사회 깊숙이 스며들어 있다.

비록 완벽히 포착된 건 아니었지만 이상한 믿음의 만연에 대해서는 수 세기 동안 논의되어 왔다. 오래전부터 이를 묘사하기 위해 '사기' '협잡' '역설' 등과 같은 포괄적 용어들이 사용되었다. 또한 기억에 남는 책으로《대중의 미망과 광기Memoirs of Extraordinary Popular Delusions and the Madness of Crowds》가 있다. 이 책은 이상한 믿음이라는 야수의 본질에 관한 몇 가지 단서를 제공한다. 저자에 따르면 더 넓은 의미의 '초자연적 주장'은 기이하고, 입증되지 않았거나 틀렸음을 논증할 수 있고, 인기가 있다. 다시 말해 이른바 변두리 믿음이란 실제 인기 있는 대중문화이자 군중 현상이다.

당신이 텔레파시로 당신의 강아지와 대화를 나눌 수 있다고 생각한다면, 그건 단순한 망상에 불과하다. 하지만 다른 사람들이 당신에게 동의할 때는 그 믿음은 초자연적 믿음이 된다.

역사의 교훈

초자연적 주장을 역사적 관점에서 살펴보는 건 매우 유익하다.

많은 초자연적 수수께끼는 그 기원을 추적하고 연대순으로 정리해보면 사실상 저절로 해결된다. 특정 기간에 기원한 대부분의 초자연적 주장은 할리우드와 대중문화의 피드백 루프를 통하여 진화한다. 이런 진화 과정을 여러 차례 살피다 보면, 다음과 같은 사실이 분명하게 드러난다. 새로운 주장이 끊임없이 대두되고 변화되지만, 초자연적 믿음은 일반적으로 일종의 '정상 상태'를 유지한다. 초자연적 믿음은 늘 흔하고, 대중적이고, 비슷하다.

예를 들어 찰스 디킨스의 《크리스마스 캐럴A Chirstmas Carol》에서 쇠사슬을 쩔렁거리며 등장하는 말리의 유령이 한 모습은 고대 로마의 이야기에 등장하는 유령과 동일하다. 사실 유령이 출몰하는 장소에 대한 믿음은 너무 오래돼서 그 기원을 알 수 없을 정도다. 유령에 대한 이야기는 문자가 출현하기 오래전에 기원했을 가능성이 있다. 유령, 괴물, 점쟁이, 영매에 대한 생각은 모두 고대로 거슬러 올라가며 세계 전 지역에서 발견된다. 이들은 인류 문화의 상록수 같은 존재다.

음모론도 다르지 않다. 한 세기 동안 《뉴욕 타임스》가 받은 독자들의 편지를 분석한 연구자들에 따르면, 세부 사항은 종종 바뀌었으나 음모론이 나타난 빈도는 거의 일정했다. 편집증의 샘은 영원하다!

우물에 독약을 풀었다는 흑사병의 소문은 이례적으로 끔찍한 결과를 낳았지만 새롭다고는 할 수 없다. 2000년 전 아테네 역병 때도 비슷한 소문이 있었다. 아테네인들은 스파르타인이 식수에 독약을 풀었다고 믿었다.

초자연적 역사에 관한 연구는 또 다른 놀라운 사실을 보여준다. 초자연적 주장이 인기를 얻고 인간사의 중심에 있음에도 회의주의자들이 거주하는 진정한 변두리가 늘 존재해 왔다. 이들이 얼마나 이상한 존재인지는 아무리 강조해도 지나치지 않다. 폭로자는 역사 전반에 걸쳐 나타나지만, 그들이 얼마나 드문지 우리는 잘 알고 있다. 그들 역시 이중으로 부정된 사람들이다.

초자연적 주장을 믿는 사람들은 항상 폭로자들을 박해자나 바보로 간주한다. 반면에 초자연적 주장에 무심한 사람들은 폭로자들이 부적절하고 사소한 것에 비뚤어지게 집착한다고 생각하는 경향이 있다. 도대체 왜 존재하지도 않는 것에 신경을 써야 한단 말인가? 초자연적인 문제를 연구하는 건 시급한 현실을 무시하고 시간을 낭비하는 처사라는 비판이 자주 제기되었다. 그래서인지 회의론자들은 단순히 초자연적인 주장에 관해 이야기할 때도 미리 사과를 해야 했는데, 이는 칼 세이건도 예외가 아니었다. 세이건은 다음과 같이 말했다. "경계 과학borderline science에 주어지는 관심은 일부 독자에게 의아하게 보일 수도 있다. 통상적인 과학자들의 관행은 초자연적인 주장을 믿는 사람들이 사라지기 바라면서 무시하는 것이다." 그럼에도 세이건은 초자연적 주장을 검토하는 일이 적어도 흥미롭고 유용할 수 있으니 이를 "조금 더 자세히" 고려하는 것에 대해 독자의 관용을 구했다.

유령에 사로잡힌 인류

이제 나는 초자연적 주장을 훨씬 더 면밀히 고찰할 때가 됐다고 주장하고자 한다. 이상한 것들을 연구하는 일이 부끄러운 낭비라는 비판을 거부하고 정반대로 생각할 것이다. 나는 초자연적 믿음에 관한 연구가 우리 문명의 가장 뛰어난 업적 중 하나일 수 있다고 제안하고자 한다.

이와 더불어 나는 비합리성이 어느 순간 급격히 밀려들어 오는 파도와 같지 않다고 주장하고자 한다. 우리는 거짓 믿음과의 전쟁에서 승리할 수 없을 것이다. 과학과 비판적 사고가 사람들의 삶을 개선할 수는 있겠지만, 초자연적 믿음이 완전히 사라지도록 만들지는 못할 것이다. 초자연적 믿음은 범죄, 질병, 술처럼 만성적이다. 관대함이나 탐욕만큼이나 인류와 끈끈하게 연결된 특성이다.

마녀사냥에 대해 지금 봐도 놀랄 만한 폭로물을 1584년에 쓴 회의론자 레지널드 스콧Reginald Scot을 생각해 보자. 그의 책《마법의 발견The Discoverie of Witchcraft》은 마녀 사냥꾼들이 어떻게 무고하고 나이 들고 가난한 여자들을 고문하고 살해하고 있는지 정확하게 설명했다. 그는 마녀재판이 "모든 마녀 사냥꾼의 영원히 용서받을 수 없는 명백한 수치"에 대한 기념비로 영영 남을 것이라고 정확히 예측했다. 그의 말에 귀를 기울인 사람은 거의 없었다. 그는 '합의된 실재'라는 사실을 거부하는 이단자로 여겨졌다. 마녀 화형은 한 세기 반 동안 계속됐다. 게다가 마녀를 믿는 인류의 능력은 재판이 끝난 후에도 오랫동안 지속됐다.

1980년대 마녀에 관한 믿음은 대중의 상상력을 통해 현대적 감성에 맞춰 재포장된 사탄Satan에 대한 공포라는 형태의 음모론으로 다시 폭발했다. 1994년에 실시된 조사에 따르면 미국인의 70퍼센트가 사탄 의식 숭배자들이 정말로 아이들을 학대한다고 믿는 것으로 나타났다. 광범위한 조사를 통해 광신적 집단은 존재하지 않는다는 것이 분명히 밝혀졌지만, 이런 대실패에도 불구하고 2020년 큐어넌QAnon의 형태로 마녀에 관한 믿음이 다시 부활하는 걸 막지 못했다. 2020년 12월의 조사에서 민주당원의 13퍼센트와 공화당원의 23퍼센트가 믿는 것으로 밝혀진 큐어넌은 사탄 숭배자들이 아이들의 피에서 젊음의 묘약을 추출하기 위하여 아이들을 고문한다고 주장한다.

르네상스 시대의 사람들이 유령과 악마에 관한 믿음에 너무 몰입한 나머지, "건장한 청년"도 묘지를 지날 때 머리카락이 곤두서곤 한다는 레지널드 스콧의 말은 분명 옳았다. 하지만 그런 "모든 환상이 (신의 은총으로) 곧 사라질 것"이라는 그의 믿음은 옳지 않았다. 4세기가 지난 지금도 우리는 유령에 사로잡혀 있다. 무려 미국인의 58퍼센트가 유령이 출몰한다고 믿는다!

늘 수많은 이상한 믿음이 충격적일 정도로 인기를 얻고 널리 퍼져 있다. 지난 20년 동안의 다양한 조사에 따르면, 미국인의 약 25퍼센트가 정신력으로 물건을 움직일 수 있다고 믿고, UFO 중에 외계인의 우주선이 있다고 믿는다. 약 40~50퍼센트가 ESP(초감각적 지각)와 악령의 빙의를 믿는다. 이들은 예외적인 광적 변두리 믿음이라 할 수 없다. 이런 믿음이 일부에 불과하다고 주장하는 사람도 있지만, 어떤 경우 '주류'의 사실보다 '변두리'의 주장을 사람들은 더 많이 믿는다. 예를 들어 많은 사람이 존 케네디가 음모에 의해 살해됐다고 믿고 있고, 미국인의 약 80퍼센트가 대체의학을 믿으며, 약 60퍼센트가 아틀란티스 대륙의 존재를 믿는다. 여러 조사 결과들은 변두리 믿음이 정상이라고 말한다. 하지만 우리는 이런 진실을 쉽게 인정하려 들지 않는다.

위험한 믿음

이상한 믿음들이 주변적이고 중요하지 않다는 착각은 사회가 그들을 무시하도록 만들었다. 문제는 주변적 믿음이 항상 그런 방

82

식으로 유지되지 않는다는 점이다. 세이건의 유명한 경고를 생각해보자.

나는 해가 갈수록 유사과학과 미신이 더 솔깃해 보이고, 불합리한 사이렌siren의 노래가 더 낭랑하고 매력적으로 들릴 것을 우려한다. 전에 어디선가 들어본 적이 있는가? 민족적 또는 국가적 편견이 자극될 때, 부족하고 어려운 시기에, 국가적 자긍심이 도전받는 동안에, 축소된 우리의 우주적 위치와 목적에 대하여 고뇌할 때, 또는 우리 주변에서 광신주의가 끓어오를 때는 언제나 오랜 과거로부터 익숙했던 사고방식이 지배의 손을 뻗는다. 촛불 빛이 약해진다. 그 작은 빛의 웅덩이가 떨린다. 어둠이 모여든다. 악마들이 휘젓기 시작한다.

세이건은 우리에게 대비를 촉구했다. 우리는 더는 무시할 수 없을 때까지 비이성적 믿음을 묵살해 왔다. 거짓된 믿음이 갑자기 중요한 결과를 초래하는 경우, 자신이 보고 있는 것을 믿을 수 없는 주류 사상가들은 이해를 위하여 허둥댄다. 그렇게 많은 사람이 어떻게 그런 미친 소리를 믿을 수 있을까? 답은 간단하다. 사람들은 항상 미친 소리를 믿고 그 믿음을 기초로 행동한다. 우리는 항상 그랬다. 앞으로도 그럴 것이다.

그리고 그릇된 믿음은 일상적으로 세계적인 사건을 형성한다. 그런 사례는 끝이 없다. 2003년에 나이지리아에서는 "현대판 히틀러들이 고의적으로 구강 소아마비 백신에 불임약과 (중략) 에이즈 바이러스를 섞었다"라는 음모론이 제기되었다. 이 음모론에 따른 두려움의 결과로 20세기 전반에 걸쳐서 소아마비가 유행하여 5000명을 마비시켰다. 1999년과 2000년에 남아프리카

공화국 대통령은 CIA와 제약사들이 "HIV가 에이즈를 초래한다는 견해를 홍보하기 위한 음모"를 벌이고 있다고 주장했다. 그는 HIV가 에이즈의 원인이라는 견해를 거부하는 사람들이 "현대판 선동 기구"의 부당한 표적이 되었다고 주장하면서 국민이 생명을 구하는 약물에 접근하는 것을 금지했다. 전문가들은 이 음모론의 대가로 2008년까지 33만 명의 남아프리카인이 목숨을 잃고 35만 명의 신생아가 HIV에 감염된 것으로 추정했다.

무례한 회의론을 넘어서

이것은 분명한 역사적 사실이다. 음모론과 잘못된 의학 정보는 매우 위험한 결과들을 가져올 수 있다. 하지만 유령이나 빅풋 또는 평평한 지구처럼 엉뚱하지만 무해한 것들은 그냥 무시해 버리면 안 될까? 나는 여러 해 동안 "그것이 얼마나 위험한가"라는 질문을 넘어서서 이상한 믿음들을 연구해야 할 훌륭한 이유가 많다고 주장해 왔다. 하지만 우리가 주목하는 척도가 '위험 가능성'이라면 다음 두 가지를 생각해 보라. 첫째, 대부분의 진지한 초자연적 믿음은 악의적인 행위자가 증거를 감추고 있다는 믿음을 수반한다. 둘째, 누군가가 새롭게 등장한 음모론을 믿을 것인지에 대한 최선의 예측 척도는 그들이 이미 다른 음모론을 믿고 있는가라는 점이다.

심리학자 롭 브러더턴Rob Brotheton은 자신의 책《의심하는 마음Suspicious Minds》의 핵심을 다음과 같이 요약한다. "세부 사항은 그다지 중요하지 않은 것 같다. 어떤 사람이 한 가지 음모론을 대하는 태도를 알면, 이론들 사이에 명백한 연관성이 없을지라도, 다른 음모론에 대한 그 사람의 태도를 상당히 확실하게 예측할 수 있다." 예를 들어 당신이 NASA가 지구가 평평하다는 사실을 숨기고 있다고 확신한다면, 당신은 코로나가 인간이 만들어낸 생물학 무기라는 믿음을 믿을 준비가 되어 있다는 것이다.

우리는 무엇을 할 수 있을까? 나는 몇 가지 제안을 하고자 한다. 무엇보다 우리는 초자연적 주장을 진지하게 다뤄야 한다. 그것은 사리지지 않는 중요한 문제다. 우리는 과학의 이상향 Scientopia에 결코 도달하지 못할 것이다. 인류가 화성에 이주해 앞으로 천 년을 더 존속하더라도, 화성인 중에는 심령술사의 말을 믿고 지구가 가짜라고 생각하는 사람들이 있을 것이다.

그 이유를 이해하기 위하여 앞에서 살펴본 세 영역으로 돌아가 보자. 사람들이 세 영력을 동시에 직관하고 점유하는 것은 정상이다. 일반적으로 사람들은 불편함 없이 증거에 근거한 과학적 사실, 신앙에 기초한 종교적 믿음, 그리고 신비와 개인적 경험에 기반을 둔 초자연적 주장, 모두를 받아들인다. 결국 과학은 "우리가 모든 걸 알지 못한다"라는 주장과 완벽히 양립 가능하다.

우리가 동시에 이들을 믿을 수 있다는 사실은 버그가 아니다. 이상한 믿음은 인간이라는 운영체제에 내장되어 있다. 사실상 한 종으로서 우리의 가장 큰 강점은 존재하지 않는 세계를 인식할 수 있다는 점이다. 이는 '생각 오류'를 설명하는 인지 편향의 문제를 넘어선다. 인류 성취의 근간이 되는 인지적 초능력들을 생각해 보자. 호기심, 패턴 인식, 연관성의 감지, 원인과 결과의 추론, 가상의 이미지화, 과거의 경험에서 배우기. 이런 능력들은 우리가 과학을 통하여 현실 세계를 발견하도록 해주며, 동시에 가능성, 유사과학, 그리고 초자연적 믿음의 대안적 세계를 생각하도록 만든다. 화성에 탐사선을 착륙시키는 데는 무엇이 필요했을까? 무엇보다 화성에 착륙하는 미래를 상상하고 그 미래가 실현

될 수 있다는 믿음이 필요하다. 우리는 꿈에 기반한 종이다. 바로 꿈과 이야기.

우리에게는 이상한 것들을 집중적으로 엄밀하게 연구하는 학자들의 강력한 공동체가 필요하다. 믿음의 생태계에서 새로운 발전을 추적하고 우리의 이해를 다듬고 한 세대에서 다음 세대로 이어지는 지식의 연속성을 보장할 필요가 있다.

하지만 이상한 믿음을 폭로하는 회의적인 글에는 보통 높디높은 장벽이 가득하다. 우선 회의론자는 자신의 생각보다 훨씬 더 무례하다. '극우'나 '멍청이'라며 극도의 비난을 하지 않는 회의론자라도 초자연적인 주장을 믿는 사람을 조금이라도 모욕하지 않는 사람을 찾기는 쉽지 않다. 다시 말해 이는 우리의 정보를 공유해 가장 큰 이익을 얻을 수 있는 사람들을 모욕하는 일이다.

회의론자는 일반적인 세계관에 대중이 공유하지 않는 정보를 제공할 때 더 많은 장벽을 세운다. 하지만 초자연적 주장이나 종교를 믿는 사람도 과학의 경의를 인식할 수 있다. 또한 그들은 사기나 유사과학에 대한 정보를 통해 이익을 얻을 수도 있다. 그리고 그들 역시 비판적 사고와 과학 문해력 증가에 기쁨을 느낀다. 그들은 무례함에 관심이 없고 개종을 원하지도 않는다. 예를 들어 사람들이 백신 안정성에 대한 정보를 필요로 할 때, 가장 싫어하는 일은 이와 함께 무신론이나 정치적 당파를 끼워 파는 일이다. 누구도 이를 원치 않는다는 건 명백하다. 이런 시도를 하는 정보는 무엇이든 신뢰하지 않을 것이다.

인지 부조화의 도전

나는 초자연적 주장에 대응하는 회의론자의 가장 거친 개척지에 대한 논의로 이 글을 마무리하려 한다. 먼저 우리는 미스터리를 연구하고 해결한다. 그리고는 우리가 알아낸 것을 원하는 사람들과 공유한다. 이런 작업은 진행 중이다. 그다음 단계는 훨씬 더 어렵다. 때로는 대중의 믿음에 개입할 필요가 있다. 예를 들어 백신 거부나 민주주의의 전복과 같이 사람들의 생각을 변화시켜야 할 때가 있다.

하지만 이는 인간의 본성에 맞서는 대단히 어려운 일이다. 누군가의 생각을 바꾸는 일은 믿을 수 없을 정도로 어렵다. 우리는 애당초 생각을 쉽게 바꾸지 않도록 설계되었다. 무의식적으로 강력하게 작용하는 '인지 부조화'가 생각을 바꾸는 것을 막는다. 많은 회의론자가 인지 부조화에 대해서 어느 정도 익숙하지만, 나는 그 함의가 충분히 이해되지 못했다고 생각한다.

간단히 말해 건강한 자존감을 가진 평범한 사람들은 자신이 선량하고 똑똑한 사람이라고 믿는다. 그로 인해 이런 믿음에 위협을 가하는 어떤 사실이나 사람에 대해서 자동적으로 의견을 하향 조정하게 된다. 이는 회의론자에게 큰 문제다. 사람들은 다음과 같이 반응한다. "만약 내 믿음이 사악하고 어리석다면, 그것은 내가 사악하고 어리석다는 것을 뜻한다." "당신의 생각은 틀렸다"라는 말은 곧 당신에 대한 도전이다. 이런 도전은 자아에 대한 심각한 위협인 것이다. 더욱이 도전이 강하면 강할수록 그에 대한 저항도 더 커진다. 우리의 무의식은 그런 위협을 얌전히 받아들이지 않는다. 스스로도 깨닫지 못하는 순간, 상대를 부정하는 방어 기제가 작동한다.

여기에는 논쟁의 여지가 없다. 이것이 오늘날의 중독 치료에서 종종 비판단적 동기 부여 인터뷰 기법이 사용되는 이유다. 또한 압제자들이 종종 잔혹한 독재 체제에 참여한 것을 자랑스러워하는 이유다. 더불어 초자연적 주장을 믿는 사람들이 대개 자신의 믿음에 반하는 강력한 증거에도 움직이지 않는 이유다.

문제는 이렇다. 말을 물가로 인도할 수는 있지만 물을 마시게 할 수는 없다. 당신의 능력 밖의 일이다. 당신의 일은 물웅덩이 주변에 울타리를 칠지 결정하는 것이다. 누군가 당신을 사랑하도록 만들 수 없는 것과 마찬가지로 무언가를 믿도록 만들 수 없다. 하지만 누군가가 무언가를 믿지 않도록 하는 일은 어렵지 않다! 초자연적 주장을 믿는 사람들을 비웃는 일은 그들이 고려해 봐야 할 정보와 그들 사이에 지뢰밭을 만들고 철조망을 치는 것이다.

이를 통해 내가 하고 싶은 요점은 다음과 같다. 거의 모든 사람이 초자연적인 주장을 믿는다. 그들은 이상한 사람이 아니다. 그들을 이상하다고 여기면, 그들이 우리 이야기에 귀 기울일 것을 기대할 수 없다. 그들을 존중받을 자격이 있고 똑똑하며 호기심 많고 정상적인 사고를 하는 사람임을 인정하지 않고서는 누군가의 생각을 변화시킬 수 없다. 칼 세이건은 다음과 같이 말했다. "회의론자가 이들 똑똑하고 호기심 많고 관심을 가진 사람들의 관심을 끄는 데 가장 비효율적인 방법은 그들의 믿음을 깔보거나 겸손을 가장해 오만함을 보여주는 것이다." 우리 종의 미래가 말 그대로 믿음에 달려 있기 때문에, 나는 세이건의 말을 가슴에 새겨야 한다고 제안한다. 번역 장영재

진정한 회의주의자, 제임스 랜디와의 인터뷰

마이클 셔머

제임스 랜디를 《스켑틱》 독자에게 소개하지 않는다는 건 두 말할 필요 없이 그를 저평가하는 처사다. 그는 해리 후디니Harry Houdini가 탈출 예술가라는 직업을 만든 후 가장 위대한 탈출 예술가로서 전 세계적인 명성을 떨쳤을 뿐 아니라 무대 마술가와 클로즈업 마술가*로서 백과사전과 예술사에 이름을 남겼고, 하루라도 인터뷰를 하지 않거나 강연을 하지 않으면 견디지 못하는 작가이자 강연자, 그리고 베테랑 언론인이며, 무엇보다도 비과학적 현상의 진실을 낱낱이 파헤치는 폭로자다. 흰 수염이 덥수룩한 이 회의주의자의 모습은 사이비 과학자와 심령술사의 등골을 서늘하게 한다.

1976년 레이 하이먼Ray Hyman, 마틴 가드너Martin Gardner, 폴

---

* 카드 마술처럼 테이블 위에서 소규모로 이루어지는 마술.

커츠와 함께 CSI를 설립한 후, 그의 업적은《스켑티컬 인콰이어러》《스켑틱》, 지역 회의주의자 단체가 발간하는 수십 개의 소식지, 수천 개의 신문, 잡지, 라디오, TV 인터뷰뿐 아니라 그의 가장 잘 알려진 저서《허튼소리!Flim Flam!》를 비롯해《폭로The Faith Healers》《노스트라다무스의 가면The Mask of Nostradamus》《주장 백과사전The Encyclopedia of Claims》《주술과 초자연 현상의 거짓말 Hoaxes of the Occult and Supernatural》을 포함한 그의 수많은 저서를 통해 추적할 수 있다. 또한 그의 또 다른 저서《마술Conjuring》의 부제인 '마법, 요술, 신기, 사기, 속임수의 가공할 만한 기술과 이를 이용해 혼란에 빠진 대중을 간단한 마술로 지속적으로 속이는 사기꾼, 악당에 관한 궁극의 역사'는 랜디의 놀라운 회의주의 삶을 가장 잘 요약하고 있다.

1975년에 책《유리 겔라의 마술The Magic of Uri Geller》을 출간하면서 시작된 회의주의자로서 랜디의 삶은 처음부터 순탄하지 않았고 숟가락을 구부리는 이스라엘 심령술사와 30년 동안 반목하게 되었다. 이 책의 제목은 얼핏 평범해 보이지만 유리 겔라가 자신이 마술이 아니라 진짜 초능력으로 숟가락을 구부린다고 주장했다는 사실을 떠올려야 한다. 물론 회의주의자 중에는 그의 주장을 믿는 사람이 거의 없었지만, 당시 우리는 겔라의 팬과 추종자에 비해서 그 수가 턱없이 적었다. 심지어 항의 편지부터 소송에 이르기까지 온갖 방식으로 랜디를 끈질기게 괴롭히는 변호사 무리도 있었다. 하지만 그들이 강하게 나올수록 랜디는 강력하게 저항했다. 불굴의 원칙주의자이자 반골 성향의 랜디는 허튼소리와 기만을 폭로하는 자를 침묵시키려는 도전 앞에서 한 번도 뒷걸음치지 않았다.

1928년 랜들 제임스 해밀턴 즈윙Randall James Hamilton Zwinge이

ITV 시리즈 〈심령 조사관, 제임스 랜디James Randi, Psychic Investigator〉의 제임스 랜디(가운데). 출처: Open Media Ltd.

라는 이름으로 태어난 제임스 랜디는 프랑스어와 영어를 쓰는 캐나다 몬트리올에서 출생한 덕에 15세기 프랑스 점성술가의 시와 노스트라다무스의 예언을 번역할 수 있었다. 그가 72번째 생일을 맞기 몇 달 전 나와 한 인터뷰에서 회고했듯이 그가 오래전 습득한 기술은 프랑스어만이 아니다. 세계에서 가장 유명한 심령술 조사관이자 폭로자가 되기 전 수십 년 동안 그는 어떤 삶을 살았을까? 무엇이 그를 방랑하는 마술사이자 회의주의자로 만들었을까? 어떻게 하다가 '어메이징 랜디Amazing Randi'가 되었을까?

　스켑틱　우리는 세계 유수의 과학자와 학자뿐 아니라 마틴 가드너, 레이 하이먼, 필 클라스, 캐럴 태브리스, 수전 블랙모어처럼 현대 회의주의 운동을 이끈 다양한 선구자들의 삶을 추적하며 인터뷰를 하고 있습니다. 우리는 우선 그들의 사고 이면에 어떤 심리가 자리하는지 이해하려고 합니다. 그런 의미에서 부모님 이야기부터 시작해 보는 게 좋을 듯하네요.

랜디 아버지는 캐나다 벨 텔레폰사의 임원이셨습니다. 어머니는 주부셨고요. 밑으로 남동생과 여동생이 있습니다. 남동생은 밴쿠버에 살고 여동생은 토론토에 삽니다.

스켑틱 공립 학교에 다녔나요?

랜디 네, 그랬죠. 당시 캐나다 공립 학교는 수준이 높았습니다. 고등학교는 5년 과정으로 4년을 마치면 바로 미국 대학교에 입학할 수 있었고, 정규 교육을 모두 마치면 2학년으로 입학할 수 있었습니다. 저는 정말 좋은 선생님들을 만났습니다. 타빌과 헨더슨을 비롯해 여러 선생님이 학생들과 함께 있는 매 순간을 감사했고 자기 일에 무척 열정적이었습니다. 사실 감사하다는 말로는 부족할 정도입니다. 실제로 저의 첫 책을 물리학을 가르쳐 준 타빌 선생님께 바쳤으나 그때는 돌아가신 지 한참 뒤였습니다. 그러나 선생님이 세상을 떠났다고 해서 존경을 표할 수 없는 건 아니니까요.

스켑틱 하지만 당신은 고등학교를 자퇴하지 않았나요?

랜디 그렇습니다. 졸업하지 않았죠. 5년 과정을 끝내야 했지만 저는 학습 속도가 매우 빨라 그전부터 학교에서 보내는 시간이 많지 않았습니다. 저는 무언가를 무척 빨리 배울 수 있는 특별한 심리적 조건을 타고났습니다. 스탠퍼드-비네 테스트에 따르면 제 IQ는 168이었습니다. 수학과 과학에서 같은 나이의 학생들보다 두 학년은 앞섰기 때문에 학교에 가지 않을 수 있었는데 이게 그리 좋은 일은 아니었습니다. 당시에는 영재 프로그램이 없었기 때문에 그저 학교에 가지 않았을 뿐이죠. 특별한 카드를 가지고 있어 수업 시간에 학교 밖에 있다가 무단결석 단속 교사를 만나더라도 문제가 없었습니다. 그때만 해도 무단결석생을 잡아 학교로 돌려보내는 교사들이 따로 있었는데 특별한 카드가 있으니 자유롭게 돌아다닐 수 있었습니다.

스켑틱 그동안 무엇을 했나요?

랜디 토론토 공립 도서관 특별 출입증을 가지고 있었는데 그 출입증만 있으면 일반 열람실뿐 아니라 열두 살 아동은 출입할 수 없는 문헌 보관실도 들어갈 수 있었습니다. 그곳에서 이집트 고고학에 매료되었고 상형문자 해독법을 배웠습니다. 지금도 저는 카르트슈*를 발음할 수 있습니다! 어쨌든 혼자서 잘 지냈습니다. 토론토 거리를 배회하거나 도서관이나 박물관에서 시간을 보내며 스스로 배워나갔죠.

스켑틱 그런 상황이 본인에게 좋은 건 아니라고 말했습니다. 하지만 세상 물정을 배웠으므로 장기적으로 나중의 삶을 생각하면 큰 도움이 된 것 아닌가요?

랜디 맞는 말씀입니다. 하지만 주변에 또래 친구가 없어 아쉬웠습니다. 어울리던 친구들 모두 두세 살 위였는데, 고등학교에 입학하니 학교에 출석을 해야 했습니다. 학교엔 아는 사람이 없었고 지루했습니다. '어떻게' 생각해야 하는지가 아니라 '무엇을' 생각해야 하는지 배우는 게 신물이 났습니다. 첫 2년 동안에는 훌륭한 선생님들을 만났지만 3년째에는 학교를 그만두게 되었습니

---

* 직사각형이나 타원형 물체에 국왕의 이름을 뜻하는 상형문자를 담은 장식.

다. 다른 학교로 전학을 갔지만 새로운 학교의 선생님도 그리 열정적이지 않아 무척 실망했습니다.

5학년에 치렀던 기말고사를 아직도 생생히 기억합니다. 첫 시험은 영문학이었는데, 《맥베스》에 대한 문제가 나왔습니다. 그 내용을 잘 알고 있었기에 자신이 있었습니다. 헌데 문제는 다음과 같았습니다. "맥베스의 궁극적인 몰락은 그의 아내에게 원인이 있다고 할 수 있다. 셰익스피어의 희극이나 비극 중 그러한 경우를 기술하시오." 저는 문제 자체에 동의할 수 없었습니다. 맥베스는 아내가 말린다고 왕이 되려는 열망을 접는 나약하고 줏대 없는 자였습니다. 저는 그를 전혀 존경하지 않았죠. 시험지에 "문제의 전제에 전혀 동의할 수 없음"이라고 적고는 일어서서 교실을 나왔습니다. 만년필 윗부분을 눌러 주머니에 넣고는 교실을 나와서 다시는 돌아가지 않았습니다.

스켑틱 그때 집을 떠나 세상으로 나온 것인가요?

랜디 그때 이야기는 아주 오랫동안 하지 않았습니다. 열일곱 살이던 당시 저는 낯가림이 몹시 심했습니다. 동갑내기와 어울리지 못하는 건 저의 가장 큰 문제였습다. 주변에 또래가 없었기 때문에 나이 많은 사람들을 더 좋아했습니다. 학교에서 친구를 사귀는 게 어렵다 보니 어느 순간부터 낯선 사람과 있으면 얼굴이 붉어지고 긴장하게 되었죠.

어느 날 화장실 거울 앞에 서서 말했습니다. "보라고. 넌 다른 사람들과 어울리는 법을 배워야 해. 동굴에서만 지낼 수는 없잖아. 다른 사람들과 할 무언가에 도전해야 해. 그것이 무엇이든 해야 하고 해내야만 해." 당시 저는 흥미를 느끼던 마술을 친구와 가족에게만 보여줬을 뿐 많은 사람 앞에서는 절대 하지 않았습니다. 관중 앞에 서는 건 구속복을 입거나 밀폐된 상자 안에 있는 것보다 두려웠습니다. 죽을 만큼 무서웠습니다.

그래서 어느 여름날 짐을 싸고 얼마 안 되는 돈을 챙겨 버스에 올라 축제가 열리는 토론토를 향했습니다. 피터 마치의 유랑 서커스단에 들어가 독심술가이자 마술사인 이비스 왕자Prince Ibis가 되었습니다. 쇼 하나를 구성할 만큼 트릭을 많이 알고 있었지만 처음 무대에 올랐을 당시는 인생에서 가장 힘든 시기였습니다. 구멍 난 오크통에 들어가 나이아가라 폭포로 뛰어드는 게 훨씬 나을 것 같았습니다. 하지만 쇼가 끝나고 박수갈채를 받자 흥분에 휩싸였죠. "해냈어! 계속 사람들을 속일 수 있겠는걸."

그렇게 몇 달 동안 투어를 다녔습니다. 물난리를 겪기도 하고, 큰 화상을 입을 뻔하기도 하고, 강도도 만나고, 일당을 제대로 받지 못하기도 했습니다. 당시 상상할 수 있는 모든 일을 겪었지만 진짜 세상을 배운 그 시기를 인생에서 지우고 싶지 않습니다. 거칠고 완강한 세상은 전혀 예상하지 못할 때 당신을 공격할 수 있습니다. 그래도 시련에서 배울 수 있는 건 전부 배우고 이겨내야 합니다. 자연은 무자비하며 당신을 전혀 배려하지 않습니다. 저는 이 교훈을 어린 나이에 배웠습니다. 서커스단에서 나올 때쯤 머리에서는 지혜의 샘이 솟아났습니다.

스켑틱 당신은 무척 솔직하고 때로는 공격적입니다. 호전적이며 불의를 보면 참지 못합니다. 심령 주장에 관한 접근 방식은 레이 하이먼의 방법론보다 유화적이라고 할 수 없습니다. 이처럼 직접적이고 때로는 호전적인 접근 방식은 어디서 비롯되었을까요?

랜디 독심술가 이비스 왕자로 활동할 때 배운 듯합니다. 마음을 읽고 미래를 맞힌다고 말하면 사람들은 그대로 믿었습니다.

심지어 그들은 이건 연극이라고 말해도 믿었습니다. 한번은《토론토 데일리 스타Toronto Daily Star》에 하얀 터번을 쓴 채 수정 구슬(실제로는 하얀 손수건으로 감싼 전구였다) 앞에 앉아 있는 제 모습을 담은 사진과 함께 제가 월드 시리즈 결과를 예언했다는 기사가 실렸습니다. 물론 이건 속임수였습니다. 하지만 얼마 후 자신을 부자라고 소개한 한 사람이 저를 고용해 경마 결과를 맞히고 싶다고 했습니다. 전 미래를 예측하지 못한다고 말했지만, 그는 자신이 진짜를 알아볼 수 있다고 말하며 막무가내였습니다.

그에게 전화번호나 주소를 말해주지 않았지만, 플로리다에 살던 그는 무작정 토론토로 와 신문기자를 통해 우리 집을 찾아냈습니다. 문 앞에 나타난 그는 일주일에 75달러를 주겠다고 소리쳤습니다. 저는 "이건 마술책에 나오는 트릭이라고요. 난 미래를 못 맞혀요"라고 말하곤 문을 닫았습니다. 그 후 그는 제가 클로즈업 마술쇼를 하는 나이트클럽에 찾아와 매니저를 불러 손가락으로 경마표의 한 숫자를 가리키기만 해도 주급을 주겠다고 말했습니다. 그러자 매니저는 제게 한쪽 눈을 찡긋하곤 "해봐"라고 말했습니다. 하지만 저는 거절하고 자리를 떴습니다. 사람들이 정말 제가 초능력을 가지고 있다고 믿을까 봐 무서웠기 때문입니다.

스켑틱 당시가 고작 열아홉 살이었고 마술사로서 막 걸음마를 떼기 시작할 때입니다. 생활이 녹록지 않았을 것 같은데 어떻게 유지할 수 있었나요?

랜디 당시에는 일주일에 75달러면 괜찮은 축에 속했습니다. 더군다나 좋아하는 일을 할 수 있었으니까 말이죠. 하지만 그때 자전거를 타고 가다가 자동차와 충돌해 허리에 골절상을 입었습니다. 의식을 잃은 채 병원에 실려서 갔고 몸통에 깁스를 한 채 1년

반을 지냈습니다. 너무 힘들어 체중이 15킬로그램이나 빠졌습니다. 암울한 시기였지만 T. K. 로슨을 비롯한 가까운 친구들 덕분에 견딜 수 있었습니다.

사고 후 힘들게 지내는 동안 뉴욕에서 코미디언으로 활동하던 친구 대니 딘이 전화를 걸어 자신의 소속사가 브로드웨이에서 진행하는 '그건 마술이야It's Magic'라는 TV 프로그램의 출연을 제게 제안했다고 전했습니다. 이를 기회로 처음으로 미국에서 마술 공연을 하게 되었습니다.《헤럴드 트리뷴Herald Tribune》은 제가 '거대한 죽은 참치'처럼 브로드웨이에 매달려 있었다고 묘사했습니다. 그 말이 칭찬이었는지 아니었는지는 모르겠지만 어쨌든 전 구속복에서 탈출하면서 미국에서의 삶을 시작했습니다.

당시에는 오로지 마술사로만 일하는 사람이 많지 않았기 때문에 스티브 앨런Steve Allen이 진행하는 〈투나잇 쇼Tonight Show〉를 포함해 많은 쇼에 출연했습니다. 진행자가 된 지 얼마 안 된 앨런은 멋지고 따뜻한 사람이었죠. 〈투나잇 쇼〉에서 마술은 성공적이었고 그 프로그램의 고정 마술사가 되었습니다. 덕분에 미국 전역에서 공연을 하고 유럽 투어도 할 수 있었습니다.

스켑틱 어떻게 나이트클럽에서 클로즈업 마술을 하다가 무대 마술을 하게 되었나요?

랜디 이상한 일이 발단이 되었습니다. 전 캐나다 퀘벡시의 한 나이트클럽에서 일하고 있었습니다. 고급 클럽은 아니었죠. 어느 날 밤 우람한 두 남자가 클럽에 들어왔는데 그날 휴무인 경찰이었습니다. 그들은 쇼가 끝난 뒤 자신들이 수갑을 채우면 풀어보라며 시비를 걸었습니다. 클럽이 끝날 때까지 순찰차 안에서 기다리던 경찰들은 저를 붙잡더니 수갑을 채우고는 말했습니다.

"한번 풀어보라고, 탈출 예술가 씨." 전 말했습니다. "제게도 사생활이 있으니 차 뒷자리에 타서 할 수 있을까요?" "물론이고말고." 그래서 차에 올라탄 다음 수갑을 푼 채 다른 쪽 문으로 빠져나왔습니다! 사실 수갑은 풀기 그리 어렵지 않고 저는 그런 돌발 상황을 미리 대비해 두고 있었습니다. 경찰들은 이마를 치면서 제게 유치장도 탈출할 수 있냐고 물었습니다.

그렇게 해서 우리는 새벽 3시가 지난 시간에 통자물쇠 하나가 걸려 있는 경찰서 유치장으로 갔습니다. 경찰들은 속옷만 남기고 옷을 다 벗기곤 수갑과 족쇄를 채운 뒤 유치장에 넣고 문을 잠갔습니다. 옷은 다른 유치장 칸에 넣어 놓고요. 경찰들에게는 방을 나간 뒤 20분 후에 돌아오라고 했습니다. 저는 유치장에서 나와 옷을 입고 다시 수갑과 족쇄를 차고 있었습니다. 그러자 경찰들은 곧바로 신문사에 전화를 걸었고 이튿날 지역 신문인 《퀘벡 솔 Quebec Solé》에 이 이야기가 대문짝만하게 실렸습니다. 머리기사는 '퀘벡 유치장을 탈출한 어메이징 랜디'였습니다. 그때부터 제 이름에 '어메이징'이라는 형용사가 달리기 시작했고 랜들이 아닌 랜디로 불린 것도 그때가 처음이었습니다. 그전까진 '그레이트 랜들'로 불렸죠. 그렇게 해서 '어메이징 랜디'가 되었습니다.

스켑틱 자물쇠를 푸는 법은 어떻게 배웠나요?
랜디 열세 살에 자물쇠의 원리가 궁금해서 해체해 보며 배웠습니다.

스켑틱 하지만 유치장에서는 속옷만 빼고는 알몸이지 않았습니까? 어떻게 자물쇠를 풀 수 있었나요?
랜디 다 방법이 있습니다. 예를 들어 먼저 유치장을 한번 둘러보겠다고 말하면서 도구를 매트리스 밑에 숨기면 됩니다. 간단하죠.

스켑틱 20대에 '어메이징 랜디'가 되었습니다. 그때 목표는 무엇이었죠?

랜디 퀘벡에서 유치장 탈출에 성공한 후 상황이 급반전됐습니다. 나이트클럽 주인이 예약이 꽉 찼다면서 사람들이 저의 탈출 공연을 보고 싶어 한다고 말했습니다. 그러더니 원래 하던 마술 말고 탈출 마술을 하라고 했죠. 탈출 기술이 없었던 저는 탈출 공연을 기획해야 했습니다. 심지어 전 구속복도 없어서 근처 정신 병원에 가서 하나를 빌려왔습니다. 다행히 치수가 커서 탈출하기가 쉬웠죠. 그리고 밧줄을 푸는 공연도 기획했고 나중에는 경찰을 무대로 불러 수갑을 채우게 하기도 했습니다. 수갑을 푸는 동안 경찰의 지갑이나 다른 소지품을 훔치는 묘기도 선보였죠. 얼마 지나지 않아 새로운 종류의 공연을 하게 된 것입니다.

전 여행을 무척 좋아했고, 특히 외국에 가는 걸 좋아했습니다. 처음에는 이곳저곳을 돌아다니며 공연을 해야 했습니다. 매우 멋있는 공연이 많았고 보수도 좋았지만 전 라스베이거스에 고정 출연할 수 있는 일류는 아니었습니다. 그래서 잡다한 걸 해야 했습니다. 뉴저지에서 참여했던 라디오쇼도 그중 하나였습니다. 처음에는 〈롱 존 네빌 쇼Long John Nevill Show〉의 고정 게스트로 시작했죠. 자정부터 새벽 5시까지 38개 주로 송출되는 프로그램이었습니다. 그러다가 1964년쯤에 롱 존 네빌이 떠나면서 오프닝을 맡게 되었습니다. 방송국은 기회를 줬고 청취자들도 좋아했죠. 무려 2년 동안 자정부터 새벽 5시까지 일주일에 5일을 진행했습니다! 지금도 그 쇼를 기억하는 사람들을 가끔 만납니다.

스켑틱 당신의 가장 큰 폭로는 〈투나잇 쇼〉에서 실시간으로 한 신앙 치료사 피터 포포프Peter Popoff에 대한 폭로일 것입니다. 당신의 계획을 프로그램을 진행하던 조니 카슨Johnny Carson이 미리 알고 있었나요?

랜디 포포프 폭로는 조금 다른 방식으로 이루어졌습니다. 당시 〈투나잇 쇼〉의 프로듀서는 프레드 드 코르도바Fred de Cordova 였습니다. 우리는 포포프가 통신 장비를 이용해 신자의 정보를 몰래 아내에게 받은 뒤 마치 하느님에게서 얻은 정보인 척하는 영상을 입수하고 프레드에게 보여주었습니다. 곧바로 그는 우리가 대단한 걸 손에 넣었다는 사실을 깨달았습니다. "맙소사. 이건 다이너마이트예요. 조니에게 전화해야겠어요." 전 다음과 같이 말했습니다. "잠깐만요. 쇼에서 공개해 놀라게 하는 건 어때요." 프레드가 말했습니다. "조니는 그런 서프라이즈를 좋아하지 않아요. 어떤 일이 일어날지 미리 알길 원해요." 하지만 전 고집을 부렸죠. "프레드. 영상을 다시 한번 본 다음, 이걸 조니가 봤을 때 어떤 표정을 지을지 그림을 그려봐요. 해볼 만하지 않아요?" 그는 이 말에 동의했고 결과는 대성공이었습니다. 완전히 넋이 나간 진행자 조니의 표정은 대단한 구경거리가 됐습니다. 그는 말을 잇지 못했습니다. 연필을 계속 두드리더니 마침내 입을 뗐죠. "충격적이네요." 얼이 빠져 있었습니다. 말 그대로 폭탄이 터졌기 때문입니다. 당신 말처럼 역대급 폭로 중 하나였습니다.

스켑틱 〈투나잇 쇼〉에 유리 겔라가 출연해 무참히 공격당한 일화도 유명합니다. 제가 기억하기론 당신도 관련된 일 아닌가요?

랜디 유리 겔라가 출연하기 전날, 감독 중 한 명이 제게 전화를 걸어 어떻게 하면 방송 동안 마술 트릭을 쓰지 못하게 할 수 있을지 조언을 구하며 로스앤젤레스로 저를 초청했습니다. 그래서 전 겔라가 활용할 수 있는 소품을 말해주었고 그가 트릭을 쓰지 못할 방법들을 알려줬습니다. 예를 들어 방송 시간이 되기 전에 겔라나 그의 조수 중 한 명이 다가와 숟가락을 살펴려고 하면 만지지 못하게 멀리서 보여주고 방송이 시작되기 전까지 소품실 보관함에 넣어둔 뒤 문을 잠가두라고 일렀습니다. 그리고 그가 다른 사람이 그린 그림을 똑같이 그리는 묘기를 보여주기로 되어 있다면, 그림을 그리는 사람은 아무도 없는 곳에서 혼자 그림을 그린 뒤 그것을 누구에게도 보여주어서는 안 된다고 충고했습니다. 당시 유리 겔라는 쟁반 위에 놓인 여러 알루미늄 캔 가운데 안에 물이나 다른 물체가 든 캔을 맞혔는데 이와 관련해 그가 활용할 수 있는 트릭도 알려줬습니다. 캔이 올려져 있는 쟁반을 쳐서 캔이 움직이는 모습을 관찰하는 것 역시 겔라의 트릭 중 하나였습니다.

쇼가 시작되었고 겔라는 22분 동안 말 그대로 아무것도 하지 못했습니다. 그는 숟가락을 구부리길 원치 않았고 프레드가 주머니에 넣어둔 그림을 똑같이 그리는 것도 거부했습니다. 조니가 나중에 제게 알려준 바에 따르면 광고가 나가는 동안 상황이 재미있게 흘러갔습니다. 겔라는 쟁반을 두드리고, 테이블을 흔들고, 바닥에 발을 구르는 등 흔들 수 있는 건 전부 흔들어댔습니다. 하지만 스태프들에게 알루미늄 캔 바닥을 고무 접착제로 고정하라고 일러두었기 때문에 쟁반을 치더라도 캔은 움직이지 않았습니다. 겔라는 조금 시도해 보더니 결국 포기하면서 그날은 컨디션이 좋지 않다고 말했습니다.

스켑틱 현대의 회의주의 운동이 태동하기 전부터 어떻게 사이비 과학과 초자연 현상에 관심을 가지게 되었나요?

랜디 마술사로서 사람들이 어떻게 속아 넘어가고, 또 자신을 속이는지 잘 알고 있었습니다. 저는 너무 많은 사람이 마술에서 활용하는 기술을 쓰면서 사람들을 속이고 자신들이 진정한 '힘'을 지녔다고 말한다는 사실에 분노했습니다.

　열다섯 살쯤 집 인근에 '영적 사고 모임'이라는 이름을 가진 심령 교회가 있다는 사실을 알게 되었습니다. 그곳에 다녀온 친구 T. K. 로슨은 교회 목사가 밀봉한 봉투 안에 무엇이 적혀 있는지 맞혔다고 말했습니다. 저는 교회를 직접 찾아갔는데 너무 화가 난 나머지 벌떡 일어나 쓰레기통을 뒤집어 그들이 사용한 봉투를 꺼낸 다음 어떤 속임수를 쓴 건지 사람들에게 설명했습니다. 단지 목사는 미리 준비된 문구를 읽었을 뿐이었습니다. 모두가 들을 수 있도록 그것을 크게 읽었습니다. 그러자 교회 관계자들은 몹시 허둥댔고 그중 한 명은 저를 붙잡고는 경찰을 불렀습니다. 출동한 경찰들은 종교 의식을 방해했다는 이유로 저를 끌어냈습니다. 공식적으로 어떤 고발도 당하지 않았지만 아버지가 와서 저를 데려갈 때까지 네 시간 동안 유치장에 갇혀 있어야 했습니다. 부모님에게 크게 혼났지만 사기를 폭로하여 정의를 실현했다는 생각에 뿌듯했습니다.

스켑틱 CSI와 현대 회의주의 운동은 어떻게 시작되었습니까?

랜디 마틴 가드너, 레이 하이먼과 수시로 만났는데, 우리는 온갖 터무니없는 주장이 난무하는데도 누구도 신경 쓰지 않는다는 사실에 정말 화가 나 있었습니다. 그리고 거의 모든 신문과 미디어가 우리의 편지와 문제 제기를 무시한다는 사실에도 낙담해 있었습니다. 제일 먼저 누가 어떤 단체나 위원회를 설립하자고 제안했는지는 잘 기억이 나지 않습니다. 아마 저였을 가능성이 큽니다. 공신력을 높이려면 학자들이 필요했고 단체에 색깔을 입히고 언론을 상대하는 건 저의 몫이었습니다. 우리는 사람들을 찾아 나섰고 학자인 동시에 미국 인본주의자 협회American Humanist Association, AHA에 몸담고 있던 폴 커츠가 제격이라고 판단했습니다. AHA는 우리를 열렬히 지지해 주었고 《스켑티컬 인콰이어러》 출간을 위한 초기 자본을 지원해 줬습니다.

그런 다음 우리는 사회학자인 마르셀로 트루지Marcello Truzzi를 편집장으로 영입했으나, 마르셀로는 초심리학자에게 글을 쓰게 하고 싶어 했습니다. 하지만 이미 초심리학 잡지와 저널은 많았고 우리는 그 반대편에 서길 원했습니다. 우리는 초심리학자들의 주장은 가치가 없다고 판단했고 그들의 주장을 비판할 의도를 가지고 있었습니다. 그들 역시 양쪽 주장을 공정하게 다루지 않으므로, 우리도 그와 같이 해야 한다고 생각했습니다. 하지만 마르셀로는 중립에 서서 누구의 편도 들고 싶어 하지 않았습니다. 우리의 의도를 알리자 그는 물러났습니다. 지금 생각해 보면 잘된 일입니다. 지금도 마르셀로는 중립을 지키고 있습니다.

스켑틱 당시는 회의주의 운동의 적기였나요?

랜디 분명 적기라고 할 수 있었지만, 우리 운동이 본격화될 수 있었던 건 커츠가 훌륭한 조직자였기 때문입니다. 그는 성실하고 발이 넓으며 수완가였습니다. 전 여러 해 동안 위원회에서 누구보다도 적극적으로 활동했지만 유리 겔라 소송 때문에 인연을 끝내야 했습니다. CSI는 저와 유리 겔라의 소송에 몹시 겁을 먹었고 소송에서 지면 모든 걸 다 잃을 수도 있다고 생각했습니다. 법적으로 그런 일은 일어날 수 없는데도 터무니없는 걱정에 시달렸죠. 어느 날 회의에서 다시는 유리 겔라의 이름을 언급하지 말자는 결정이 내려졌습니다. 전 말했죠. "여러분. 우리가 모인 이유는 바로 그것 때문입니다. 그들을 언급하고, 그들에게 도전하고, 그들과 맞서고, 그들의 주장을 입증하라고 요구하기 위해 모인 것입니다. 침대 밑에 숨을 거라면 저는 함께하지 못하겠습니다. 그러므로 사임하겠습니다." 무척 가슴 아픈 일이었습니다. 여전히 CSI 사람들과 잘 지내고 있지만 솔직히 말해서 전 그들에게 실망했습니다. 그러고는 전 홀로 겔라와 맞섰습니다. 단체 회원을 보호하는 보험에 이제 더 이상 포함되지 않았기에 소송에 막대한 재산을 써야 했습니다.

스켑틱 유리 겔라와 당신의 관계는 흰고래와 에이허브 선장*의 관계인가요?

랜디 그렇지 않습니다. 몇 년 전 저는 승리했습니다. 겔라는 자신이 진정한 초능력자임을 한 번도 증명하지 못했습니다. 초심리학자들조차 그를 더 이상 진지하게 대하지 않습니다. 하지만 그는 포기하지 않았습니다. 그의 변호사들은 제가 10~15년 전에 한 말을 가지고 아직도 협박 편지를 보내고 있습니다.

스켑틱 아마도 당신이 흰고래이고 그가 에이허브 선장일지도 모르겠네요.

랜디 그런 거 같기도 하군요.

스켑틱 그렇다면 상대방에게 돈을 지급하지 않았다는 면에서 한 번도 진 적이 없다는 이야기인가요?

랜디 사실 전 일본에서 유리 겔라에게 어쩔 수 없이 진 적이 있습니다. 일본 변호사들이 사건을 수임받기 전 1만 5천 달러를 선

---

* 소설《모비딕》에서 흰고래 모비딕을 쫓는 포경선의 선장.

수금으로 요구했는데 그 돈을 지급할 수 없었습니다. 게다가 일본에서 서너 달 머물면서 소송 결과를 기다릴 수도 없었죠. 결국 겔라가 승소했고 그가 요구한 금액의 1퍼센트 중 3분의 1에 해당하는 1200달러를 지불해야 한다고 판결을 받았습니다. 판사는 혐의를 명예훼손에서 모욕으로 낮췄습니다. 미국에서는 모욕이 소송 대상이 아니기 때문에 겔라는 해외에서 소송을 제기한 것이었습니다. 결국 겔라는 다른 소송 건들에서 CSI 및 저와 합의하기 위해 일본에서의 재판을 취하해야 했고 CSI에 엄청난 합의금을 지급했습니다. 저는 결국 그에게 돈을 받지 못한 꼴이었는데, 소송을 벌이는 비용이 훨씬 높았기 때문입니다.

스켑틱 그렇다면 거짓을 말하는 사람들과 맞서기 위해 투자한 시간·노력·돈이 그만한 가치가 있었다고 생각합니까?

랜디 물론이죠! 물러서지 않고 제 자리를 지키는 데 든 모든 돈과 노력은 가치가 있었습니다. 전 결코 물러서지 않았고, 앞으로도 물러서지 않을 것입니다. 이 전장에서 후퇴하지 않고 전투에서 승리하거나 화염 속에서 쓰러질 것입니다. 위협이나 협박으로 제게 겁을 줄 수 있을 거라고 생각하는 사람은 완전히 잘못 생각하고 있는 것입니다. 무슨 일이 있어도 뒷걸음치지 않을 것입니다.

스켑틱 당신은 어떻게 그렇게 열정적일 수 있죠?

랜디 이 전쟁에서 누가 옳고 그른지 알기 때문입니다. 지금으로부터 100년 뒤 이 싸움을 본 사람들은 저를 보고 이렇게 말하지 않을까요? "아, 저 사람은 신념을 버리지 않았고 자신만의 방식으로 그 신념을 고수했구나." 저는 이런 사실에 자부심을 느낍니다. 전 저만의 방식으로 이 길을 걸어왔습니다. 번역 하인혜

2부

회의주의자의 도구들

데이터를 고문해 자백 받아내기

게리 스미스

우리는 빅데이터의 시대에 살고 있다. 글로벌 네트워크망과 고속 컴퓨터의 결합은 우리에게 무한한 잠재적 가능성을 약속한다. 대규모의 데이터에 기반하여 정보를 얻는 이 새로운 기법을 통해 정부, 기업, 금융기관, 의료기관, 법조계, 그리고 우리의 일상생활이 혁명적으로 변화할 것이라는 예측이 반복적으로 들려온다. 고성능 컴퓨터가 데이터를 분석하여 믿을 만한 정보를 추출해 준다면 우리는 좀 더 현명한 결정을 내릴 수 있을까? 그럴 수도, 그렇지 않을 수도 있다.

연구자들은 종종 좋은 데이터와 쓸모없는 데이터, 적절한 과학적 분석과 엉터리 과학을 구별하는 데 소홀히 하기도 한다. 우리는 산더미같이 많은 데이터를 처리해서 얻은 결과물이 절대로 틀릴 리는 없다고 너무 쉽게 생각한다. 그리고 빈약한 근거를 토대로 잘못된 결정을 내려, 불황 중에 세금을 올리거나,

어려운 경제용어에 현혹되어 평생 모은 돈을 투자 상담가에게 맡기거나, 반짝 유행하는 경영 이론을 따라 비즈니스상의 결정을 내리거나, 돌팔이 치료로 건강을 위험에 빠뜨리거나, 심지어는 커피를 끊기까지 한다.

로널드 코스Ronald Coase 는 "데이터를 충분히 오랫동안 고문하면 결국 자백하기 마련이다"라고 비꼬아 말했다. 여기 데이터를 고문해서 자백을 받은 세 가지 예가 있다.

매달 4일이면 심장마비 환자가 늘어난다?

일본어, 북경어, 광동어에서는 숫자 '4四'라는 단어와 '죽음死'이라는 단어의 발음이 아주 비슷하다. 그런 맥락에서 많은 일본인과 중국인이 4를 불길한 숫자로 생각하는 것은 놀라운 일이 아니다. 하지만 4에 대한 두려움이 너무 강해서 일본계 및 중국계 미국인이 매달 4일에 심장마비를 일으키기 쉽다고 주장하는 사람이 있다고 하면 믿겠는가? 명백히 터무니없는 생각이지만 실제로 이런 어처구니없는 주장을 한 연구논문이 최고의 권위를 인정받는 국제적 의학저널에 게재된 바 있다. 논문의 제목은 '바스커빌의 사냥개 효과The Hound of the Baskervilles Effect'로, 코난 도일의 소설에서 따온 것이다. 이 소설에서 찰스 바스커빌은 사악한 개에게 쫓기다가 심장마비로 죽는다.

주인이 명령하자 개는 쪽문을 뛰어넘더니, 비명을 지르며 나무 사이의 오솔길로 달아나는 불운한 남작baronet 을 뒤쫓았다. 좁은 오솔길에서 거대한 검은 야수가 시뻘건 주둥이를 벌리고 눈을 이글

거리며 사냥감의 뒤를 추격하는 광경은 정말 무서웠다. 남작은 오솔길이 끝나는 곳에서 공포와 심장 발작으로 죽었다.

우리는 시간, 주소, 전화번호, 책의 페이지, 상품의 가격, 자동차의 속도계 등에서 매일같이 4라는 숫자를 접한다. 정말로 아시아계 미국인들은 달마다 한 번씩 돌아오게 마련인 4일을 마치 어두운 오솔길에서 흉악한 사냥개에게 쫓기는 것만큼 두려워할 정도로 미신적이고 소심할까?

바스커빌 연구에서는 관상동맥 질환으로 사망한 일본계 및 중국계 미국인들의 수치를 조사했다. 이 주장을 검증하기 위한 가장 자연스러운 방식은 매달 3, 4, 5일에 관상동맥 질환으로 사망한 사람 수를 비교하는 방법일 것이다. 그들이 확보한 데이터에 따르면 세 날짜 중에 4일에 사망한 사람의 비율은 33.9퍼센트였다. 이는 단순한 확률적 예상치 33.3퍼센트와 통계적으로 별 차이가 없다. 각 날짜에 관상동맥 질환으로 사망할 가능성이 동일하다면 이런 결과가 나올 것이라고 충분히 예상할 수 있다.

자, 그렇다면 바스커빌 연구에서는 어떻게 정반대의 결론이 나오게 되었을까? 논문의 저자들은 33.9퍼센트라는 수치를 보고하지 않았다. 대신에 그들은 몇 가지 특정한 심장 질환에 의한 사망 사례만을 보고하고 나머지는 제외했다. 국제 질병 분류표 International Classification of Diseases 는 심장 질환에 의한 사망을 여러 가지 항목으로 분류한다. 이 중 몇몇 항목에서는 4일의 사망자 비율이 3분의 1보다 크고, 나머지 항목에서는 4일의 사망자 비율이 오히려 작았다. 바스커빌 연구자들은 전자의 결과만을 보고하고, 자신들의 이론을 뒷받침하지 않는 데이터는 버린 것이다.

이 논문의 주 저자는 심장 질환의 모든 항목을 적용한 연구, 그리고 바스커빌 연구에서와 전혀 다른 항목을 적용한 연구에도 논문의 공동 저자로 참여했다. 각 연구마다 서로 다른 항목을 적용한 유일한 이유는 근거가 없는 이론의 근거를 만들어내기 위해서였다.

연구자가 이런 식으로 데이터를 취사선택했다는 의심이 들 경우에는 새로운 데이터로 동일한 결과를 얻을 수 있는지 시험해 보면 된다. 바스커빌 연구는 1989~1998년의 데이터를 사용했다. 바스커빌 연구와 동일한 심장 질환 항목을 적용하여 1969~1988년과 1999~2001년에 대하여 조사한 결과 통계적으로 유의미한 차이는 발견되지 않았다. 1969~1988년 데이터에는 5일의 사망자 수가 4일보다 많았으며, 1999~2001년 데이터에는 3일의 사망자 수가 더 많았다. 바스커빌 연구의 저자들도 1969~1988년의 데이터를 사용할 수 있었지만(다른 연구에서는 사용했다) 그렇게 하지 않았다. 물론 그 이유는 충분히 짐작이 간다.

이 엉터리 이론을 뒷받침하는 유일한 증거는 자기 이론에 맞지 않는 질환 항목과 발생 연도의 데이터를 제외함으로써 얻어졌다. 이런 교묘한 가지치기를 제외하면 매달 4일이 아시아계 미국인에게 치명적이라는 증거는 없었다. 이 연구가 실제로 입증한 것은 모든 이론이 ―아무리 엉터리 이론이라도― 이론과 맞지 않는 데이터를 배제함으로써 근거를 마련할 수 있다는 사실이다.

성공해서 위대한가, 위대해서 성공했나?

짐 콜린스Jim Collins와 그의 연구팀은 베스트셀러《좋은 기업을 넘어 위대한 기업으로Good to Great》에서 5년 동안 1435개 기업의 40년 역사를 조사하여 평균보다 주가가 크게 신장한 11개 기업을 선정하였다. 애벗 랩Abbott Laboratories, 서킷 시티Circuit City, 패니 메이Fanny Mae, 질레트Gillette, 킴벌리-클라크Kimberly-Clark, 크로거Kroger, 뉴코르Nucor, 필립 모리스Phillip Morris, 피트니 보위스Pitney Bowes, 월그린스Walgreens, 웰스 파고Wells Fargo 가 그것이다. 콜린스는 이 11개 '위대한' 기업을 정밀 분석한 끝에 몇 가지 공통적인 특성을 찾아내고 거기에 그럴듯한 이름을 붙였다. 가령 '단계5의 리더십level 5 leadership'은 성품이 소박하지만 회사를 위대한 기업으로 이끄는 능력이 있는 리더의 특성을 지칭하는 용어다.

콜린스는 "우리가 제안한 리더십을 성실하게 이행하면 대부분의 기업이 체질을 바꾸고 실적을 개선하여 위대한 기업이 될 수 있다"라고 결론지었다. 믿고 싶은 사람은 믿는 법이다. 이 책은 400만 부가 넘게 팔렸으며 최고의 경영분야 도서 목록에도 여러 번 올랐다.

문제는 이것이 소위 생존자 편향survivor bias이라는 약점이 있는, 현재의 시점에서 과거를 해석한 연구라는 점이다. 올바른 연구는 다음과 같이 수행되었어야 한다. 우선 연구가 시작되는 40년 전의 시점에서 연구 대상 기업의 목록을 만든다. S&P 500 지수에 포함되거나 뉴욕 증권거래소에 상장된 기업, 혹은 또 다른 목록에 포함된 모든 기업이 해당될 수 있다. 중요한 것은 이 목록이 40년 전의 데이터를 바탕으로 작성되어야 한다는 점이다. 목록을 만든 후에는 적절한 평가기준을 적용하여 다른 기업들보다 성공할 것으로 예측되는 11개 회사를 선정한다. 평가기준을 적용할 때는 그 기업이 40년 뒤 어떤 실적을 냈는지 전혀 고려하지 않고 객관적이고 엄정하게 적용해야 한다. 어느 회사가 성공했는지를 보고 나서 성공할 회사를 예측하는 것은 공정하지도 않고 의미도 없다! 그것은 예측이 아니고 역사일 뿐이다.

11개 기업을 선정한 후에는 40년 뒤 그들의 실적을 다른 기업들과 비교한다. 콜린스의 연구가 이런 식으로 수행되었다면 선정된 11개 기업 중 몇 개는 틀림없이 기대에 어긋났을 것이다. 당초 선정되지 않았던 기업 중에 예측과 달리 크게 선전한 기업도 있을 것이다. 예측이란 그런 것이다. 하지만 그런 방식을 채택했다면 최소한 공정한 비교는 가능했다.

콜린스는 그렇게 하지 않았다. 그는 40년이 지난 후의 성공 여부에 따라 기업을 선정했기 때문에 자신이 고른 11개의 기업이 기대에 어긋나지 않을 것을 확실히 보장할 수 있었다. 콜린스는 자신이 "데이터로부터 직접 경험적 추론empirical deduction을 하여 모든 개념을 창안했다"라며, 자신의 연구가 편향되지 않고 전문성이 높았다고 주장했다. 꾸며낸 내용 없이 오직 데이터가 이끄는 대로 따라갔을 뿐이라는 것이다.

하지만 콜린스는 사실상 어떤 기업이 다른 기업보다 더 성공을 거두는지 그 이유를 전혀 알지 못한다고 인정한 것이나 마찬가지다. 또한 그는 데이터로부터 이론을 끌어내는 데 어떤 위험이 따르는지 전혀 알지 못했던 것이 분명하다. 콜린스는 이론의 통계적 타당성을 뒷받침하기 위하여 콜로라도대학교 교수 두 명에게 자문을 구했다. 한 교수는 "콜린스가 찾아낸 개념들이 순수한 우연의 결과로 나타날 확률은 실질적으로 0이다"라고 말했다. 다른 교수는 더 구체적이었다. 그는 "콜린스가 발견한, 다른 기업에서는 볼 수 없는 주요 특성들을 모두 가지고 있는 11개의 기업을 우연히 찾아낼 확률이 얼마나 되겠는가?"라고 질문하고, 이 확률이 1700만 분의 1보다 작다고 계산해 냈다. 콜린스는 "우리가 찾으려 했던 '굿-투-그레이트 패턴good-to-great pattern'을 보여주는 11개의 사례를 그저 우연히 발견할 가능성은 실질적으로 없다. 우리는 연구결과로 밝혀진 이 득성들이 좋은 기업에서 위대한 기업으로 발전하는 데 크게 관련되어 있다고 확신한다"라고 결론지었다.

나는 1700만분의 1이라는 확률이 어떻게 계산되었는지는 모른다(해당 교수에게 문의도 해보았지만 그는 기억하지 못했다). 그러나 이 계산이 옳지 못함은 알고 있다. 그 교수는 데이터를 조사하기 전에 다섯 가지 특성이 미리 정해졌다고 전제하고 계산했다. 그러나 실제로는 그렇지 않았다. 결국, 정확한 확률은 1700만분의 1이 아니고 1, 즉 100퍼센트였다.

이런 오류를 '파인만의 함정Feynman Trap'이라고 부른다. 노벨 물리학상 수상자인 리처드 파인만은 캘리포니아 공과대학교 학생들에게 자신이 강의실 밖의 주차장으로 나갔을 때 주차되어 있는 첫 번째 자동차의 번호판이 8NSR261일 확률을 계산해 보라고 했다. 학생들은 번호판의 숫자와 글자가 모두 독립적으로 선택된다는 가정하에 확률을 계산한 결과 1억 7600만분의 1이란 답을 얻었다. 그러나 학생들이 계산을 끝낸 뒤 파인만은 자신이 강의실로 들어오면서 이미 그 번호판을 보았기 때문에 정확한 답은 1이라고 밝혔다. 일어날 가능성이 거의 없는 사건도 일단 일어난 후에는 그렇지 않다.

시간이 지난 후에 일단의 기업군을—최상의 기업이든 최악의 기업이든 간에—되돌아보면 반드시 어떤 공통적인 특징을 찾아낼 수 있다. 예를 들면 콜린스가 선정한 11개 기업은 모두 회사명에 i나 r이 들어 있고 두 글자가 다 들어 있는 회사도 있다. 이름에 i나 r이 포함된 것이 위대한 기업으로 성공할 수 있는 보증수

표일까? 물론 그렇지 않다. 이미 선택된 회사들에 대하여 공통된 특징을 찾아내는 것은 당연히 가능하고 흥미롭지도 않다. 더 중요한 질문은, 이런 공통된 특징이 앞으로 어느 회사가 성공할지를 예측하는 데 도움이 되는가이다.

이 11개 기업에 대해서 질문의 답은 'no'이다. 2001년에 한 주당 80달러를 넘었던 패니 메이의 주가는 2008년에 1달러 아래로 떨어졌다. 서킷 시티는 2009년에 파산했다. 나머지 아홉 개 회사의 주가도 썩 좋지는 않았다. 책이 출간된 이후 지금까지 11개 기업 중에서 주가가 시장 평균보다 오른 기업은 다섯 개뿐이며, 나머지 여섯은 더 떨어졌다.

송전탑의 전자기파가 암을 유발한다?

1970년대, 낸시 베르트하이머Nancy Wertheimer라는 실직 상태의 전염병학자가 덴버 시내에서 차를 몰면서 19세 이전에 암으로 사망한 사람이 살았던 집들을 살펴보고 있었다. 그녀는 이 집들의 공통된 —그것이 무엇이든 상관없이—특징을 찾아내려 했다.

그녀가 찾아낸 것은 암환자가 살았던 집이 대형 송전선 가까이 있는 경우가 많다는 사실이었다. 그녀는 남편인 물리학자 에드 리퍼Ed Leeper와 함께 덴버 시내에서 각각의 주택들이 전력선과 변압기에서 떨어져 있는 거리를 측정하고, 이 주택들이 송전선의 전자기장에 노출된 정도를 추정했다. 그들은 소아암 희생자가 없었던 주택에 대해서도 표본을 추출하여 같은 조사를 수행했다. 자신들도 송전선이 왜 암을 유발하는지 그 이유는 모른다고 인정했음에도 불구하고, 그들은 대형 송전선 가까이 사는 아이들은 암에 걸릴 위험이 두 배 내지 세 배까지 높아진다는 결론을 내렸다. 송전선 가까운 곳에 살던 아이들이 암으로 죽었다면 송전선의 전자기장이 암을 유발했음이 분명하다. 그렇지 않은가?

그들이 보고서를 발표한 이후, 송전선 가까이 살던 사람이 자살했다거나 송전선 인근에서 키우는 닭들이 산란을 멈췄다는 등 무시무시한 소문들이 보태지면서 송전선에 대한 공포가 전국적으로 확산되었다. 폴 브로듀어Paul Brodeur 라는 기자는 코네티컷주 길포드에서 발전소 가까이 거주하는 주민들에게 이례적으로 많은 암이 발생했고, 캘리포니아주 프레스노에서는 송전선 인근의 학교에서 일하는 사람들 중 15명에게 암이 발병했다는 등 세 건의 기사를 《뉴요커New Yorker》에 기고했다. 브로듀어는 이 기사들을 약간 손질하여 《송전선의 비밀: 전력회사와 정부는 전자기장의 암 발생 위험을 어떻게 숨기고 있는가The Great Power-Line Cover-Up: How the Utilities and Government Are Trying to Hide the Cancer Hazard Posed by Electromagnetic Fields》라는 책에도 포함시켰다. 그는 "송전선의 전자기장에 노출된 결과로 수천 명의 어린이와 성인이 이유도 모른 채 암에 걸리고, 그들 중 다수가 때 이른 죽음을 맞게 될 것이다"라고 경고했다.

전국적 히스테리 현상이 이어지면서 컨설턴트, 관련 분야 연구원, 변호사, 그리고 가정에서 전자기장을 측정하기 위한 도구인 가우스 미터Gauss meter 같은 전자제품의 판매원들까지 돈방석에 앉았다(풍문에 따르면 전자기장이 강한 방은 폐쇄하고 창고로만 사용해야 한다고 했다).

문제는 암이 무작위로 발생하더라도 암 집단 발생 지역cancer cluster 이 나타날 수 있다는 것이다. 나는 이를 예시하기 위하여 암에 걸릴 확률이 각자 100분의 1인 주민 1만 명이 일정한 간격

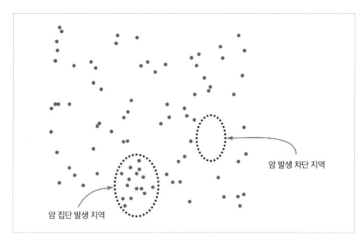

암 발생 차단 지역

암 집단 발생 지역

그림1 암 발생 장소를 무작위로 선택한 가상의 도시에서도 암이 밀집되어 발생하는 지역과 거의 발생하지 않는 지역이 나타나게 된다.

으로 분포되어 있는 1만 채의 주택에 살고 있는 가상의 도시를 만들었다(그림1). (보통은 사람들이 가족 단위로 뭉쳐서 함께 산다는 것과 암 발생이 연령과 관련이 있다는 사실은 무시했다) 그리고 이 가상의 도시에 대하여 암 발생 예측을 위한 컴퓨터 시뮬레이션을 수행했다. 예시된 지도에서 검은 점은 암에 걸린 사람의 집을 나타낸다. 흰색 영역은 암이 발생하지 않은 곳이다.

지도 아래쪽에 명백히 암 집단 발생 지역으로 보이는 곳이 있다. 이것이 실제 도시였다면 우리는 여기로 차를 몰고 가서 이 지역이 다른 지역과는 다른 무언가 특별한 점을 틀림없이 찾아낼 수 있을 것이다. 리틀 리그Little League 야구장이 가까이 있을 수도 있다. 야구장 가까이 사는 주민과 멀리 떨어진 곳에 사는 주민의 암 발생률을 비교해 보면 어떤 결과가 나올까? 야구장 인근 주민의 암 발생률이 높으므로, 이는 야구장 가까이 사는 것이 암을 유발한다는 증거다. 그러니 야구장을 철거하라!

이 지도는 또한 암에 걸린 주민이 없는 암 발생 차단 지역cancer fortress도 보여준다. 이곳에도 가보면 틀림없이 색다른 점을 발견할 수 있을 것이다. 지역 급수용 물탱크가 가까이 있을 수도 있다. 물탱크 가까이 사는 주민과 그렇지 않은 주민의 암 발생률을 비교하면 당연히 물탱크 가까운 지역의 암 발생률이 낮을 것이다. 애초에 그 지역에 주목한 이유가 바로 그것이다. 그곳에서는 아무도 암에 걸리지 않았으니까.

리틀 리그 야구장과 물탱크의 문제점은 동일하다. 이론을 꾸며내려는 의도(리틀리그 야구장이 암을 유발하고, 물탱크는 암을 예방한다)로 데이터를 이용하면 물론 그 데이터는 이론을 완벽히 뒷받침해 준다. 그럴 수밖에 없지 않겠는가? 누가 데이터와 일치하지 않는 이론을 만들어내겠는가? 그럴 사람은 없다.

텍사스 명사수의 오류

베르트하이머와 리퍼의 암 집단 발생 지역에 대한 추론은 '텍사스 명사수Texas sharpshooter'라고 알려진 오류를 보여주는 예다. 텍사스 명사수의 오류는 사격 솜씨가 형편없는 사람이 헛간 벽에 대고 총을 여러 발 쏜 다음에 총구멍이 가장 많이 생긴 곳에 표적을 그려 넣는 식의 오류를 말한다. 탄환 백 발을 쏘면 무작위로 쏘더라도 탄착점이 모이는 곳이 생기는 것과 마찬가지로, 암 발생의 지리적 분포가 완전히 무작위적이더라도 우연적으로 집단 발생 지역이 생기기 마련이다. 올바른 통계 조사를 하려면 총을 쏘기 전에 표적부터 그려야 한다. 먼저 송전선이 어떻게 암을 유발하는지를 설명하는 이론을 제시한 후에, 송전선이 있는 지역과

119

없는 지역의 암 발생률을 비교해야 한다.

베르트하이머-리퍼 연구의 또 다른 문제는 그들이 추정한 전자기장 노출도가 자신들이 어떤 연구결과가 나올 것을 기대했는지에 영향을 받았을 수 있다는 점이다. 중립적인 관찰자라면 그 집에서의 암 발생 여부를 모르는 상태에서 전자기장 노출도를 평가해야 한다.

베르트하이머-리퍼 보고서가 발표된 후에 마리아 페이칭Maria Feychting과 안데르스 알봄Anders Albom은 고압 송전선에서 300미터 이내에 위치한 스웨덴 가정을 대상으로 송전선 전자기장에 대한 더 정밀한 연구에 착수했다. 이들은 대상 가족들이 25년간 전자기장에 노출된 정도를 평가하기 위해, 전자기장 노출도를 어림짐작으로 추정하는 것 대신 스웨덴 전력회사의 기록을 이용했다. 페이칭과 알봄은 데이터를 분석한 끝에, 전자기장에 가장 많이 노출된 아동은 그렇지 않은 아동에 비하여 소아 백혈병에 걸릴 확률이 네 배 더 크다고 결론지었다.

하지만, 페이칭-알봄 연구는 텍사스 명사수 오류의 또 다른 예시다. 총을 쏘고 나서 탄착점이 가장 밀집한 곳에 표적을 그려 넣는 대신, 이 가짜 명사수들은 많은 탄환을 다수의 표적에 쏘았다. 그런 후에 탄환이 명중한 표적만 남기고 나머지 총구멍은 퍼티*로 덮어버리고 그 위에 페인트를 덧발랐다.

페이칭과 알봄은 여러 종류의 암, 다양한 연령 층, 전자기장의 강도와 노출 수준('비노출' '약간 노출' '중간 노출' '최대 노출'로 구분) 같은 여러 요소를 고려하여 수백 개의 '표적'을 만들었다. 그리고 그들은 거의 800개에 달하는 표적에서의 발암위험률을 계산

---

* 유리창 틀을 붙이거나 철관을 잇는 데 쓰는 접합제.

했다. 송전선에 아무 죄가 없을지라도, 이렇게 표적이 많다면 단지 우연의 결과로 상대적으로 위험률이 높은 지역이 나오게 된다. 어떤 지역의 위험도는 평균보다 현저히 낮게 나올 것이다. 당연하게도 페이칭과 알봄은 가장 높게 나온 위험도만 보고하고 다른 결과는 언급하지 않았다. 그들은 탄환이 명중하지 않은 표적은 숨겼다.

송전선 이론에 어떤 근거가 있기는 할까? 과학자들은 전자기장에 대해서 잘 이해하고 있다. 하지만 송전선의 전자기장이 어떻게 암을 유발하는지에 대한 그럴듯한 이론은 없다. 송전선의 전자기력은 달빛보다도 훨씬 작으며, 자기장의 강도는 지구 자기장보다 약하다. 또한 페이칭과 알봄이 조사한 것과 같이 암 진단을 받은 바로 그 해에 아이들이 전자기장에 노출된 정도는 암 발생률과 상관관계가 있는 것으로 나타났지만, 진단을 받기 이전 1년, 5년, 또는 10년 동안의 노출량과 암 발생률 사이에는 상관관계가 없었다(통상적으로 암 증상이 나타나기까지는 수년이 걸린다). 마지막으로, 송전선 전자기장이 암 발생과 관련이 있다면 노출량이 많은 사람일수록 암 발생 위험도가 높아야 하지만 결과는 그렇지 않았다. 그들 자신의 데이터가 이론과 모순되는 것이다.

다른 데이터를 사용해도 페이칭-알봄 연구와 같은 결과가 나올까? 아니다. 예를 들어 잉글랜드, 스코틀랜드, 웨일즈의 아동을 대상으로 한 영국의 소아암 연구결과는 전자기장에 더 많이 노출된 어린이들이 대체로 백혈병이나 다른 종류의 암에 걸릴 가능성이 더 작은 것으로 나타났는데, 그 차이가 통계적으로 유의미한 정도는 아니었다. 페이칭-알봄의 연구결과가 널리 알려짐에 따라 쥐 같은 설치류를 대상으로 한 실험이 많이 이루어졌는데, 연

구결과 송전선 전자기장보다 훨씬 더 강한 전자기장에 노출되어
도 쥐의 수명, 암 발생률, 면역 체계, 생식 능력, 기형아 출산 등에
는 영향이 없었다.

국립과학아카데미National Academy of Science 는 이론적 주장과
실험 증거를 평가한 후, 송전선은 공공 보건에 위협이 되지 않으
며 따라서 송전선을 철거할 이유가 없음은 물론이고 이 문제에
대한 추가적 연구비 지원도 불필요하다고 결론지었다. 권위 있는
의학 저널도 연구를 위한 자원을 이 문제에 낭비하지 말아야 한
다고 가세했다. 페이칭-알봄 연구의 저자 중 한 사람까지도 전자
기장이 어떻게 암을 유발하는지 설명하는 이론이 정립되기 전에
는 추가적인 연구는 의미가 없다는 점을 인정했다. 1999년에 《뉴
요커》는 이전에 브로듀어 기자가 쓴 기사를 은연중에 부정하는
내용의 '암 집단 발생에 대해 잘못 알려진 사실들'이라는 기사를
싣기도 했다.

통계 자료에는 쉽게 납득할 수 있는 부분도 있는 반면 한번 의
심해 보아야 하는 부분도 있다. 그 연구가 특정한 패턴에 맞추려
고 특정 데이터만 추출한다거나 맞지 않는 데이터는 조작하고 배
제하는 것은 아닌지 항상 주의해서 살펴보아야 한다. 번역 장영재

오컴의 면도날 안전 사용법

필 몰레

칼 세이건의 소설 《컨택트Contact》에서 주인공 엘리 애로웨이는 웜홀을 통과해 미지의 우주 영역으로 가서 지적인 외계 생명체와 마침내 조우한다. 그리고 안전하게 지구로 돌아와 그 놀라운 여행 이야기를 동료들에게 들려준다. 그런데 딱 하나 문제가 있다. 아무도 엘리의 말을 믿지 못하는 것이다. 엘리의 모험은 단 몇 순간 사이에 모두 일어났고, 관찰자들은 엘리가 탄 우주선이 발사대를 떠나는 모습조차 보지 못했던 것이다. 엘리가 보고했던 경험을 입증할 수가 없었던 엘리의 동료들은 그녀의 모험이 실제로 일어났다는 설득력 있는 증거가 전혀 없다고 결론을 내렸다.

물론 이 소설을 읽는 우리야 엘리의 말이 맞고 동료들이 틀렸음을 알고 있다. 그렇다면 동료들은 왜 엘리의 말을 믿지 않는 걸까? 그들이 엘리의 이야기를 의심하는 까닭은 훌륭한 과학자로서 **오컴의 면도날**Occam's razor이라는 영예로운 원리를 써서 모든 가설을 검토하기 때문이다. 이 원리는, 다른 모든 것들이 같을 때, "가장 단순한 가설이 가장 옳을 가능성이 높다"고 말한다. 엘리의 동료들은 현재 정립된 과학의 범위를 까마득히 넘어서 있는 그 요령부득한 여행과 관련해서 엘리가 자세히 펼친 주장을 면밀히 검토하고는 그 이야기가 터무니없을 만큼 개연성이 떨어진다고 여기게 된다. 엘리마저도 오컴의 면도날을 섬세하게 연마해서 갖다대면 자기 이야기가 싹둑싹둑 베어나가는 것 같다고 인정할 수밖에 없었다.

엘리와 엘리가 처한 궁지는 비록 허구적이긴 하지만, 오컴의 면도날이 엘리에게 가한 그 쓰라림은 회의주의자들에게 흥미로운 물음들을 던져준다. 엘리의 과학자 동료들처럼, 우리 회의주의자들도 오컴의 면도날이 가짜 이론들을 솎아내는 막강한 도구임을 받아들이라고 배웠다. 그런데 "단순할수록 좋다"는 격언이 언제나 우리를 진리에 이르는 왕도로 인도하리라는 것을 우리는 어찌 아는 걸까? 더 알아보기도 전에, 단순한 이론이면 무조건 복잡한 이론보다 참일 가능성이 더 높다고 어찌 말할 수 있는 걸까? 수많은 회의주의자들이 사이비과학을 물리칠 수 있는 가장 확실한 무기로 생각하는 오컴의 면도날이란 게 혹 증명되지 않은 철학적 가정에 불과하지는 않을까? 만일 그렇다면, 엘리의 동료들이 맞았던 운명을 아마 우리 회의주의자들도 맞게 되어, 예상 답안과 일치하지 않는다는 이유만으로 정답을 거부하게 되고 말 것이다.

이 글에서는 이 원리의 역사를 간단히 밑그림 그려보고, 의심스러운 이론을 지지하려고 오컴의 면도날을 오용한 사례들을 들어 그 오용이 어떻게 해서 좋은 과학을 거부하는 결과를 낳고 말았는지 보일 것이다. 이 논의를 한 다음에는, 다양한 이론을 놓고 하나를 선택하는 경우에 이 원리를 알맞게 적용하기 위해 필요한 제한과 조건을 짚어볼 것이다. 그런 다음에 오컴의 면도날을 쓰는 정당한 이유(그런 게 있을 경우)를 결정짓고, 회의주의자라면 이론 선택에 쓰이는 다른 기준들과 더불어서 신중하게 이 원리를 쓰는 법을 익혀야 한다고 논할 것이다. 여기서 나는 오컴의 면도날이란 게 잘못 다루면 위험한 무기가 되지만, 적절한 안전수칙을 따른다면 이론을 평가할 때 큰 도움이 되는 도구가 되어줄 것임을 보여주고자 한다.

오컴의 면도날의 역사

오컴의 면도날 원리는 중세시대의 뛰어난 철학자이자 신학자였던 오컴의 윌리엄William of Ockham(1285-1349)의 이름을 땄다. 사람들이 흔히 짐작하는 바와는 다르게, 비록 그동안 이 원리에 오컴이라는 이름이 붙어 있기는 했어도 정작 이 원리를 만든 사람은 오컴이 아니다. 단순성과 효율성을 가진 이론이 큰 장점을 가진다는 생각은 적어도 아리스토텔레스까지 거슬러 올라간다. 아리스토텔레스는 이렇게 말했다. "자연이 완벽하면 완벽할수록 자연이 운행하는 데 필요한 수단은 더 적어진다." 오컴의 시대로부터 몇 세기 뒤에 아이작 뉴턴Isaac Newton도《자연철학의 수학적 원리Principia Mathematica》에서 단순성의 원리를 거론했다. "우리는 자연에 있는 것들이 나타나는 방식을 참되고 충분하게 설명해내는 원인들 외에 다른 원인을 더 인정하지 않는다."

오컴은 그 시대의 철학에서 했던 가정들 가운데 부당하다고 여겼던 여러 가정들에 절약의 원리가 한 가지 해독제가 된다고 역설했다. 오컴은 자기가 쓴 글들에서 이 원리를 다양한 방식으로 정형화하여 사용했다. 이를테면 이런 식으로 말했다. "더 적은 것으로 할 수 있는 일을 더 많은 것으로 하는 것은 무익하다." 아마 가장 유명한 말은 이것일 것이다. "필요도 없는데 여럿을 가정해서는 안 된다." 이 개념을 표현하는 데 흔히 쓰는 용어는 **절약** parsimony이다. 오컴이 정형화해서 거론한 말들은 '절약'의 현대식 정의와 썩 잘 일치한다. 오늘날에는 가장 절약을 잘한 모형이란 가장 적은 가정을 필요로 하는 모형이라고 말한다.

오컴이 이 원리를 쓸 때 특별히 표적으로 삼았던 대상은 **실재론**realism이라고 하는 철학 학파의 대변자들이었다. 실재론자들은 **보편자**universal라고 부르는 특질들이 진짜 존재한다고 주장했다. 보편자란 개별자들 또는 개별자들로 이루어진 집단들이 지니는 특성과 관련된 개념이다. 예를 들어, 우리가 아리스토텔레스의 지혜라든가 소크라테스의 영웅주의에 대해서 얘기하고 있다고 생각해보자. 실재론자라면 지혜나 영웅주의라는 관념이 그저 우리 마음이 만들어낸 개념에 불과한 것이 아니라 실재에 대한 영원한 진리이기도 하다고 주장할 것이다. 오컴과 스승인 둔스 스코투스Duns Scotus 같은 유명론자들nominalists은, 이해를 높이는데 별 도움도 안 되고 아마 우리 마음을 어지럽히기까지 할 불필요한 가정이라면서 보편자 개념을 거부했다. 우리가 세계에 대해 지각한 바를 구체적으로 그려내고 이야기할 때 보편자가 유용할 수도 있겠으나, 꼭 객관적으로 실재할 필요는 없다. 설령 불변하는 보편자들이 거하는 그림자 같은 영역이 어딘가에 진짜 있다 할지라도, 세계를 완전하게 설명하고 이해할 목적으로 이 영역의 존재를 가정할 필요는 없다. 필요치도 않은 가정인데 왜 그냥 버리고 말지 않는가?

회의주의자인 우리는 오컴이 철학적 절약을 지지하는 입장과 신학적 믿음을 어떻게 어울리게 했었느냐고 물을 수 있다. 따지고 보면, 신이야말로 오컴이 거부하던 종류의 보편자를 대표하는 궁극적인 예가 아니던가? 신 개념이라는 게 사랑, 정의, 자비 같이 우리가 삶과 관련하여 지극히 깊게 마음 쓰는 개념들을 모두 종합한 것을 표상했을 따름이라고 논할 수 있음은 확실하다. 우리는 무슨무슨 신격의 존재를 꼭 제안하지 않고서도 이 개념들을 서술하고 논의할 수 있다. 아마 우리는 수많은 우주론자들이 이 우주는 어떤 면에서는 언제나 존재해왔다고 믿는다는 걸 알고 있을 테기에, 과학적으로나 논리적으로 신을 믿어야 할 필연적인 이유가 없음을 볼 수 있다. 그런데 오컴은 절약의 원리를 사용해서 신 존재를 물음에 올리지는 않았다. 오컴은 필요 없이 여럿을 가정해서는 안 된다고 늘 주장하긴 했지만, 삶과 개인적인 사고 습관 탓에 그는 신의 실재가 사실상 필요하다고 확신했다. 마찬가지로, 그는 성경에 기록된 그대로 계시된 종교가 이 신의 본성을 이해하는 데 절대적 필수조건이라고 여겼다.

　물론 이런 말을 하는 까닭은 오컴을 낮잡아보려는 것도 아니고, 오컴의 면도날을 알맞게 사용하면 신에 대한 믿음을 부정할 수밖에 없음을 함축하려는 것도 아니다. 하지만 앞서 든 예는 절약에 의존한다고 해서 우리 모두가 꼭 동일한 결론에 이르게 되지만은 않을 것임을 보여준다. 우리 중에는 어떤 생각을 본질적이라고 여기는 사람도 있을 테고 다르게 생각할 사람도 있을 것이다. 사실 이론의 지지자와 적대자 모두 똑같이 열성적으로 오컴의 면도날 원리를 사용하는 경우는 흔히 있다. 그러나 두 쪽이 모두 옳을 수는 없기 때문에, 오컴의 면도날이 꼭 늘 가능한 최선의 이론으로 끌고 가는 것이 아님은 말할 필요도 없다.

다르게 믿고 싶은 사람도 있겠지만, '단순성'에 지나치게 의존하면 진리보다는 오류에 이르게 되는 경우가 더 많다. 주관적인 관점에서 상대편 이론들보다 단순하게 보인다고 아무 이론이나 찬성하게 되면, 이론 평가에 쓰는 다른 중요한 기준들을 지나치게 소홀히 여기는 우를 범하는 것이다. 그리고 어느 이론에서 단순성이 지각되었을 때 거기에 지나치게 많은 주의를 쏟게 되면, 개인적으로 너무 복잡해서 이해하기 힘들다고 생각되는 이론은 무엇이든 거부하고 마는 문이 열리게 된다.

오용된 오컴의 면도날

무가치한 이론을 지지하기 위해 오컴의 면도날을 오용한 예는 차고 넘친다. 사이비과학자들은, 단순한 모양새를 하고는 있으나 주류 과학에 의해 신뢰성이 무너진 이론들을 변호하려고 종종 오컴의 면도날을 불러내곤 한다. 그들은 귀신, 외계인, 숲 속의 괴물들을 비롯해 '설명되지 않은' 현상들에 대한 이야기들을 떡 벌어지게 차려놓고, 자기들이 내세운 '증거'의 타당성을 과학자들이 부정하면 성마르게 고개를 절레절레 흔든다. 이런 이상한 일을 겪은 사람이 수천 명이나 되는데, 그들이 하는 이야기를 과학자들이 반박하는 모습이 꼭 지푸라기를 잡고 버둥거리는 것 같지 않은가? 초과학적인 사건들을 가장 단순하게 설명하려면, 적어도 초과학주의자들이 보기에는, 보이는 모습 그대로 사건들이 일어났다고 여기는 것이다. 예를 들면, 게티즈버그에서 찍은 우리 사진에 나타난 정체 불명의 빛 얼룩이 남북전쟁에서 싸웠던 한 병사의 망령이라고 그냥 가정해도 되는데, 뭐하러 굳이 복잡하게 과학적으로 귀신 사진을 설명해야 할까?

겉보기 단순성을 이용해서 기성 과학을 공격하는 일에 특히나 능한 이들이 창조론자들이다. 그들은 이렇게 묻는다. 이런 억지스러운 진화이론을 누가 필요로 한단 말인가? 지구에 사는 모든 생명이 공통 조상들로부터 유래하는 방식으로 천천히 진화했음을 보여준답시고 지질학, 유전학, 발생생물학, 해부학에서 이루어진 모든 연구를 검토할 필요는 없다. "하느님께서 그리 하셨다"고 말하고 거기서 끝내면 훨씬 단순해진다. 창조론자들은 오컴의 면도날 원리를 수용하는 척하면서 자기네 이론이 지성적으로 엄격한 것처럼 보이게 가장한다. 그들은 과학자들보다, 다시 말해서 성경의 권위를 단순히 믿기를 거부하고 얽히고설킨 이론들로 모든 것을 지나치게 복잡하게만 만들고 싶어 하는 과학자들보다 자기네가 더 과학적이라고 주장한다.

때에 따라 단순성의 오용이 일부 집단들에 대한 고정관념을 강화하기도 한다. 예를 들어, 일부 사회과학자들은 표준 지능테스트에서 측정된 유색인종의 낮은 지적 능력을 놓고 유색인종이 유전적으로 열등하기 때문이라고 보는 게 가장 단순하기 때문에 가장 가능성 있는 설명이라고 논한다. 따지고 보면 유색인종의 테스트 결과에 문화, 역사, 경제, 인종주의가 미친 복잡한 영향들을 일일이 설명하는 대신, 그냥 유색인종이 열등하다고 가정하는 편이 훨씬 '더 단순하다'. 반면에 행동유전학자들과 진화심리학자들은 집단 차이에 대한 그 사회학자들의 설명이 사회적 및 문화적 설명보다 더 복잡하며, 따라서 오컴의 면도날에 베이는 쪽은 그 사회학자들이지 사회생물학자들이 아니라고 주장한다.

안타깝게도 회의주의자들마저 의심스러운 이론들을 변호하는 일에 오컴의 면도날을 끌어들인 예들이 있다. 과학적 방법을 따른다고들 하는 이 회의주의자들은 오컴의 면도날이 단순히 환원주의 원리, 곧 복잡한 현상을 그것보다 더 단순한 모형들에 입각해서 설명하려는 태도의 한 본보기일 따름이라고 주장한다. 이들은 과학적 탐구의 기초 중의 기초가 바로 환원주의라고 주장한다. 어느 정도는 그들의 말이 맞다. 이론이 무슨 쓸모라도 있으려면, 그 이론으로 설명하려 하는 현상보다 더 단순해야 하기 때문이다. 하지만 회의주의자들이 환원주의를 좀 지나치게 멀리까지 끌고 갈 때도 있다.

진화심리학과 그것의 가까운 사촌인 모방학memetics*의 예를 살펴보자. 많은 진화심리학자들이 자기네 이론의 적용범위를 논할 때 조심성과 책임감을 보이지만, 그렇게까지 신중하지는 못한 동료들도 일부 있다. 열성이 과한 진화심리학자들은 의식, 성적 태도, 종교적 믿음, 도덕적 감각을 비롯해서 인간 본성을 이루는 모든 것을, 이 형질 각각을 가졌을 때 진화적 이점을 가지게 된다는 식으로 설명하려 든다. 우리 조상이 살았던 환경의 어느 시점에 우리가 인간 본성과 연루시켜서 보는 형질들이 발생했고, 이 형질들을 가진 사람들(또는 원시형-사람들proto-people)로 하여금 그러지 못한 사람들보다 더 성공적으로 번식할 수 있도록 했다는 것이다. 따라서 진화심리학자들은 인간 본성을 이루는 모든 측면들이 인간에게 존재하는 까닭은 그것들이 우리의 진화적 과거에서 중요한 기능을 했고, 종의 선택적 적응도selective fitness에 이바

---

* 'meme'이란 리처드 도킨스가 '모방된 것'을 뜻하는 그리스어 'mimema'를 가지고 'gene(유전자)'과 짝이 되도록 만든 말로서, '모방을 통해 복제되는 단위'를 뜻한다. 우리말로 옮길 때에는 그냥 '밈'이라고도 하지만, 애초의 의도를 감안한다면, gene:meme= 유전자:모방자, genetics:memetics=유전학:모방학으로 옮기는 쪽이 더 나을 것 같아서, 여기서는 '밈' 대신 '모방자'로, '밈학' 대신 '모방학'으로 옮겨보았다.

지했기 때문이라고 본다. 단것 좋아하기처럼 사소하게 보이는 것조차도 충분한 이유가 있어서 진화했을 것이다. 왜냐하면 당분이 든 식량이 비교적 드문 시절을 살았던 우리 조상들에게 어떤 이점을 주었을 테기 때문이다. 일부 진화심리학자들이 보기에, 자연선택은 인간 본성에 대해 거의 모든 것을 결정짓는 '보편적 알고리즘universal algorithm' 구실을 한다.

모방학은 모방자meme라고 하는 것이 실제로 존재한다고 가정함으로써, 자연선택이 보편적 알고리즘이라는 생각을 훨씬 멀리까지 끌고 나아간다. 모방자란 사람에서 사람으로 전달되는 가설상의 정보 단위로 정의된다. 기타 독주곡, 시 한 편, 종교 교리, 또는 정치적 표어 등 어느 것이나 모방자가 될 수 있다. 유전자가 자연선택을 당하는 것과 비슷한 방식으로 모방자들도 생존해서 번식하기도 하고 사라지기도 한다. 모방학자들이 보기에, 왜 어떤 관념들은 다른 관념들보다 널리 퍼져서 더욱 성공적으로 자리를 잡는지 그 까닭을 이 이론이 설명해준다. 예를 들어 종교적 관념은 숙주 생물의 몸속에서 바이러스가 번식하는 방식으로 번식한다고들 한다. 말하자면 평소에는 건강하고 이성적인 사람을 감염시켜서 신 존재니 사후세계니 하는 듣기 좋은 부조리들로 머릿속을 채운다는 것이다. 실제로 진화심리학과 모방학이 일부 회의주의자들의 마음을 크게 끄는 것 가운데 하나가 바로 두 이론 모두 극단적으로 단순한 유물론적 측면을 가졌다는 것이고, 종교적 주장들을 쳐내는 데에 쓸모가 있다는 것이다.

오컴의 면도날을 오용하는 이들은 모두 단순성이라는 게 다른 중요한 평가 인자들과 무관하게 따로 쓸 수 있는 기준이 아니라는 점을 이해하지 못하고 있다. 오컴의 면도날 원리는 더 단순한 게 언제나 더 좋다는 말을 하는 것이 아니다. 이 원리는, 만일 다른 모든 인자들이 동일할 경우에, 더 단순한 이론이 더 낫다고 말할 따름이다. 따라서 단순성은 여러 인자 가운데 하나로 여겨야만 한다. 특정 이론의 가치를 평가할 때 쓰는 다른 인자들에는 다음과 같은 것들이 있다.

시험 가능성testability 가설이라면 그 가설을 도입해 설명하려고 하는 현상 말고도 다른 것을 마땅히 예측해내야 하며, 이 예측들은 검증과 반증 가능성에 열려 있어야 하는 게 이상적이다. 힘이란 물체의 질량 곱하기 가속도라고 말해주는 물리 법칙을 하나 예로 들어보자. 우리는 특정 물체에 힘을 가한 다음 그 물체의 가속도를 측정하는 방법으로 이 이론을 시험해볼 수 있다. 만일 그 가속도가 예상했던 값을 가진다면, 이 물리 법칙이 시험 가능성 기준을 통과했음을 보인 것이다.

결실성fruitfulness 가설이라면 현재 알려지지 않은 현상에 대해 그 가설이 없이는 할 수 없을 새로운 예측을 마땅히 해내야 하는 게 이상적이다. 아인슈타인의 상대성이론은, 별빛이 태양 같은 커다란 천체 가까이를 통과할 때에는 별이 실제 위치에서 벗어난 지점에서 보여야 한다고 예측했다. 물리학자 아서 에딩턴이 1919년에 일식이 일어나는 동안 이 굴절을 측정했고, 상대성이론이 예측했던 정도와 일치함을 발견했다. 아인슈타인은 자기 이론을 이용해서 그전까지는 그 존재를 누구도 알지 못했던 현상을 성공적으로 예측해냈고, 그것으로 상대성이 결실성 있는 이론임을 입증한 것이었다.

적용범위scope 이상적인 가설이라면 마땅히 널리 다양한 현상들을 설명해내거나 예측해내야 하며, 우리가 세계에 대해 알고 있는 바를 경쟁하는 이론들보다 더 훌륭하게 체계화해야 한다. 찰스 다윈의 자연선택이론은 새로운 종들이 다른 종들로부터 발생해 나오는 방식을 설명해내는 데에서 그치지 않고, 해부학, 생리학, 발생학, 미생물병리학을 비롯하여 생명과학을 이루는 모든 영역들에 대해서 새로운 통찰을 계시해 주기도 한다. 그 이론 덕분에 우리는 생물학을 더욱 깊이 이해하게 되었는데, 그 이론을 쓰지 않았다면 전혀 그만한 이해에 이를 수 없었을 것이다. 위대한 생물학자 테오도시우스 도브잔스키Theodosius Dobzhansky가 언젠가 말했다시피, "생물학에서는 진화에 비추어보지 않으면 아무것도 이해되지 않는다." 그러므로 그 이론의 적용범위가 더 넓다는 이유로도 다른 이론들보다 그 이론을 선호한다고 우리는 말한다.

보수성conservatism 가설이라면 잘 정립된 지식, 곧 배경지식과 충돌하지 않아야 마땅하다. 충돌이 일어나는 듯 보이면, 가설은 그 불일치를 설명해야 하고, 그 가설이 탐구하는 현상에 대해 기존에 가지고 있던 모든 지식을 새롭고 더 나은 모형으로 통합해내야 한다. 상대성이론은 뉴턴역학적인 모형만을 써서 이르렀던 몇 가지 예측들과 모순되게 보일 수도 있지만, 상대성이론이 실제로는 뉴턴물리학을 통합하며, 상대성이론을 쓰지 않으면 해낼 수 없는 예측들을 추가로 더 해냄을 아인슈타인은 보여주었다. 상대성이론은 뉴턴역학을 반증하지 않는다. 상대성이론은 뉴턴역학이 기여했던 정보를 보존한 동시에 추가적인 설명력과 예측력을 뉴턴역학에 더해주었다.

이 기준들을 어떻게 적용해야 하고 어느 기준이 더 중요한지 말해줄 엄정한 규칙 같은 것은 없다. 그러나 좋은 이론이라면 으레 이 기준들을 하나 이상 만족시키기 마련이다. 반면에 부적당한 이론들은 하나같이 이 기준들의 대부분을 만족시키는 데 실패한다. 예를 들어 게티즈버그에서 찍은 내 사진에 찍힌 흐릿한 빛얼룩이 귀신이라고 주장하는 명제를 살펴보자. 우리는 이 이론이 시험 불가능한 이론이 확실하다고 말할 수 있다. 귀신의 존재를 확증할 길이 전혀 없기 때문이다. 이 귀신 가설은 결실성도 없다. 우리 사진에 나타난 이례적인 현상 하나만을 설명하기 위해 고안한 임시방편ad-hoc 가설에 불과하기 때문이다. 그 이론은 우리가 가진 이해나 지식에 아무것도 보태주지 않는다. 따라서 그 이론이 미치는 범위는 아주 형편없다. 또한 그 이론에는 보수성도 없다. 배경지식의 많은 부분과 모순되기 때문이다. 이 배경지식이 무엇보다도 먼저 우리에게 말해주는 바는, 가설상 육체를 가지지 않는 귀신 같은 존재는 사진에 찍힐 수가 없다는 것이다. 빛을 사진기 렌즈 쪽으로 반사시키기 위해서는 반드시 물질이 있어야만 할 테기 때문이다. 마지막으로 귀신 관념은 단순성과는 동떨어져 있다. 귀신이 가졌다고들 하는 성질과 힘들을 초과학주의자들조차도 일관되게 서술할 수 없는 것처럼 보이기 때문이다.

이제 이것에 대안이 되는 가설을 살펴보자. 이 가설에 따르면 사진에 찍힌 영상은 사진기의 기술적인 문제 때문에 일어난 수차收差*에 지나지 않는다. 이 이론은 시험 가능하다. 사진기를 이렇게 저렇게 다양하게 설정해서 귀신 사진에 나타난 것과 비슷

---

* 수차(aberration)란 피사체에서 반사된 빛이 모여 상을 맺을 때, 빛이 제대로 한 점에 모이지 못하고 퍼지거나 일그러지는 현상을 말한다.

한 영상을 재현해내는 실험을 해볼 수 있기 때문이다. 이 이론은 결실성도 있다. 이 이론 덕분에 우리는 이런저런 종류의 구체적인 '귀신 영상spectral images' —심지어 귀신사냥꾼들조차 아직 본 적이 없는 것까지도— 을 얻으려면 사진기를 어떻게 설정해야 할지 예측할 수 있기 때문이다. 이 이론은 적용범위도 괜찮고, 보수성도 지녔다. 이 이론을 쓰면 널리 다양한 '수수께끼 같은' 사진 영상들을 세계에 대해서 우리가 알고 있는 기존 지식과 조금도 모순되지 않게 설명해낼 수 있기 때문이다. 그리고 물론 더 단순한 이론이기도 하다. 복잡한 가정이나 의심스러운 가정을 할 필요가 없기 때문이다. 각각의 분야에서 최고로 꼽히는 과학자들로 구성된 엘리트 기관인 국립과학아카데미에 속한 과학자들을 상대로 벌인 설문조사 결과들이 국립과학아카데미 구성원 가운데 거의 아무도 귀신을 믿지 않음을 일관되게 보여주는 것은 놀랄 일이 아니다. 좋은 과학의 기준들에 친숙해지면 임시방편식 설명들을 경멸하게 된다.

하지만 그렇다고 너무 자만하지는 말자. 과학자와 회의주의자들마저도 단순성을 지나치게 강조하면서 이론을 평가하려 드는 모습들을 우리는 보아왔는데, 앞서 살펴보았던 야심이 과한 진화심리학자와 모방학자들이 바로 그런 경우다. 회의주의자라고들 하는 이 두 집단은 시험 가능성, 결실성, 적용범위, 보수성이라는 기준들에 조금 더 신경을 써야 좋을 것이다. 이 사람들은 자연선택을 극단적으로 강조하려다 보니, 진화적 변화의 상당 부분이 전혀 적응적이 아니며 유전자 부동genetic drift* 과 우연 같은 다

---

* 간단히 풀어보면, 부모가 가진 유전 형질들이 자손들에서 무작위로 나타나는 것을 말한다. 그 자손 하나하나의 생존과 번식을 결정하는 데에는 우연이 끼어든다.

수의 인자들이 작용해서 나온 결과라는 사실을 무시하고 만다. 두 쪽의 이론 모두 보수성이 없다. 잘 정립된 지식과 모순되기 때문이다. 또한 결실성도 없다. 경쟁하는 이론들보다 현상들을 더 잘 예측하거나 더 잘 설명하지도 못하기 때문이다. 예를 들어 모방학은 주류 사회과학에서 제시한, 관념들의 복잡한 문화적 전달 모형을 왜곡하기도 하고 어떤 때는 완전히 모순되기까지 한다. 과학자들이 절약의 원리를 다른 기준들과 결부시켜 신중하게 사용하기를 게을리하면, 그들은 좋은 과학과 나쁜 과학을 분별하는 데 있어서 사이비과학자들보다 크게 나을 것도 없을 것이다.

그러므로 우리는 절약의 원리란 이론을 평가할 때 쓰는 여러 기준 가운데 하나이며, 어느 기준도 다른 기준들보다 뚜렷한 우위를 가지지 않는다고 본다. 그러나 이론이 가진 장점을 판정할 때 왜 단순성이 그 한 가지 기준이 되어야 하는지는 아직 결정짓지 못했다. 과학 이론에 한정해서 볼 때, 왜 단순성이 미덕인 걸까?

오컴의 면도날 정당화하기

좋은 과학 이론이라면 으레 절약성을 가지는 이유가 무엇인지 결정짓기 전에, 먼저 우리가 이론을 선택할 때 무엇을 최종 목표로 삼을지 결정해야 한다. 곧, 우리가 이루기를 바라는 것이 무엇인가? 그 무언가를 이루어낼 최선의 방법들을 정당화할 수 있기 전에, 우리가 원하는 것이 무엇인지 먼저 알아야 함은 분명하다. 곧바로 마음에 떠오르는 대답은, 참인 이론이 무엇인지 결정하기를 우리가 바란다는 것이다. 따지고 보면, 참인 것을 추구하는 것이야말로 바로 과학함의 전부인 듯도 싶다. 하지만 적어도 지극히 엄밀한 의미에서 볼 때, 참인 이론이 꼭 최선의 선택이 아닐 수도 있는 경우들이 있다.

　과학철학자인 엘리엇 소버Elliott Sober가 쓴 중요한 한 논문에 나온 예를 하나 각색해서 살펴보자. 신제품 비료가 옥수수 성장에 미치는 효과를 측정하는 일에 관심이 생겼다고 해보자. 그래서 우리는 신제품 비료를 써서 키운 개체군과 기존제품 비료를 써서 키운 개체군, 이렇게 대규모 개체군 두 곳에서 옥수수 키를 측정한다. 그런 다음 각 개체군의 평균 키를 비교한다. 신제품 비료를 써서 키운 개체군의 평균 키를 u(f)라고 하고, 그러지 않은 개체군의 평균 키를 u(o)라고 하면, 우리가 고려할 가설은 두 가지다.

　(1) 귀무가설: u(f)=u(o)
　(2) 차이가설: u(f)≠u(o)

　귀무가설null hypothesis은 두 개체군의 평균 키에 차이가 없음을 말한다. 개체군마다 옥수수가 수천 그루씩 있기 때문에 두 개체군의 평균 키에 무슨 차이라도 있을 수밖에 없음을 우리는 알고 있다. 그러나 정당하게도 과학자들은 두 평균 사이의 차이가 통계적으로 유의미하지 않다면 귀무가설을 거부하지 않는다. 무슨 말이냐면, 엄밀하게 보면 거짓임을 알고 있는 가설이라 해도 과학자들은 잠정적으로 받아들인다는 말이다.

　과학자들이 왜 그렇게 하는 걸까? 이런 상황에서 과학자들이 귀무가설을 거부하려 들지 않는 까닭은 과학의 중요한 목표 가운데 하나가 예측의 정확성이기 때문이다. 우리가 앞에서 보았다시피, 과학 이론이 우리에게 쓸모가 있으려면 마땅히 시험 가능하고 결실성 있는 예측을 해내야 한다. 이론의 예측력을 최대로 높이기 위해, 과학자들은 낮은 수준의 참도 기꺼이 참고 받아들인다. 우리가 지금 살피고 있는 두 옥수수 개체군의 예를 비롯해서, 더 엄격하게 정의된 참을 만족시키는 가설들보다 귀무가설이 새로운 데이터를 더 잘 예측해내는 경우는 많이 있다.

물론 예측력을 추구한다고 해서 참을 추구하기를 포기한다는 뜻이 아님을 강조해둘 가치가 있다. 더 정확히 예측하는 이론이라면 어느 정도 참일 수밖에 없다. 과학철학자 어니스트 네이글 Ernest Nagel이 지적했다시피, 적극적으로 예측의 정확성을 추구하는 이론과 실재론이라고 불릴 자격을 갖추고자 하는 이론—참을 추구하는 게 목적인 이론—사이에는 별 차이가 없거나 아무 차이도 없다. 만일 참인 이론들이 가장 정확하게 예측한다면, 예측 능력을 최대로 높이면 어느 정도 참됨에 이르게 될 것이다. 최선의 이론은 아마 우리의 경험적 관찰과 완전히 일치하지는 않을 것이다. 말하자면 우리가 관찰한 것과 이론이 예측한 값 사이에 완벽한 '적합도goodness-of-fit*'는 없을 것이라는 말이다. 적합도가 완벽한 모형이란 경험적 관찰들을 단순히 재현한 것에 불과할 수 있으며, 따라서 새로운 데이터 집합을 예측하는 데 실패할 수 있다.

예를 하나 더 들어보자. 독립변수 x와 종속변수 y 사이의 관계를 결정짓고 싶다고 해보자. 우리는 x와 y에 대해 일련의 측정을 수행하고, 그 결과를 좌표에 그래프로 나타낸다. 그래프로 나타내본 결과, **그림1**에서처럼, 점 무리들이 대략 직선을 따라가는 모

---

* 통계모형으로 예측한 결과와 실제 관찰한 결과의 일치 및 불일치 정도를 나타내는 개념이다.

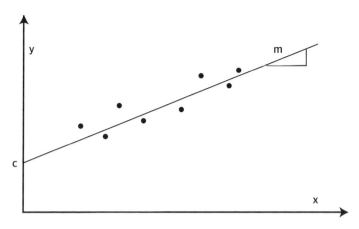

그림1 일련의 데이터점들을 통과하는 '최적'의 선. y절편은 c이고 기울기는 m이다.

습을 보인다고 해보자. 이 데이터를 가장 정확하게 나타낸 모형은 이 점들을 모두 잇는 복잡한 함수가 될 것이다. 그러나 대부분의 과학자들은 그림에서 보는 바처럼 기울기가 m이고 y절편이 c인 직선으로 점들을 모형화해도 정당하다고 말할 것이다.

이렇게 하는 까닭은 적어도 두 가지가 있다. 첫째, 최선의 상황이라 할지라도 매개변수의 예측된 값과 측정된 값 사이에는 약간의 편차가 발생할 것이기 때문이다. 만일 x와 y의 실제 관계를 직선으로 나타낸다면, 점들을 삐쭉빼쭉 복잡하게 이은 곡선은 설사 우리가 수집한 경험적 데이터와 정확히 일치한다 할지라도 틀린 모형이 될 것이다! 둘째, 앞서 보았다시피, 모형을 선택할 때에는 새로운 데이터를 예측할 수 있는 능력도 기준으로 삼아야 하기 때문이다. 데이터 선택 과정은 둘로 나뉜다. 곧, 경험적 데이터를 평가해서 가장 가능성이 높은 모형을 선택한 다음, 이 모형을 놓고 그 예측능력에 기초해서 시험을 더 해보는 것이다. 단순한 모형일수록 복잡한 모형보다 훨씬 수월하게 더 나은 예측을 할 수 있도록 해줄 것이다.

그래서 우리는 보통 참이라고 생각하는 바에 근접하는 이론을 원하지만, 유용하고 시험 가능한 예측을 할 수 있도록 해주는 이론도 원한다. 그리고 이론의 단순성이 이론의 예측 능력과 어느 정도 관련이 있음도 밝혀졌다. 이론의 단순성, 곧 이론에 담긴 변수 또는 조정 가능한 매개변수의 개수에 입각해서 측정한 단순성은 해당 이론이 내놓는 예측의 정확성과 적용범위에 영향을 준다. 이를테면 위의 가설 (1)은 가설 (2)보다 단순한 이론이다. 왜냐하면 두 옥수수 개체군의 평균 키가 똑같음을 보여주는 모형은 하나밖에 없지만, 평균 키가 다름을 보여주는 모형은 많을 수 있기 때문이다. 그러나 우리 경우에서 보면, 더 단순한 귀무가설이 더 복잡한 가설 (2)보다 새로운 데이터를 더 잘 예측해낸다. 조사하고 있는 데이터 집합들의 범위에서 보면, 더 단순한 가설이 더 뛰어나다. 왜냐하면 그 가설은 '참됨'이 통계적으로 무의미한 정도로만 손실되는 대신 예측력은 크게 증가하기 때문이다.

그림2는 단순성과 예측의 관계를 입증해 주고 있다. 우리가 가진 경험적 데이터에 거의 동일하게 잘 들어맞는 두 모형이 있다고 해보자. 단순한 가설은 H_1로 표시했고, 복잡한 가설은 H_2로 표시했다. 단순한 가설 H_1은 예측 범위가 좁다. 그러나 C_1 구역에 있는 데이터는 복잡한 가설 H_2보다 더 정확하게 예측한다. 그래서 데이터 집합이 C_1로 표시한 범위 안에 들 경우에는 H_1을 선호하지만, 데이터가 그 범위 밖에 들면 H_2를 선호할 것이다.

이 예들은 모형을 선택하는 과정이 여러 가지 평가 기준들을 고려하고 조정해야 하는 복잡한 과정임을 보여준다. 어떤 기준에 비중을 두고 적용해야 하는지는 부분적으로 우리가 가진 최종 목표에 따라 달라진다. 이를테면, 적합도를 최대한 높이길 원

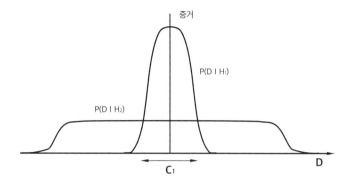

그림2 베이즈 정리가 오컴의 면도날을 구현하는 까닭. 이 그림은 왜 복잡한 모형이 불리한지 기본적인 직관을 준다. 수평축은 가능한 데이터 집합 D의 공간을 나타낸다. 베이즈 규칙은 발생한 데이터를 얼마만큼 예측했느냐에 비례해서 모형에 보상을 준다. 이 예측들은 D에 대한 정규확률분포로 양화된다. 이 논문에서는 주어진 모형 H_i가 해당 데이터에 대해 예측한 확률, 곧 $P(D|H_i)$를 H_i를 뒷받침하는 증거라고 부른다. 단순한 모형 H_1은 $P(D|H_1)$이 보여주듯이 제한된 범위의 예측만 해낸다. 이것보다 효능이 있는 모형 H_2, 이를테면 H_1보다 자유매개변수를 많이 가지는 H_2는 더욱 다양한 데이터 집합들을 예측해낼 수 있다. 하지만 이는 C_1 구역에 있는 데이터 집합들을 H_2가 H_1만큼 힘 있게 예측하지는 못함을 뜻한다. 두 모형에 동일한 사전 확률(prior probability)이 할당되었다고 가정해보자. 그러면 데이터 집합이 C_1 구역에 해당될 경우, 효능이 떨어지는 모형 H_1이 더 개연성이 큰 모형이 될 것이다.

하는가, 아니면 예측의 정확성이나 적용범위를 최대한 높이길 원하는가, 어느 쪽을 목표로 삼느냐에 따라, 우리가 이론을 선택할 때 단순성이라는 기준에 얼마만큼 상대적 중요성을 부여할지 결정될 것이다. 다행히도 서로 다른 기준들을 놓고 거래를 할 때 무엇을 얻고 무엇을 잃을지 양화할 수 있도록 도와주는 수학적 모형들이 있다. **그림2**는 베이즈 이론Bayesian theory이라고 하는 통계이론을 이용해서 유도해낸 모형으로서, 일정한 데이터 범위에서는 단순한 모형일수록 더 예리하게 예측해냄을 보여준다. 앞에서 이미 보았다시피, 이 모형을 쓰면 예측력과 단순성과 적용범위의 관계를 결정할 수 있다. 아카이케 방법Akaike method이라고 하는 수학적 도구를 써도 우리는 모형이 가진 기대 예측 정확도에 단순성과 적합도가 어느 정도나 기여하는지 양화할 수 있다. 우리에게는 이론을 선택할 때 고려할 선택권들이 있지만, 그 선택권들은 임의적이지 않다. 베이즈 방법과 아카이케 방법 같은 수학적 모형을 쓰면, 주어진 이론의 가치를 결정할 때에 단순성을 비롯해 여러 인자들의 상대적 역할을 신뢰할 만한 수준으로 추정할 수 있다.

이 모형들은 오컴의 면도날이 증명되지 않은 철학적 가정들에 의존하느냐 아니냐는 물음에 마침내 답을 할 수 있도록 해준다. 그 답은 단연코 '아니오'이다. 단순성은 임의적으로 이론을 평가하는 잣대가 아니다. 말하자면 회의주의자와 과학자들이 변덕스럽게 들이대는 잣대가 아니다. 우리가 오컴의 면도날을 이론에 적용하는 까닭은 그것이 효과가 있다는 경험적 증거가 있기 때문이며, 그 원리가 어떻게 효력을 발휘하고 왜 효과가 있는지 보여주는 수학적 모형들도 있다. 단순성과 이론의 가치 사이에 관련성이 있음은 명확하며 입증 가능하다. 그리고 단순성은 다른 평가 기준들과 긴밀하게 상호작용한다. 나아가 오컴의 면도날을 비판하는 일부 사람들의 주장과 다르게, 우리가 단순성을 기준으로 사용한다고 해서 세계 자체가 단순하다는 믿음을 함축하지는 않는다. 오히려 지금까지 우리가 알아낸 바에 따르면, 우리를 둘러싼 세계, 곧 경이로울 만큼 복잡한 세계를 설명할 때 좋은 이론일수록 으레 필요 이상으로 복잡하지 않다. 온갖 예측 불가능성이 내재해 있는 혼돈이론chaos theory조차도 비교적 단순한 수학 방정식들로 표현해낼 수 있다.

물론 이는 오컴의 면도날을 적용할 때 크게 신중해야 함을 뜻한다. 우리는 적합성 여부와 상관없이 단순한 이론에만 매달리는 경솔한 환원주의자가 되어서는 안 된다. 그대신 우리는 베이즈 정리와 아카이케 네트워크 같은 수학적 모형들을 이용해서 우리가 쓸 모형을 만들고, 그 모형의 효용성에 단순성 기준이 얼마만큼 기여하는지 결정지어야 한다. 그렇게 하면 과학 이론들의 강점과 약점을 측정할 준비를 제대로 갖춘 셈이 되고, 우리 지식의 신뢰성을 다치지 않게 하면서도 오컴의 면도날을 사용할 수 있을 것이다.

오컴의 면도날을 안전하게 사용하기

나는 오컴의 면도날이 실패했던 소설 속의 예를 하나 드는 것으로 이 글을 열었다. 오컴의 면도날을 사용할 때, 우리가 타당한 생각을 물리치게 되지는 않을 것이라고, 또는 의심스러운 이론을 포용하게 되지는 않을 것이라고 확신할 방도가 있을까?

짧게 대답해보면, 우리는 그걸 확신할 수 없다. 하지만 우리는 이론에서 단순성이 어떤 이해득실을 가지는지 결정해줄 수학적 모형들을 사용하고, 이론을 선택할 때엔 우리가 최종 목표로 삼은 것이 무엇인지 늘 염두에 둠으로써 오컴의 면도날을 더욱 신중하게 사용할 수는 있다. 또한 이론의 틀을 더 좋게 짜고 평가할 수 있도록 더 질 좋은 데이터를 확보하는 일에 최선을 다해야 할 것이다.

과학이란 언제나 잠정적이라는 것도 잊어서는 안 된다. 현재는 우리가 가진 선택 기준들을 모두 만족시키는 이론이라 할지라도, 미래에 적용할 때에는 불충분한 이론이 될 수도 있다. 그렇다고 해도 과학은 지식을 신중하게 교정하고 획득하면서, 그리고 경험적으로 타당성이 입증된 방법들을 써서 앞으로 나아간다. 이 지식 획득 과정을 개선해 주는 한 가지 중요한 방법이 바로 오컴의 면도날이다. 오컴의 면도날을 안전하게 사용한다 하더라도 오류를 모두 없애지는 못할 것이다. 그러나 다른 덜 미더운 이론 평가 방법들에 비해 우리가 저지를 오류를 적어도 최소한으로 줄여주기는 할 것이다. 번역 류운

과학의 '잠정성'에 대하여

데이비드 자이글러

과학이 진보하는 동력은 우리가 발견해야 할 저 너머 어딘가에 있는 진리, 일단 발견되면 영속적인 인간의 지식 일부분을 형성할 진리다.

— 스티븐 와인버그 Steven Weinberg

우리가 획득한 모든 과학 지식은 본질적으로 잠정적 지식이다.

— 이언 태터솔 Ian Tattersall

우리가 고릴라, 캥거루, 불가사리, 세균과 사촌이라는 점은 사실이다. 태양의 열기가 사실이듯 진화 역시 사실이다. 진화는 이론이 아니며, 이제 진화를 가설이라고 깎아내리면서 철학적으로 미성숙한 사람들을 혼란스럽게 하는 일을 멈춰야 한다. 진화는 사실이다.

— 리처드 도킨스 Richard Dawkins

과학은 최종적인 진리나 '사실'이 아니다. 과학이란 단지 가설이 굳건한 지지 기반을 갖출 때까지 가설을 반증하려고 끊임없이 시험하는 노력일 뿐이다.

— 도널드 프로세로 Donald P. Prothero

열성적인 철학자들이 우리의 무능함을 인정하라고 윽박질러도 우리가 객관적 진리를 얻을 수 없다고 가정해서는 안 된다.

— 에드워드 윌슨 Edward O. Wilson

나는 과학에 대한 매우 다른 두 관점을 표명하는 저명한 과학자들의 말을 얼마든 더 인용할 수 있다. 과학자들은 두 편으로 나뉘어 과학이 물리적인 우주에 관련된 사실과 진리를 발견할 수 있다고 주장하거나, 우주에 관해 영원한 사실이나 진리를 결코 발견할 수 없다고 말한다. 버트런드 러셀Bertrand Russell은 종교는 영원하고 절대적인 진리를 주장하는 반면, "과학은 항상 잠정적이다"라고 썼다. 하지만 같은 책 뒷부분에서 러셀은 "과학을 제외하면 진리에 이르는 방법은 있을 수 없다"라고 쓰기도 했다. 이런 언명들은 과학자들이 가장 기초적인 문제에 대해서도 합의에 이르지 못했다는 인상을 주며 일반 대중을 큰 혼란에 빠지게 만들 가능성이 있다.

이런 대립하는 의견들은 과학계에 확고한 이원론이 자리 잡고 있음을 암시한다. 나는 과학의 특정 주제와 발견에 이견이 존재한다는 사실을 학생과 대중이 알았으면 한다. 하지만 나는 과학자들이 과학에서 가장 기초적인 질문, 즉 '과학이 우주에 관한 사실들을 발견할 수 있을 것인가'라는 문제에도 합의를 이루지 못했다는 인상을 대중에게 주고 싶지는 않다. 이런 상황은 과학계와 사회의 명확하고 효율적인 의사소통을 방해한다.

'사실'이란 개념을 어떻게 정의할 것인가

여기서 일고 있는 논란은 '사실fact'이라는 용어의 정의에 달려 있는 것으로 보인다. '사실'이라는 용어는 아마도 일상적 의미로 가장 잘 정의될 것이다. 하나의 용어를 일반인과 과학자가 서로 다르게 사용하는 일은 바람직하지 않다. 용어의 불일치는 과학에 대한 점차 증가하고 있는 대중의 욕구 그리고 과학자와 의사소통을 희망하는 사회 구성원들의 요구에 반하는 일이다. '이론theory' 이라는 개념을 둘러싸고 일어난 과학적 의미와 일상적 의미의 혼동은 상당히 큰 문제를 일으킨다. 그 대표적인 예로 진화론에 대한 오해를 들 수 있다. '사실'이라는 용어에 대해서도 비슷한 문제가 발생하지 않도록 해야 한다. 특히 그 용어가 이론적 용어보다 일상적 용어로 더 많이 쓰이는 경우라면 말이다. 《옥스퍼드 영어사전》에 따르면 사실이란 "실제로 일어난 일 또는 실제 사례; 직접적인 관찰이나 확실한 증거에 의해 입증된 진리; 실재; 논의되고 있는 주제와 관련된 진리"다. 《웹스터사전Webster's Dictionary》은 사실을 "실제 존재하는 것; 경험에 현시되거나 확실하게 추론 가능한 것; 검증된 진술이나 명제; 어떤 객관적 진리를 포함하고 있다고 알려진 주장이나 정보"로 정의한다.

예를 들어 나는 '사실'의 정의를 찾기 위해 들고 있던 사전이 존재한다는 것을 사실로 받아들인다. 그리고 나는 대부분의 사람이 사용하는 일반적 의미에서 사실이 존재한다는 것도 인정한다. 과학자는 대중이나 학생에게 과학에 대해 이야기할 때 대중의 용어를 사용해야 한다. 이때 과학자는 특별한 의미를 가지는 이론, 사실, 잠정성과 같은 과학의 핵심 용어들에 오해가 없도록 해야 한다. 철학의 한 분야인 과학철학은 과학에 적합한 용어라며 매우 복잡하고 특화된 의미를 가지는 용어를 만드는 경향이 있다. 정작 대부분의 현장 과학자들은 이런 용어들을 모른 채 실험실의 하루를 보내고 있지만 말이다. 과학철학자에게는 이런 용어들 사이의 구분이 매우 중요한 일이겠지만, 나는 대부분의 과학자가 대중이 사용하고 있고 사전이 정의하고 있는 '사실'에 대한 단순한 이해를 공유하고 있다고 생각한다.

과학은 진보한다

저명한 진화생물학자인 에른스트 마이어Ernst Mayr는 이렇게 말했다. "모든 현장 과학자와 과학에 관심이 있는 대부분의 사람은 자연에 대한 우리의 이해가 꾸준히 진보하고 있다는 점을 확신한다. 과학자들은 그 '참된' 이야기를 계속해서 채워가고 있다." 그리고 진화론자인 랜디 손힐Randy Thornhill은 이렇게 말했다. "인간이 확실하게 아는 지식 목록은 매우 길지만 지금도 길어지고 있다. 인슐린이 랑게르한스섬에서 만들어지는지, 세균과 바이러스가 질병을 일으킬 수 있는지, 세포가 고등생물의 기초단위인지, 자연선택이 끊임없이 일어나는지, 유전자가 염색체 안에 들어 있는지에 대해 확실하지 않다고 말하는 태도는 과학적으로 터무니없다."

앞서 인용한 스티븐 와인버그의 인용문과 함께 이런 주장들은 과학의 본성이 지식의 축적에 있다고 말한다. 또한 이들은 과학적 지식이 축적될수록 우리가 우주의 작동 방식에 대해 더 많이 알게 되었다는 분명한 사실을 언급한다. 물론 여기에는 우리의 지식 기반을 계속해서 수정하는 일도 포함된다. 과학은 스스로를 교정할 수 있는 본성을 가지는 거의 유일한 학문이다. 오늘날의 의사들은 한 세기 전의 의사들보다 건강과 질병에 대한 더 많은 사실을 알고 있으며, 고대와 비교할 경우는 더 말할 것도 없다. 지식의 축적이라는 과학의 본성은 과학철학자들이 종종 무시하곤 하는 기술과학descriptive science* 분야에서 특히 더 명확하게 나타난다. 1781년 윌리엄 허셜William Hershel이 천왕성을 발견하자 이는 곧 사실로 받아들여졌고, 그 이후 천왕성의 존재를 입증하는 다양한 관찰들이 뒤따랐다.

관념론idealism이나 상대주의relativism 혹은 그와 유사한 관점을 강력히 지지하는 사람들이 존재하지만, 대부분의 사람은 우주가 인간의 감각이나 지각 혹은 의견과 독립적으로 존재한다고 주장하는 대부분의 과학자와 동일한 입장을 취한다. 이는 간단히 말해 우주가 실재하며 그 존재가 우리의 감각에 의존하지 않는다는 뜻이다.

우주가 실재한다는 생각은 자연스럽게 이 실재하는 우주와 관련된 사건들이 존재한다는 생각으로 이어진다. 이 사건들을 사실이라고 할 수 있는 인식 가능한 기준이 있는지 물으면 많은 사람이 확고하게 '그렇다'고 답할 것이다. 이들은 사실이 존재하며, 인식 가능한 것으로 본다. 예를 들어 "대부분의 나비는 날 수 있다"라는 명제는 과학자나 지식인이라면 누구도 부정할 수 없는 명확한 사실이다.

---

* 현상을 관찰, 기록, 기술, 분류하는 과학의 한 범주.

'사실'은 그리 어려운 개념이 아니다

학생들에게 과학적 사고를 설명하면서 나는 가끔 교실 앞에 있는 커다란 교탁을 예로 든다. 나는 교탁을 볼 수 있고, 만질 수 있으며, 교탁이 손보다 더 단단하다는 것을 알기 때문에 교탁이 존재한다는 사실을 안다고 설명한다. 나와 학생들은 교탁을 보고 느낄 수 있기 때문에 우리는 경험적으로 혹은 객관적으로 교탁이 존재하며, 방금 이야기한 교탁의 특성들이 정확하다는 것을 안다. 이런 사실들은 특별히 흥미롭지 않으며 어떤 가설의 지지를 받는 것은 아니지만, 대부분의 과학적 데이터들을 얻는 방법과 유사하게 경험을 통해 알려진다.

따라서 많은 사람이 사실이 존재하기는 하지만 과학적 방법을 통해서 개인의 의견과 취향 너머에 있는 사실을 포착하고 그에 대해 합의할 수 있다는 주장이 설득력 있다는 데 동의할 것이다. 다음의 명제들을 살펴보자. 이 명제들은 사실이 아닐까?

- DNA는 생물의 구조를 암호화한 유전정보를 담고 있는 분자다.
- 생물은 지구의 역사와 더불어 진화했다.
- 우리 태양계는 우리가 은하계라고 부르는 은하에 있고, 사람이 관찰할 수 있는 우주에는 은하가 수없이 많다.
- 생태계의 먹이 피라미드에서 표범은 주로 상위 포식자에 속한다.
- 강철은 구리보다 단단하다.

이처럼 대부분의 과학자나 지식인이 사실로 인정하고 있는 특정한 명제들을 수없이 들 수 있다. 각각의 명제는 독립적인 과학적 사실이지만, 다른 과학 분야의 지식을 이루는 일부이기도 하다. 과연 이런 명제들에 잠정적이라는 타이틀을 붙이는 것이 유용할까? 지구는 태양 주위를 공전한다. 이 사실을 몰랐던 적도 있지만 지금은 잘 알려진 사실이다. 합리적인 사람이라면 내일 당장 새로운 정보가 나타나서 지구와 태양의 관계를 뒤엎으리라고 생각하지 않을 것이다.

물론 과학의 많은 명제를 완벽하게 확신할 수 있는 것은 아니다. 삼엽충의 멸종을 예로 들어보자. 어떤 누구도 살아 있는 삼엽충을 채집했다거나 관찰했다는 보고는 없지만, 해저는 아직 미지의 세계다. 거의 매시간 이 광대한 어둠의 생태계가 탐사되고 있으며 새로운 종들이 발견된다. 지금까지는 살아 있는 삼엽충이 발견되지 않았지만, 인도양의 심해에서 내일 당장 삼엽충이 발견될지도 모른다(6500만 년 전에 멸종했다고 믿었던 실러캔스coelacanth가 지난 세기에 발견된 예가 있다). 삼엽충은 약 2억 5000년 전에 멸종했다는 것이 정설이므로 삼엽충의 발견이 있을 법한 일은 아니지만 원리적으로 불가능한 것은 아니다. 따라서 삼엽충이 멸종했다는 명제는 잠정적이다. 과학에는 이런 '거의' 확실한 발견이 수없이 많다. 그런데 삼엽충의 멸종에 대해 말하면서 그 진술이 잠정적 본성을 가진다는 말을 덧붙여 얻을 수 있는 것이 무엇일까? 나는 삼엽충의 멸종을 잠정적으로 여겨야 한다고 기술한 과학서를 본 적이 없다. 만약 이를 명시해야 한다면, 과학책이나 논문에서 언급되고 있는 모든 과학적 명제에 잠정적이라는 딱지를 붙여야 할 것이다. 그 결과 독자들은 과학자들이 일반적으로 동의하는 명제에 대해 신뢰를 잃게 될 것이다.

과학의 잠정적 본성

신뢰가 사라지면 우리는 물음을 던질 수밖에 없다. 새는 수각류 공룡에서 진화했을까? 많은 생물학자가 이 문제는 끝이 났다고 확신할 만큼 지난 20년 동안 결론을 지지하는 증거들이 충분히 모였다. 이 결론은 삼엽충이 멸종했다는 명제만큼 확실하지는 않지만, 거의 그럴 것으로 여겨진다. 새의 기원에 대한 과거 관점이 가진 문제점을 부각하기 위해 대안적 주장들이 가끔 언급되고 있을 뿐, 오늘날 이 주제와 관련해 잠정적인 부분은 거의 존재하지 않는다.

생물학에는 모든 정보가 갖춰지지 않았다는 단순한 이유로 잠정적이라는 꼬리표를 붙여야 할 핵심 명제가 많다. 동물학 교과서는 대개 모든 포유류의 심장이 네 개의 심실로 이루어져 있으며 적혈구에는 핵이 없다고 서술한다. 하지만 아직 모든 종의 포유류가 발견되지 않았다. 아직 발견되지 않은 포유류 역시 네 개의 심실로 이루어진 심장을 가지며 적혈구에 핵이 없을 것이라고 주장할 수도 있겠지만, 이런 특징에서 크게 벗어난 포유류를 찾을 최소한의 가능성을 고려해야 한다. 물론 나는 "지금까지 발견된 모든 포유류의 심장은 네 개의 심실로 이루어져 있고 적혈구에는 핵이 없다"라고 서술한 동물학 교과서를 보지 못했다. 이런 언급은 포유류의 일반적인 특징에 반하는 증거를 제시하지 않는한 불필요해 보인다. 새로운 정보의 발견이나 이미 존재하던 정보의 더 좋은 해석으로 기존의 결론이 크게 바뀌거나 뒤집힐 가능성이 실로 존재하기는 하지만, 과학계에서 확고한 것으로 받아들이는 많은 과학적 결론이 존재한다.

마지막으로 지금도 과학 공동체에 의해 검증되고 있는 수많은 명제와 가설이 있다. 생물학에서는 자연선택이 작용하는 선택의 궁극적 단위(개체군, 개체, 유전자)에 대한 논의가 활발히 진행 중이다. 이 복잡한 문제에 대해 고찰하는 과학자가 어떤 생물을 대상으로 검증하는가에 따라 답은 다양해질 수 있다. 성은 왜 진화했는지, 그리고 왜 수많은 후손에서도 그대로 성이 유지되는지에 대해서도 여전히 많은 가설이 경쟁하고 있다. 수면이 진화한 이유가 무엇인지, 그리고 수면의 본래 기능과 현재의 기능이 무엇인지에 대해서도 여전히 합의가 이루어지지 않았다. 현재 가장 활발하게 논의되고 있는 문제는 인간의 유전체 중 실제로 기능하는 유전자의 비율이 얼마나 되는가이다. 현재 많은 연구팀과 실험실에서 이 중요한 문제를 탐구하고 있으며, 과학자들 사이에서도 주장이 엇갈린다. 이 흥미로운 문제에 관해 모두가 납득하는 답을 얻을 때까지 더 많은 연구가 이루어질 것이다.

인간 진화에 대한 연구는 인간과 가장 가까운 조상들이 발견되면서 많은 진보가 이뤄졌지만, 호모 사피엔스*Homo sapiens*가 호모 하이델베르겐시스*Homo beidelbergensis*에서 직접 진화했는지에 대해서는 아직 완전한 합의에 이르지 못했다. 현재 인간의 진화에 대한 설명들은 현대인의 직접 조상으로 호모 하이델베르겐시스가 가장 가능성이 높다고 본다(이전에는 현대인의 직접 조상이 호모 에렉투스*Homo erectus*라고 생각했다). 화석 기록의 불완전성과 연구에 어느 정도 주관성이 개입된다는 사실 때문에 인간과 호모 하이델베르겐시스의 관계가 '강철이 구리보다 단단하다'는 명제만큼 확립된 사실일 수는 없을 것이다.

생물학에는 아직 답이 제시되지 않은 열린 질문이 수없이 많다. 대표적인 예로 진핵세포의 진화를 들 수 있다. 현재 진핵세포의 진화에 대해서 많은 사실이 밝혀졌지만, 아직 해명되지 않은 중요한 문제들이 남아 있으며, 이 복잡한 문제의 일부분은 계속해서 잠정적인 것으로 남게 될 것이다.

현대 과학의 대부분은 정상상태에 있다

과학에서 처음 제안된 답들은 대게 잠정적으로 제시되며, 특히 복잡한 현상과 관련 있는 문제에 대한 답이라면 더욱 그렇다. 처음 알프레트 베게너가 대륙이동설을 주장했을 때, 알려진 메커니즘이나 이를 뒷받침할 증거가 없어서 비웃음을 당했다. 하지만 현재 대륙이동설(판구조론)은 의심의 여지없는 사실로 입증되었다. 물론 아직 더 작은 규모로 일어나는 세부과정에 대해서는 질문이 계속되고 있고 연구 중에 있다.

나를 비롯한 과학자들은 철학, 예술, 패션, 경제, 정치와 같은 인간 중심적 지식보다 과학적 지식이 더 객관적이고, 더 오래 살아남는다는 점에서 과학에 매료된다. 과학에서는 중요한 패러다임의 전환이 몇 번 있었지만, 시간이 지나면서 점차 줄어들었고 그 범위도 축소되었다. 우주와 물질의 근본적 본성에 대해 다루는 물리학에서의 패러다임 전환은 화학, 지질학, 생물학보다 큰 영향력을 갖지만, 실행되고 있는 연구의 대부분은 '정상상태'에 관한 것으로 인정받고 있는 주요 개념과 이론들의 세부사항을 채워 넣는 일이다.

수십 년 전만 해도 동물계Animal Kingdom가 단계통monophyletic인지 다계통polyphyletic인지는 열린 문제였다. 해면동물sponges은 너무도 특이했기에 원생생물과는 다른 기원을 가지는 것 아니냐는 의문이 제기되었다. 이런 의문은 현대 유전학 연구를 통해 확실하게 해결되었다. 유전학 연구 결과 동물계는 단계통으로, 해면동물은 동물분기군에 속하는 것으로 드러났다. 현재 남아 있는 문제는 이보다는 소소한 문제로 해면동물이 동물계통도에서 어디에 자리 잡아야 하는지에 관한 논쟁이다. 최근 발견한 증거에 따르면 빗해파리comb jellies나 판형동물Placozoan이 더 오래된 조상문phylum일지도 모른다. 더 세부적인 문제에 대한 확실한 답은 여전히 잠정적이다. 이는 현대 과학 대부분에서 나타나는 전반적인 패턴으로, 핵심 패러다임이 큰 틀에서 자리 잡고 있지만, 그보다 작은 많은 질문과 세부사항이 아직 해명되지 않은 상황이다.

지구에서 생명체가 진화했다는 명제는 입증된 사실이지만, 지구에서 일어난 진화의 정확한 경로나 시기, 메커니즘을 모두 아우르는 완벽한 이론을 결코 제시하지는 못할 것이다. 하지만 이것이 우리의 진화에 대한 지식 대부분이 사실이 아니라는 의미는 아니다. 이는 단지 자연선택에 의해 생물이 진화했다는 진화론의 패러다임이 남겨놓은 세부사항들이 모두 해명되지 않았고, 이 세부사항들 중 앞으로도 계속해서 해명하지 못할 부분이 존재한다는 것이다.

과학이 잠정적이라는 말의 진정한 의미

과학이 합리적 의심을 넘어선 확실한 사실과 조금은 잠정적일 수 있는 수많은 결론을 발견했음은 확실하다. 항상 그랬듯 과학은 참일 수 있는 수많은 잠정적 가설을 계속해서 검증한다. 실로 먼 미래에도 이 가설들은 잠정적인 가설이나 불완전한 가설로 남을 수도 있다. 하지만 과학이 지금 당장 모든 것을 설명할 수 없다는 말이 우주의 진리를 설명하는 데 실패했다는 뜻은 아니다.

일반적인 사전은 '잠정적인provisional'이라는 단어의 뜻을 대개 '일시적인temporary'이라고 풀이한다. 나는 과학계가 일시적이라고 여기지 않는 과학적 사실이 수없이 많다고 생각한다. 우리는 수분受粉을 곤충에 의존하는 식물이 존재한다는 사실, 화산 작용으로 하와이섬이 만들어졌다는 사실, 티라노사우루스가 백악기에 살았던 수각류 공룡이라는 사실을 안다. 또한 굴은 여과섭식 동물이며, 딱정벌레 종의 수가 포유류보다 많다는 점도 알고 있다. 이 모든 명제는 어떤 합리적인 기준을 들이대도 사실이다. 과학이 잠정적이라는 말의 진정한 뜻은 과학이 항상 새로운 증거에 문을 활짝 열고 있다는 것이다.

요약하자면 과학은 열린 마음으로 잠정적이거나 사실적 지식에 대한 새로운 증거와 정보를 끊임없이 추구한다. 그러나 과학이 '잠정적' 본성을 가진다고 해서, 과학자들이 과학이 밝혀낸 세계의 많은 사실을 신뢰하지 않음을 의미하지는 않는다. 일부 과학자들은 과학적 진리에 대한 강조가 과학이 새로운 증거에 열려 있지 않다는 오해를 불러일으킬까 두려워한다. 하지만 지구가 태양을 공전한다는 사실과 관련해 과학자들과 지식인들은 의심할 단계가 지났다고 확신한다. 이를 논박하는 객관적인 증거가 있다고 주장하는 사람이 있다면, 우리는 최소한 이 증거를 잘 검토해야 할 것이다. 하지만 과학자들은 종종 닫힌 마음으로 창조론 공동체를 무시한다. 그 이유는 창조론자들이 진화론을 지지하는 수많은 증거를 무시하고 이해하려고 하지 않기 때문이다. 극단적인 젊은 지구창조론자들은 많은 증거에 의해 뒷받침되는 진화를 열린 마음으로 검증하려 들지 않는다. 이런 태도는 지구가 대체로 둥글고, DNA가 생명의 유전물질이며, 얼음이 액체인 물보다 밀도가 낮다는 점을 확신하는 합리적인 사고와 다르다. 모든 경험적 증거가 우리에게 이 명제들이 참이라고 분명히 말하고 있다. 과학자들이 이런 결론을 전적으로 확신하는 이유는 많은 경험적 증거가 이들을 지지하기 때문이라고 말하는 편이 철학적 용어를 덜어낸 좋은 표현일지 모르겠다.

어떤 설명도 없이 단순하게 모든 과학적 지식이 잠정적이라고 반복적으로 말하는 일은 모든 지식이 '구성물'에 불과하며, 과학이 철학이나 종교와 다를 것 없다는 포스트모던 해체주의 철학자들만 즐겁게 한다는 점에서 위험하다. 확실히 대부분의 과학자와 과학교육자가 이런 관점에 반대하고 있다.

모든 과학적 지식이 잠정적이라는 말은 과학을 정확하게 표현할 수 없다. 사람들이 과학을 신뢰하고 합리적인 관점을 수용하게 하려면 과학의 모든 것이 잠정적이라는 표현은 주의해서 사용해야 한다. 과학의 모든 것이 잠정적이라는 명제는 오직 사실이 존재하지 않는다고 믿을 때, 혹은 진리를 발견하는 일이 불가능하다고 믿을 때, 아니면 데카르트를 따라 "나는 생각한다, 고로 존재한다"라는 명제를 믿을 때만 참이 될 수 있다. 번역 김보은

고전적 심리학 연구가 남긴 것들

캐럴 태브리스

2011년은 스탠리 밀그램Stanley Milgram의 '권위에 대한 복종 실험'이 50주년을 맞이한 해였다. 이를 기념하기 위해 학회가 개최되고 다수의 회고 논문이 발표되는 한편, 신랄한 비판 서적도 출간되었다. 나 또한 나를 비롯한 심리학 교수나 교과서 집필자가 지닌 영원한 딜레마에 대해 다시 한번 고민해 보게 되었다. 그 딜레마란 다름 아니라, '고전적 심리학 연구를 가르치는 시간과 (아직 재연 실험이 진행되지 않은 연구를 비롯해) 최신 연구를 소개하는 시간을 어떻게 배분해야 하며, 그것들을 학생들에게 어떻게 가르쳐야 하는지'의 문제다.

어느 시대에나 어떤 연구가 일단 교과서나 강의에서 소개되고 나면, 그 이후엔 좀처럼 삭제되지 않고 교과과정에 뿌리를 내린다. 시간이 흐를수록 그 연구를 삭제하는 것은 더 어려워져서, 이제 얼마나 간결하게 다듬어야 할지조차 판단하기 어려워진다. 그러다 보면 우리는 어느 순간부터 최초의 연구를 비판적으로 평가하거나 자세히 검토하려는 노력을 멈추게 된다. 어느새 이 이론들은 웅장한 역사적 유물처럼 교과서에 굳건히 자리 잡게 되는 것이다.

하지만 우리는 두 가지 이유에서 고전 연구를 재검토해 볼 필요가 있다. 첫 번째 이유는 우리 심리학자들 스스로를 위해서다. 우리의 기억을 되살리고 이들 연구가 어떤 공헌을 했는지 다시 생각해 보자는 것이다. 두 번째 이유는 학생들을 위해서다. 수십 년 전이나 지금이나 학생들은 인간 본성에 대한 해석이 윤리적 직관에 반할 때 강한 거부감을 갖는 경향이 있다. 하지만 고전 연구를 가르치면서 우리는 그 연구결과가 학생들 자신에게도 적용된다는 사실을 훨씬 수월하게 납득시킬 수 있다. 비록 그 연구에 얼마간의 오류나 한계가 있다 해도 말이다.

살인 방관자 집단이 된 이웃: 키티 제노비스 사건

사회 현상과 학문 연구는 서로 영향을 주고받는다. 사회 현상이 연구를 촉진시키기도 하는 한편 연구결과가 사회문화에 폭넓은 영향을 미치기도 한다. 심리학 교수들은 여전히 1964년의 키티 제노비스Kitty Genovese 살해 사건을 소개하면서, 이 사건이 어떻게 오랜 세월 동안 방관자의 무관심, 몰개성화, 책임감 분산, 개입 등 다양한 심리학적 연구의 주제를 제공할 수 있었는지 설명한다.

최근 출간된 두 권의 책과 2007년《아메리칸 사이콜로지스트 American Psychologist》에 실린 비판적인 재평가 덕분에 우리는 당

《뉴욕 타임스》1964년 3월 27일자 기사 일부. 처음에는 목격자가 37명인 것으로 보도되었으나 추후 38명으로 정정되었다.

시의 보도 내용 대부분이 사실과 다름을 알게 됐다. 제노비스의 죽음을 도시인의 소외에 관한 이야기로 각색한 장본인은 《뉴욕 타임스》기자 마틴 갱스버그Martin Gangsberg였다. 1964년에 그는 '38명의 목격자 중 아무도 도움의 손길을 내밀지 않았다'는 헤드라인으로 기사를 썼고, 이 기사는 오늘날의 바이럴 마케팅*에 상응하는 속도로 걷잡을 수 없이 퍼져 나갔다. 사실 당시의 이웃 주민들은 제노비스의 비명은 들었어도 창문을 통해 살인범이나 제노비스의 모습은 볼 수 없었기에 그저 흔히 있는 주정꾼의 집

---

* 입소문 등을 통해 소비자들이 자발적으로 상품에 대한 메시지를 전달하게 하는 마케팅 방법.

안싸움이라고 생각했다. 나중에 밝혀졌듯이 당시에 무슨 일이 일어나고 있는지 알면서도 선뜻 나서지 않았던 이웃은 단 세 명뿐이었다. 역시 적은 수는 아니지만 비겁한 목격자가 세 명이라고 기사에서 정확히 밝혔더라면 이 사건이 그토록 큰 충격을 주지는 않았을 것이다.

그렇다면 교수들은 오해에 불과했다거나 충분히 검증되지 않았다는 이유로 키티 제노비스 사건을 교과서에서 삭제해야 할까? 꼭 그럴 필요는 없다. 비록 대중에게 알려진 바와는 다른 점이 많지만 그 본질만은 진실이었다. 곤란에 처한 사람을 도울 수 있는데도 냉정하게 외면해 버리는 행인들은 어느 시대든 있기 때문이다. 유튜브에서 그런 사례에 대한 비디오클립을 얼마든지 볼 수 있다. 제노비스 사건은 요즘 학생들에게 또 다른 사회심리학적 의제를 제시할 수 있다. 제노비스 사건의 경과 과정을 돌이켜볼 때, 최근에 일어난 선정적인 사건을 평가함에 있어서 주의해야 할 점은 무엇인가? 불안을 야기하는 사회구조적 상황은 어떻게 도시 괴담을 양산하는가? 당시의 미국은 정치적 암살, 인종 폭동, 베트남 전쟁, 범죄율 증가로 고통받고 있었고 키티 제노비스는 그해 뉴욕에서 살해된 피해자 636명 중 한 명이었다. 사람들은 겁에 질렸고 기사는 큰 반향을 일으켰다.

제거된 아이들의 과거: 마시멜로 실험

키티 제노비스 사건에서 볼 수 있듯이, 단순하지만 사람들의 감정을 자극하는 이야기는 훌륭한 연구로 이어질 수 있다. 물론 훌륭한 연구로부터 단순하지만 흥미진진한 이야기가 나올 수도 있다. 네 살배기 아이들의 만족 지연 능력을 실험한 월터 미셸Walter Mischel의 마시멜로 연구를 생각해 보자. 이 연구가 특히 대중의 흥미를 끌었던 대목은 유혹을 이겨낸 아이들이 참을성 없는 아이들에 비해 수년 후 대학입학 시험SAT 점수가 약 210점이나 높았다는 점이다.

마시멜로 연구는 키티 제노비스 사건만큼 대중의 관심을 받았지만 그 결론은 더 밝고 긍정적이어서 요즘 시대의 감성에 더 잘 맞다. 마시멜로 이야기는 재미있다. 우리는 모두 이 아이들의 모습을 상상하면서 만약 나라면 지금이냐 나중이냐의 선택을 앞두고 어떻게 행동할지 생각해 볼 수 있다. 그리고 이 연구는 '눈앞의 욕망을 참으면 천국은 당신의 것이다'라는 지극히 미국적이면서 금욕적인 교훈을 전달한다. 나는 《뉴욕 타임스》에서 이 연구가 우리의 문화에 그리도 큰 영향을 준 원인을 분석한 매슈 본Matthew Bourne의 글을 읽기 전에는 이 연구를 비판적으로 생각해 본 적이 없다. 이번에도 실제 연구결과에서 세부적인 내용을 제거해 버린 것이 문제였다. 미셸의 최초 연구는 653명의 유아를 대상으로 실시되었다. 이 아이들은 모두 교수나 대학원생의 자녀들로 스탠퍼드대학교 부설 빙 너서리스쿨Bing Nursery school을 다니고 있었다. 미셸이 처음부터 장기적인 결과를 기대하면서 실험을 설계한 것은 아니었다. 후속 연구에 대한 아이디어를 얻은 것은 그 후로 한참 세월이 흐른 뒤에 미셸이 빙 너서리스쿨을 다녔던 자신의 자녀들에게 이 실험에 참가한 아이들이 어떤 대학 생활을 하고 있는지 물어봤을 때였다. 미셸은 653명 중 185명의 행방을 추적하여 그중 94명의 SAT 점수를 알아냈다.

결국 최초 연구와 후속 연구 모두 표본의 대표성에 문제가 있는 셈이다. 이 문제는 연구결과에 어떤 영향을 주었을까?《인지

Cognition》의 2012년 기사에서 셀레스트 키드Celeste Kidd와 홀리 팔머리Holly Palmery, 리처드 애슬린Richard N. Aslin은 아이들의 성장 환경에 비추어 볼 때 두 번째 마시멜로를 가지고 돌아오겠다는 연구자의 약속에 의심을 품을 만한 사정이 있는 아이들은 마시멜로를 먹을 확률이 컸다고 밝혔다. 불안정한 환경에서 양육되는 아이들은 "이미 뱃속에 들어간 마시멜로 외에는 확실한 게 없는" 반면, 안정된 환경에서 자란 아이들은 두 번째 보상이 정말로 눈앞에 나타날 거라는 확신을 갖고 몇 분을 더 참을 수 있었다는 것이다.

안정된 가정환경만이 만족 지연에 영향을 주는 유일한 요소는 아니다. 형제자매 효과에 대해서도 생각해 보자. 형제가 둘이 있는 내 친구는 "나처럼 삼형제 출신 아이에게 마시멜로 실험을 해보라지. 바로 먹어치워 버릴걸? 눈에 보이는 대로 손에 쥐지 않으면 자기 몫이 절대 남아나지 않았다고"라고 말했다.

미셸의 연구에 대한 세간의 평가에 이의를 제기하는 까닭은 그의 뛰어난 연구성과를 깎아내리려는 의도가 아니다. 학생들에게 상세한 연구결과와 더불어 이 연구에서 미흡했던 부분까지 알려줘 학생들의 더 많은 관심을 이끌기 위해서다. 미셸의 연구 및 이 연구에 대한 대중의 반응은 과학에서 각각의 연구결과들이 어떻게 새로운 질문으로 이어지는지, 대립 가설을 세울 때 비판적 사고가 얼마나 중요한지, 왜 지나친 단순화를 경계해야 하는지 등을 잘 보여준다. 유혹에 저항하는 능력은 분명 우리의 인격을 구성하는 수많은 요인 중 하나지만, 불안정한 가정에서 태어나 열악한 환경 속에서 건강하지 못한 삶을 사는 사람에게는 만족을 지연하는 것이 항상 최고의 전략이 될 수는 없을 것이다. 어쩌면 그것은 고정된 성격 특질이 아닐지도 모르며, 이전의 경험으로부터 큰 영향을 받는 행동일지도 모른다.

라이벌은 협동하지 않는다: 로버스 케이브 연구

　사회심리학 분야의 기념비적 연구 중에는 오늘날에는 절대 재연할 수 없는 연구도 있다. 무자퍼 셰리프Muzafer Sherif와 캐럴린 셰리프Carolyn Sherif의 '로버스 케이브Robbers cave 연구', 스탠리 밀그램의 '복종 실험', 해리 할로우Harry Harlow의 '철사엄마와 헝겊엄마 연구' 등이 대표적이다.

　1949년부터 1954년 사이에 셰리프 연구팀은 오클라호마의 보이스카우트 캠프에서 집단 간 적개심과 편견의 출현 및 감소에 관한 가설을 검증하기 위한 실험을 진행했다. 캠프장은 셰리프의 통제 아래 배치되었고 소년들은 무작위로 독수리팀과 방울뱀팀으로 나누어졌다. 셰리프에 따르면 대부분의 결론은 "관찰 자료를 바탕으로" 도출되었으며 "사회관계 선택 측정법sociometric choice*과 고정관념 평가실험stereotype rating 을 통해" 입증되었다. 그는 "소년들에게 몇 가지 상위 목표를 부여한 다음 관찰해 보니, 상위 목표 없이 접촉할 때에 비해 외집단을 향한 욕설과 비난이 크게 줄었다"라고 말했다. (그나저나 원래 연구를 다시 읽다 보니 의외의 사실을 발견하는 기쁨도 있었다. 당시의 욕설은 꽤나 고풍스러웠다! 1948년의 남자 아이들은 '저런 멍청이들stinker'라는 말로 서로를 헐뜯었고 상대편을 '건방진 놈smart-aleck'이라 불렀다.) 셰리프는 상세한 수치와 비율, 카이스퀘어chi-square 검정** 결과를 제시했다. 그러나 현장

---

* 사회행동 및 인간관계, 집단구조를 측정하는 방법으로 제이콥 모레노(Jacob Moreno)에 의해 개발되었다. 이 테스트에서는 특정 상호작용에 대해 개인이 다른 구성원을 선택 또는 거부하는지를 측정한 후 그 결과를 도표화한다.
** 주로 교차분석에서 두 변인 간에 통계적으로 유의미한 관계가 있는지 판단하기 위해 사용하는 공식으로 독립성 검증이라고도 한다.

방울뱀팀의 깃발. '독수리팀의 최후'라고 적혀 있다. 무자퍼 셰리프의 책《우리와 그들, 갈등과 협력에 관하여(Intergroup Conflict and Cooperation: The Robbers Cave Experiment)》에서 인용.

연구의 본질적인 한계 탓에 실험적으로 통제할 수 없는 변수들이 많았다. 오늘날의 기준으로는 절대 '과학'의 요건을 충족하지 못할 연구였다. 그 이후에 독수리팀과 방울뱀팀의 사이는 정말로 원만해졌는가? 상대 집단에 호의적인 소년의 수는 늘었지만, 각 집단에 속한 소년 대부분은 여전히 상대편에 대해 적대감을 버리지 않았다.

그러나 로버스 케이브 연구는 여전히 큰 의미를 지닌다. 이 연구는 당시의 심리학자들이(대부분의 일반인은 오늘날까지도) 모르고 있던 사실을 밝혔다. 즉, 경쟁관계에 있는 적대적인 두 집단을 같은 공간에 밀어 넣고 함께 영화를 보게 한다고 적대감이 줄어들지는 않는다는 것이다. 경쟁적인 상황 자체가 외집단에 대한 적의와 편견을 부추기기 때문이다. 그러나 공동의 목표를 함께 추구하면서 협력하면 경쟁심과 적의는 조금이나마 줄어들 수 있다. 로버스 케이브 연구의 이러한 결론은 연구 당시는 물론 현재에도 유효하다.

키티 제노비스 사건이 방관자 효과 연구의 기폭제가 되었듯이, 로버스 케이브 실험은 상위 목표의 중요성을 확인하는 수많은 실험과 현장연구의 시초가 되었다. 엘리엇 에런슨Elliot Aronson*은 얼마 전 인종 격리 정책이 철폐되었음에도 불구하고 아프리카계와 멕시코계, 앵글로계 아이들 사이의 불화가 여전히 심각한 텍사스주 오스틴의 학교를 찾았다. 그는 셰리프의 철학을 바탕으로 조각 맞추기 교실(협력을 통해서 과제를 완성할 수 있도록 설계한 수업 활동)을 고안했다. 에런슨은 실험적 개입과 통제집단을 이용해 셰리프보다 더 과학적인 연구를 수행했다. 집단 간의 반감을 인위적으로 만들어낸 독수리와 방울뱀 연구를 바로 지금 학교에 실제로 존재하는 인종 간 분쟁에 적용함으로써 로버스 케이브 연구를 훌륭하게 마무리한 셈이다.

누구든 아이히만이 될 수 있다: 복종 실험

  스탠리 밀그램의 실험이 주는 교훈을 가르치는 것은 셰리프의 실험보다 훨씬 까다롭다. 여기서도 그 시대의 문화적 배경이 매우 중요하다. 1961년 재판에서 유대인 대학살의 책임을 추궁받은 아돌프 아이히만Adolf Eichmann**이 '단지 명령을 따랐을 뿐'이라고 주장하는 모습을 보고, 밀그램은 다른 인간을 해치라는 명령을 직접 받았을 때 얼마나 많은 미국인이 권위자에게 복종하는지 알아보는 연구를 구상했다. 밀그램은 대학생은 물론 공장 노

---

* 캘리포니아대학교 산타크루즈 캠퍼스 심리학과에 재직 중인 사회심리학자. 설득, 사회적 매력, 편견 감소, 인지부조화 등에 관한 독창적인 연구로 사회심리학의 발전에 기여했다.
** 독일의 나치스 친위대 대령으로, 히틀러의 명령에 따라 유대인 수백만 명을 학살한 혐의로 1961년에 재판을 받고 이듬해 교수형을 당한다.

동자, 시정부 공무원, 인부, 이발사, 비즈니스맨, 사무직원, 건설 노동자, 판매원, 전화교환원 등 다양한 피험자를 모집했다. 밀그램은 피험자들에게 체벌이 학습에 미치는 효과를 알아보는 실험에 참가하고 있다고 설명하고 '교사' 역할을 맡겼다. 피험자들이 '학생'(실제로는 밀그램과 공모한 연기자)에게 단어를 한 쌍씩 읽어 준 다음 첫 번째 단어를 제시하면 학생들은 두 번째 단어를 대야 했다. 학생이 틀린 답을 말할 때마다 피실험자는 15볼트에서 450 볼트 사이의 전기를 15볼트 단위로 높일 수 있는 장치를 이용해 전기 충격을 주어야 했다. 장치에는 전력의 강도가 약한 충격, 중간 충격, 강한 충격, 더 강한 충격, 극심한 충격, 더 극심한 충격, 위험:엄청난 충격, XXX로 표시되어 있었다.

이러한 실험 방식 자체에 거부감을 갖는 사람도 있었고 실험이 주는 메시지를 혐오한 사람도 있었지만, 밀그램의 연구는 결코 사람들의 관심 밖으로 멀어지지 않았고 연구와 관련한 논쟁도 계속되었다.《전기 충격기의 비밀Behind the Shock Machine》을 쓴 호주 기자 지나 페리Gina Perry는 이 연구에 참가한 사람들을 최대한 많이 추적하여 인터뷰를 실시했고 밀그램을 비판하는 사람과 옹호하는 사람들의 의견도 들었다. 페리는 밀그램의 방대한 미출간 논문도 샅샅이 조사했다. 그녀의 목표는 인간의 본성에 대한 밀그램의 암울한 견해에 맞서 이 실험의 결함과 비윤리성을 고발하는 것이었다.

조사 결과 페리는 쓸 만한 소득을 얻을 수 있었다. 우선 그녀는 밀그램의 실험에서 연구 규약에 위배되는 사항을 발견했다. 실험자 역할을 맡은 사람은 시간이 흐를수록 당초 각본과 달리, 망설이는 피험자들에게 정해진 것보다 높은 충격을 주도록 다그쳤다. 경악스럽게도 밀그램은 당시의 연구자들조차 심각하게 비윤리

167

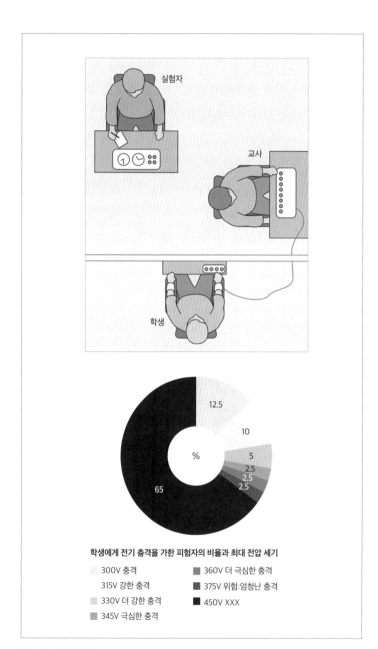

실험자

교사

학생

12.5

10

%

5

2.5
2.5
2.5

65

학생에게 전기 충격을 가한 피험자의 비율과 최대 전압 세기

300V 충격   360V 더 극심한 충격

315V 강한 충격   375V 위험·엄청난 충격

330V 더 강한 충격   450V XXX

345V 극심한 충격

밀그램 복종 실험의 결과

적이라고 보았을 만한 행동도 했다. 그는 실험이 끝난 후에도 피험자들에게 실험의 본래 목적을 알리지 않았다. 피험자들은 '학생'을 직접 만나 악수를 나누면서 그가 무사하다는 사실을 확인했지만 모든 단계의 전기 충격이 가짜였다는 말은 듣지 못했다. 밀그램은 소문이 새어나가 장래에 실험에 참가할 사람들의 행동에 영향을 주지나 않을지 우려했던 것이다. 피험자들에게 그간의 사연을 충분히 설명한 우편물이 배달된 것은 실험이 끝난 후 1년 가까이 지나서였다. 하지만 우편물을 전달받지 못해 끝끝내 실험의 전말을 모른 채 살아야 했던 사람도 있다.

페리 등의 비평가들은 이런 결함이야말로 밀그램의 연구가 갖는 위상을 박탈하고 교과서에서 추방할 이유로 충분하다고 보았다. 하지만 내 생각은 다르다. 나는 앞으로도 계속 그의 실험을 중요하게 여겨야 한다고 생각한다. 대학원 시절 밀그램의 실험을 처음 접했을 때 나는 이렇게 생각했었다. '기발한 실험이네. 그런데 이 실험의 가치가 뭘까? 나치 독일만으로 권위에 대한 복종의 증거는 충분하지 않나?' 하지만 그것이 이 연구의 핵심이었다. 1960년대 초 미국인과 미국 심리학자들은 나라마다 국민성이 있다고 굳게 믿고 있었다. 독일 국민이 히틀러에 복종한 이유는 독일인의 정신에 깊이 뿌리박힌 복종심 때문이라 여겼던 것이다. 모든 것이 독일인의 높은 권위주의 때문이므로 미국에서는 절대 일어날 수 없는 일이라고 보았다.

엘리엇 에런슨은 자신의 회고록 《모두 우연만은 아니다Not by Chance Alone》에서 다음 이야기를 들려준다. 하버드 대학원을 마친 이듬해인 1960년에 에런슨은 고든 올포트Gordon Allport* 교수

---

* 미국의 사회심리학자로 집단보다 개인에 초점을 맞춘 개인행동 중심의 인격심리

의 수업에 강연자로 초대받았다. 사회심리학계의 석학인 올포트는 에런슨을 '기만의 대가master mendacity'라고 소개했다. 왜냐하면 당시 에런슨은 인지부조화에 관한 인상적인 실험으로 명성을 얻고 있었기 때문이다. 에런슨은 이 표현에 살짝 기분이 상했는지 그 일이 있은 후 올포트와의 대화 중에, 파급효과가 큰 실험에서 '속임수'를 사용하는 것은 '거짓말이 아니라 연극'이라고 항변했다. 그러자 올포트는 이렇게 대꾸했다. "그렇게 번거로운 실험 절차를 굳이 거칠 필요가 있나요? 그냥 피험자들에게 어떻게 행동할 것인지 물어보면 되지 않을까요?" 고든 올포트가 이런 말을 했다니! 에런슨은 대부분의 사람은 자신의 행동을 정확하게 예측하거나 해명할 수 없다고 설명했지만 올포트를 납득시키지는 못했다. 한두 달 뒤에 에런슨은 예일대학교에서 개최된 학회에 참석했다가 처음으로 밀그램을 만났다. 밀그램이 당시에 구상 중이던 실험의 개요를 소개하자 에런슨은 이렇게 반응했다. "제가 장담하건대 스스로도 놀랄 만큼 강한 충격을 줄 사람들이 꽤 많을 겁니다." 하지만 에런슨조차도 피험자의 3분의 2가 끝 단계까지 가리라고는 생각지 못했을 것이다.

페리의 비판을 접하고 나니 밀그램의 실험이 그리도 유명해진 이유를 확실히 알 수 있었다. "밀그램은 우리의 마음 깊은 곳을 불편하게 만든다." 그의 실험에는 정말로 모든 사람을 불편하게 만드는 구석이 있다. 상황이 우리의 행동을 지배한다는 증거를 보여주기 때문이다. 이는 학생들은 물론 대부분의 사람이 순순히 받아들이기 어려운 메시지다. 사람들은 "나라면 절대 스위

학을 확립했다. 성격 5요인 모형의 기반을 제공하는 등 성격이론 분야에서 많은 업적을 남겼다.

치를 당기지 않았을 거라고!""나 같으면 실험자에게 쓰레기라고 욕했을 거야!"라며 핏대를 세운다. 페리는 개인의 행동에 영향을 주는 것은 본래의 성격과 지나온 세월 동안의 경험이라고 주장한다. 밀그램이라고 이 사실을 부정한 것은 아니다. 그의 연구에서도 분명 많은 피험자가 명령에 저항했다. 밀그램은 이렇게 정리했다. "한 사람의 행동은 모두 내면의 감정이나 생각에서 나온다는 것이 일반적인 인식이다. 그러나 연구자들은 한 인간을 둘러싼 환경도 그 사람의 행동에 **똑같이** 영향을 준다는 사실을 잘 안다." 이 문장에서 우리는 페리를 비롯한 많은 비평가가 간과했던 '똑같이'라는 단어에 주목해야 한다.

실험 참가자 빌 역시 전압을 끝 단계까지 올린 사람 중 한 명이었다. 그는 페리에게 이 실험의 가치와 자신이 실험 참가를 후회하지 않는 이유를 이해시키려 애썼다. 빌은 이 실험에 대해 20년간 잊고 살다가 최근에 한 심리학 교수를 사귀게 됐다. 그 교수는 밀그램 실험과 직접 관계된 사람을 만났다는 사실에 한껏 들떠서, 빌에게 자신의 수업에 와서 강연을 해달라고 부탁했다. 빌은 페리에게 이렇게 말했다. "당신은 아돌프 히틀러가 강의실에 들어간 거나 다름없다고 생각하겠죠. 하지만 저는 절대 그렇게 생각하지 않아요." 빌은 말없이 자신을 비난하고 있는 학생들에게 말했다. "'나라면 절대 그런 짓은 안 했을 거야'라거나 '누구도 내게 그런 일을 시킬 순 없어'라고 말하기는 쉽겠죠. 하지만 그렇게 말하는 사람들도 얼마든지 저처럼 행동할 수 있어요."

물론 이것이 이 실험의 교훈은 아니다. 하지만 빌이 학생들에게서 적대감의 벽을 느꼈다는 것은 그들 역시 페리처럼 그 사실을 인정하지 않았다는 뜻이었다. 그들은 실험에 대한 글을 읽었고 관련된 영상도 보았지만 여전히 자신들도 빌과 똑같이 행동할지 모른다는 사실을 용납하지 못했다.

밀그램의 연구결과를 받아들이게 하는 한 가지 방법은 이 연구가 권위에 저항한 소수의 심리에 대한 연구를 촉진했다는 사실을 알려주는 것이다. 복종 연구가 '인간의 본성에 대한 암울한 견해'를 제시한다는 데 충격을 받거나 실망했을 학생들도 있지만, 이러한 군중 심리 실험들은 용감한 소수가 어떤 조건하에서 폭압에 반대하고, 잘못을 폭로하고, 명령에 저항하는지를 연구하는 계기가 되었다. 다시 말해 밀그램의 실험은 인간의 본성에 대한 더 깊고 풍성한 연구를 촉발시킨 출발점이 되었다.

원숭이의 마음을 실험한 인간: 철사엄마 헝겊엄마 실험

이번에는 1950~60년대에 걸쳐 실시된 해리 할로우의 접촉 위안 실험을 살펴보자. 할로우는 어린 붉은털원숭이rhesus monkey를 어미로부터 떼어내어 섬뜩한 철사 구조물에 젖병을 부착한 '철사엄마'와, 유사한 형태의 구조물을 발포고무와 타월지로 감싼 '헝겊엄마'와 함께 양육했다. 당시만 해도 (엄마들은 아니겠지만 심리학자들 사이에서는) 아기가 엄마에게 애착을 갖는 이유는 오로지 음식물을 제공하기 때문이라는 생각이 지배적이었다. 그러나 할로우의 새끼 원숭이들은 겁에 질리거나 놀랄 때마다 헝겊엄마에게 쪼르르 달려가 꼭 매달리면서 안정을 되찾았다. 철사엄마에게는 젖 생각이 날 때만 찾아갔고 용건이 끝나면 즉시 떨어져 나왔다. 심리학 입문 교과서에는 예외 없이 철사엄마, 헝겊엄마의 이야기와 함께, 우리 안에 들어온 무시무시한 로봇장난감을 보고 헝겊엄마에게 악착같이 매달리는 가엾은 아기 원숭이의 사진이 실려 있다. 밀그램의 실험에서도 그랬듯, 유아가 안정적으로 성장하려면 음식보다 접촉 위안이 더 필요하다는 사실 역시 '누구나 알고 있던' 결론이 아니었을까? 고아원에서 키워진 아기들을 관찰한 르네 스피츠Rene Spitz와 존 볼비John Bowlby의 연구결과만으로도 충분하지 않았을까?

아니, 절대 충분하지 않았다. 데버러 블룸Deborah Blum이《사랑의 발견Love at Goon Park》에서 설명했듯이 당시 미국의 심리학자들은 대부분 행동주의학파* 혹은 정신분석학파**에 속했다. 이두 학파는 대부분의 견해에서 상반된 입장을 취했음에도 불구하고 엄마에 대한 아기의 애착이 젖에서 나온다는 한 가지 믿음만은 공유하고 있었다. 행동주의자들은 아이가 건강하게 발달하려면 긍정적인 강화가 필요하다고 믿었다. 배가 고플 때 식욕이 충족되면 아기는 엄마를 음식물과 연관짓도록 길들여진다. 즉, 엄마는 젖가슴과 동일시된다. 흥미롭게도 프로이트 역시 엄마가 꼭 곁에 있을 필요는 없고 젖가슴만 있으면 족하다고 보았다. 그에 따르면, "사랑은 음식물에 대한 욕구를 충족하기 위해 형성된 애착에서 나온다." 그렇다면 아기를 안아 주는 행동이 과연 필요할까? 행동주의학파의 창시자 존 왓슨John Watson에 따르면 포옹은 아이를 응석받이로 만들 뿐이다.

밀그램의 실험은 모든 세대에게 반복하여 가르칠 필요가 있는 반면, 할로우의 실험에는 더는 놀라울 것이 없다. 너무 성공적인 연구라 가르칠 필요조차 없어졌다고 할 수 있다. 밀그램의 연구

---

* 미국의 심리학자 존 왓슨이 제창한 심리학의 한 갈래로, 인간의 내성보다 외형적으로 나타나는 행동을 관찰하고 해석함으로써 심리현상을 파악하려는 입장이다.
** 지그문트 프로이트에 의해 시작된 심리학의 한 갈래로, 인간의 행동양식을 내적인 욕구의 충돌 및 조화의 표출로 판단한다.

는 끊임없이 논란을 낳았지만 할로우의 연구결과를 걸고넘어질 사람은 없다. 밀그램의 실험에 참가한 피험자들은 원하는 시점에 스스로의 선택에 의해 실험을 거부할 수 있었고 실제로 피험자의 3분의 1이 그렇게 했다. 하지만 어미로부터 강제로 떨어져 감금된 원숭이들은 극심한 고통에 시달릴 수밖에 없었다. 지난 수십 년간 심리학자들은 어떤 영장류에게든 격리는 그야말로 끔찍한 고문이라는 사실을 깨닫게 되었다. 어린 새끼들에게는 더욱 잔인한 일이 아닐 수 없다. 하지만 과거와 달리 지금은 그런 연구방식을 잔인하다고 여기는 사람이 많아졌다는 점만은 충분히 언급할 가치가 있다. 이렇게 실험 윤리가 인간 이외의 영장류에까지 확대된 연유는 무엇일까?

《사이콜로지 투데이Psychology Today》의 신참내기 편집자였던 나는 1973년에 할로우를 인터뷰할 기회를 얻었다. 나는 사진기자 로드 카미츠카Rod Kamitsuka와 함께 그의 연구실에 들어갔다가 가공할 만한 광경을 목격했다. 한방 가득히 원숭이 우리가 들어차 있고 각 우리에는 머리에 전극을 부착한 원숭이가 한 마리씩 웅크리고 있었다. 로드가 그중 한 마리의 사진을 찍자 그 원숭이는 몹시 흥분하고 겁에 질린 채 비좁은 우리를 빠져나오려고 버둥댔다. 로드와 나는 경악했지만 할로우는 오히려 우리의 반응을 재밌어했다. "저는 연구에 원숭이를 이용합니다." 할로우가 말했다. "쥐 실험보다 인간에게 적용하기가 훨씬 쉬우니까요. 저는 인간을 깊이 사랑하거든요." 나는 그에게 새끼를 어미로부터 강제로 떼어놓는 것은 무척 가혹한 행동이며 아무리 훌륭한 연구결과도 그런 방식을 정당화하지 못한다는 비판에 대해 어떻게 생각하는지 물었다. 그는 대답했다. "저는 마음이 따뜻한 사람이지만 원숭이를 사랑하지는 않아요. 원숭이도 인간에게 애착을 갖지 않

잖아요. 사랑을 돌려주지 않는 짐승을 사랑할 수는 없죠." 오늘날
에는 이런 말이 구차한 합리화로 들릴 뿐이다. 동물이 우리를 사
랑하지 않는다고 잔인한 고문이 정당화될 리는 없다.

　하지만 할로우의 연구결과를 다시 살펴보면서 나는 그가 남긴
선구적 업적이 대부분 접촉 위안 연구에 묻혀버렸음을 알게 되었
다. 그는 원숭이가 도구를 사용할 줄 알고, 문제 해결능력이 있으
며, 단지 음식물 등의 보상을 얻기 위해서가 아니라 호기심이나
흥미 때문에 학습과 탐구를 한다는 사실을 밝혔다. 또한 또래와
의 접촉이 모성 결핍에 따른 나쁜 영향마저 극복하게 할 만큼 중
요하다는 사실도 증명했다. 붉은털원숭이를 핵가족 단위로 묶어
주면 수컷은 야생에서와는 달리 헌신적인 아빠 노릇을 한다는 연
구도 남겼다.

　할로우가 '모성애'의 위력과 접촉 위안의 필요성을 최초로 증
명했다고 보기는 어렵다. 볼비와 스피츠가 이미 검증한 결과를
얻으려고 새끼 원숭이를 철사엄마나 헝겊엄마와 함께 가두고 심
한 고통을 주는 실험을 굳이 실시할 필요가 있었을까? 나는 잘
모르겠다. 할로우 역시 밀그램처럼 자신의 연구 사례가 사람들의
이목과 흥미를 끌고 과학적으로 논란의 여지가 없는 실험이 되게
하려는 생각이었을 것이다. 그의 증거는 개별 사례나 관찰에 근
거한 것이 아니라 실증적이고 재연 가능한 데이터에 바탕을 두었
다. 블룸의 책에서도 알 수 있듯이, (모성애의 신체적 표현인) 접촉
과 포옹의 필요성을 철저하게 외면하는 과학적 견해를 반박하려
면 그런 연구 방식이 꼭 필요했다.

　처음 이 글을 써야겠다고 마음먹었을 때, 나는 이제 할로우의
연구결과는 더는 학생들을 감탄하게 할 수도 설득할 수도 없으니
폐기할 때가 되었다는 주장을 펼치려고 잔뜩 벼르고 있었다. 아

마도 그런 판단에는 속수무책으로 고통을 겪던 어린 원숭이에 대한 기억이 반영되었을 것이다. 하지만 할로우가 남긴 업적을 다시 살펴보면서 내 생각도 달라졌다. 우리는 그를 변호하고 그의 연구결과를 논의하는 한편 그것들이 지닌 의미에 우리의 이야기를 덧붙여야 한다. 할로우의 연구는 심리학을 풍부하게 만들었다. 그의 연구는 우리가 어머니를 어떻게 생각하는지 뿐만 아니라 원숭이를 어떻게 생각하는지까지 모두 보여준다. 또한 우리가 품고 있는 의문 속에 스며든 심리학적 관점(할로우의 시대에는 행동주의 또는 정신분석학, 우리 시대에는 유전학과 뇌과학)이 우리의 삶에 어떤 영향을 주는지 보여준다.

학생들에게 '오늘날 우리는 옛날 학자들보다 얼마나 더 현명하고, 친절하고 윤리적이게 되었는가'를 보이려는 것이 아니다. 오히려 다음의 문제들을 고민하게 해야 한다. (1) 이런 고전 연구들이 없었다면 지금의 심리학은 어떤 수준일까? 이 연구들은 인간의 본성에 대해 우리에게 무엇을 가르쳐 주는가? (2) 오늘날의 문화 현상 중 연구자들이 제기하는 의문과 그들이 찾는 해답에 영향을 주는 것은 무엇인가? 우리가 저지르고 있는 실수와 편향은 무엇일까? 모든 실험이 임상시험심사위원회의 승인과 피험자의 사전 동의를 받아야 하는 현재의 연구 윤리에도 우리가 미처 모르는 어떤 결함이 있을까? 이러한 점에서 고전 연구는 살아 있는 역사이며, 이 역사는 앞으로도 계속될 것이다. 번역 김효정

176

진실은 확률의 시소 게임

에드 기브니
자피르 이바노프

너무도 많은 진실

2005년 10월 17일, 코미디언 스티븐 콜베어Stephen Colbert는 자신이 진행하는 토크쇼 〈콜베어 리포트The Colbert Report〉의 첫 회에서 '트루시니스truthiness'라는 단어를 소개했다. "우리는 진실을 이야기하는 것이 아니라 진실처럼 보이는 것, 그러기를 바라는 진실에 대해 이야기하죠." 그 후로 진실처럼 보이는 것, 즉 탈진실이라는 단어는 일상적인 단어가 되어 우리가 탈진실 사회에 살고 있다고 비판한 콜베어의 원래 의도는 거의 잊혔다. 트루시니스는 이제 우리 시대의 진실이 되었다. 트럼프 행정부의 백악관 고문 켈리앤 콘웨이는 '대안적 사실'이라는 모순된 단어로 논란을 일으켰고, 오프라 윈프리는 "당신만의 진실을 말하라"라고 말했다.

마이클 셔머는 자신의 팟캐스트에 출연한 사람들과 객관적인 외적 진실과 주관적인 내적 진실에 대해 이야기를 나누었는데, 주관적인 내적 진실에는 역사적 진실, 정치적 진실, 종교적 진실, 문학적 진실, 신화적 진실, 과학적 진실, 경험적 진실, 서사적 진실, 문화적 진실 등이 있다. 흔히 우리는 탈진실 사회에 살고 있다고 불평하지만, 사실은 진실이 너무 많은 것이 문제다. 오히려 절대적인 진실 같은 것이 있다는 주장을 내려놓을 때 진실을 찾으려는 노력이 제대로 이어질 수 있을지 모른다.

완벽한 진실은 없다

이유가 뭘까? 젊은 지구 창조론자를 예로 들어보자. 그는 《성경》에 오류가 없다고 믿는다. 엿새 만에 우주가 창조되었다는 이야기를 포함하여 《성경》에 담긴 모든 단어가 진실(의심의 여지 없는 영원한 진실)이라고 확신한다. 이런 입장에서 그는 지구와 우주가 훨씬 오래되었다는 결론으로 수렴되는, 다양한 학문이 제시하는 증거를 받아들이지 않는다. 태양과 달, 별, 지구와 그 속의 모든 생명체가 지구 시간으로 6일 동안 형성되었다는 그의 믿음에 배치되므로 생물학, 고생물학, 천문학, 빙하학, 고고학 등의 분야에서 나온 모든 증거를 거부한다. 창세기 첫 장에 태양이나 별이 생기기 전에 물, 빛, 온갖 식물이 언급되었다는 사실을 지적해도, 그는 아무 문제가 없다는 반응이다. 그런 의문에 대해 그는 "하느님께는 모든 것이 가능하다"라고 대답할 뿐이다.

'《성경》은 진리'라는 주장을 추호도 의심하지 않는 이 창조론자는 껄끄러운 의문에 맞닥뜨릴 때 오직 두 가지 결론만 내릴 수 있다. (1) 우리가 《성경》을 잘못 해석하고 있거나, (2) 6일 창조론을 훼손하는 듯한 증거가 잘못 해석되고 있다고. 너무나 의심스러운 답변이지만 자신의 믿음이 진리라고 미리 결정한 사람에게는 이런 선택지밖에 남지 않는다. 무엇보다 우리 자신도 이런 입장이 될 수 있음을 인정해야 한다. 어떤 믿음을 절대적으로 확신하는 순간, 그것에 반대된다고 해석될 수 있는 어떤 증거도 거부하게 된다. 어쨌거나 우리는 창세기의 설명이 거짓이라고 전적으로 확신할 수 없다. 지금 우리가 가진 모든 증거를 고려하면 가능성이 매우, 매우 낮다고 생각할 수 있을 뿐이다. 우리는 다중우주의 여러 차원 가운데 일부에만 접근하는 제한된 감각으로 현실의 극히 일부만을 감지하는 존재임을 명심해야 한다. 이런 상황에서는 지적으로 겸손할 필요가 있다.

이 모두를 좀 더 정확히 분석하는 데는 역사와 철학에서 나온 정의가 유용하다. 특히 관련성이 깊은 분야는 지식이 무엇인지를 연구하는 인식론이다.

보통 인식론은 지식을 정당화된 참된 믿음justified true belief, JTB으로 보는 플라톤의 정의를 출발점으로 삼는다. 이 JTB 공식에 따르면 우리의 개념과 아이디어가 단순한 의견으로 치부되지 않고 진정한 지식이 되기 위해서는 믿음, 참, 정당화라는 세 가지 요소가 모두 필요하다. 진정한 지식을 명확히 선별하기 위한 이 요소들에 대한 정의는 이후 수천 년에 걸쳐 발전되었다. 인식론자에게 믿음이란 '우리가 사실로 받아들이거나 참이라고 생각하는 것'이다. 믿음이 진리가 되려면 지금 당장 옳게 보이는 것만으로는 부족하다. 대부분의 철학자는 어떤 명제가 공간이나 시간에 따라 그 진리값을 바꾸지 않아야 한다는 조건을 추가한다. 우리가 이런 진리를 우연히 발견하는 것도 아니다. 우리의 믿음에는 그것을 정당화할 이유나 증거가 필요하다.

《스켑틱》의 독자라면 아그리파(무한 후퇴의 문제), 데이비드 흄(귀납법의 문제), 르네 데카르트(악마의 문제) 등 절대적인 지식을 얻을 가능성을 조금씩 줄인 인물들을 잘 알 것이다. 그러나 1963년에 철학자 에드먼드 게티어Edmund Gettier는 훗날 '게티어 문제'라 불린 문제에서, 정당화된 참인 믿음이라는 조건을 만족한다고 해도 지식이 아닌 사례가 있다는 점을 증명하여 JTB 지식 이론을 완전히 뒤집었다. 그리고 지난 60년간의 인식론은 우리가 정당화된 참인 믿음을 갖는 그런 행운을 누렸는지 결코 확신할 수 없다는 점을 증명했다.

이런 철학적 연구는 우주의 본질적이고 변함없는 특징, 즉 완벽하게 정당화된 진리를 발견하려는 노력이었다. 이런 목표를 이룰 수 있다면 좋겠지만 이루지 못하더라도 이상할 것은 없다. 모든 생명체가 가장 단순한 기원으로 거슬러 올라갈 수 있다는 사실을 다윈이 증명한 이후로 모든 지식이 진화하고 변화한다는 사실도 점차 분명해졌다. 만약 우리가 실제로 지금껏 시뮬레이션 속에서 살아왔거나 정말로 데카르트의 악마가 우리를 악랄하게 속였다면 우리가 아무런 의심 없이 받아들이던 가정조차 뒤집힐 수 있다. 그렇게 보면 철학자 대니얼 데닛Daniel Dennett이 최근 논문에 〈다윈과 본질주의의 뒤늦은 종말Darwin and the Overdue Demise of Essentialism〉이라는 제목을 붙인 것도 이해할 만하다.

진실을 확률로 보기

그렇다면 우리가 소중히 여기는 진리, 믿음, 지식에 대한 개념이 종말을 맞은 후에는 어떻게 해야 할까? 앞서 소개한 창조론자처럼 여전히 그것을 붙잡고 늘어져야 할까? 아니다. 그렇게 하면 오류와 해소되지 못할 갈등을 낳을 뿐이다. 그 대신에 우리는 마음을 열이 진실을 증거에 맞추어 조정하고 적응해야 한다. 이런 사고방식은 '베이즈 추론'으로 체계화되었다. 베이즈 추론은 제시된 증거에 맞춰 믿음을 수정하는 데 도움이 되는 조건부 확률 공식이다. 베이즈 정리로 알려진 이 공식은 우리가 이미 아는 것과 새 증거를 모두 고려해 어떤 대상이 어떤 확률을 갖는지를 밝히는 데 쓰인다. 그 예로 〈베이즈 추론 초심자 훈련법How to Train Novices in Bayesian Reasoning〉이라는 제목의 논문에서 가져온 질병 진단 방법을 생각해 보자.

연구에 참가한 성인의 10퍼센트는 특정 질병을 갖고 있다. 이 질병을 가진 참가자의 60퍼센트가 검사에서 양성 반응을 보인다. 이 질병이 없는 참가자의 20퍼센트도 양성 반응을 보인다. 양성 반응 결과를 바탕으로 이 질병이 발생할 실제 확률을 계산하라.

의대생을 비롯한 대부분이 이런 질문에 틀린 답을 말한다. 혹자는 검사의 정확도가 60퍼센트라고 할 것이다. 그러나 답은 거짓 양성과 질병의 상대적 희소성이라는 넓은 맥락에서 이해되어야 한다. 백분율에 실제 숫자를 대입하는 것만으로도 구체적으로 이해하는 데 도움이 될 것이다. 질병의 비율이 10퍼센트라면 100명 중 10명이 그 질병을 가졌고, 이 검사는 그 가운데 6명을 정확히 집어낸다.

하지만 100명 중 90명은 이 질병을 갖지 않는데도 그중 20퍼센트가 양성 판정을 받는다. 곧 18명이 잘못된 진단을 받는다는 뜻이다. 따라서 총 24명이 양성 판정을 받겠지만 그중 실제로 질병을 가진 사람은 6명뿐이다. 그러므로 질문의 답은 25퍼센트다 (음성 결과가 나온 사람이 실제 질병을 갖지 않을 가능성은 95퍼센트로 음성이 나온 76명 중 4명이 질병을 갖고 있다는 말이다).

베이즈 추론을 현실에 적용하기

베이즈 추론을 이용해도 대부분 그렇게 상세하고 정확한 통계는 나오지 않는다. 양성 증거, 음성 증거, 거짓 양성, 거짓 음성의 비율을 정확히 알고 어떤 주장이 옳을 확률을 계산할 수 있는 경우는 매우 드물다. 그러나 이제 우리는 이런 요소들을 인식하고 있으므로 베이즈 인식론의 두 가지 핵심 규범인 '확률의 관점에서 믿음을 생각하기'와 '조건의 변화에 따라 믿음을 수정하기'를 통해 진실을 대략적으로 가늠할 수 있다. 철학자 앤디 노먼Andy Norman이 제시한 추론의 받침점Reason's Fulcrum이라는 개념을 응용하면 베이즈 방식으로 생각하기가 좀 더 수월해진다.

베이즈처럼 노먼은 우리 믿음이 이성과 증거에 따라 변해야 한다고 주장한다. 또는 데이비드 흄의 말처럼 "현명한 사람은 믿음을 증거에 비례시켜야 한다"라고 본다. 이런 변화는 지렛대 밑에 놓인 받침점의 움직임으로 볼 수 있다. 놀이터의 시소처럼 가운데에 균형점(받침점)이 있는 기둥 또는 널빤지(지렛대)를 생각해 보자. **그림1**에서처럼 받침점을 어른 가까이에 놓으면 몸집이 큰 어른과 작은 어린이의 균형을 맞출 수 있다. 둘의 몸무게를 알면 받침점의 위치를 미리 계산할 수도 있다. 받침점 양쪽 지렛대의 길이는 어른과 어린이의 체중 비율에 반비례한다(한쪽의 체중이 3배인 경우 길이를 1:3으로 맞추면 균형을 이룰 수 있다).

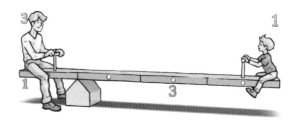

그림1 간단한 지레 지렛대의 비율이 체중의 비율과 반대가 되도록 받침점을 옮기면 지렛대의 균형을 잡을 수 있다. 어른의 체중이 어린이의 3배라면 어린이 쪽의 지렛대 길이를 3배로 할 때 균형이 맞는다. 지렛대의 질량은 무시했다. 이후 그림: Jim W.W. Smith

그림2 질병이 없는 사람과 질병이 있는 사람의 비율이 90대 10인 경우 특정 질병을 가질 확률이 10퍼센트라면 지렛대 길이의 비율은 1:9가 된다. 받침점의 위치는 임의의 한 사람이 자신의 건강 상태에 대해 가져야 하는 신뢰도를 의미한다.

추론의 영역으로 넘어가면, 어른과 어린이의 체중 비율을 주장과 반대 주장의 증거가 관찰될 가능성의 비율로 대체하면 된다. 중요한 것은 증거의 절대적인 양뿐만 아니라 상대적인 품질도 반영한다는 점이다. 이를 고려하면 균형을 이루는 받침점의 위치는 대립되는 두 가지 주장에 대한 우리의 신뢰도를 알려준다.

이런 원리를 앞의 질병 검사 예시에 적용해 보자. 먼저 일반 인구 집단의 받침점을 보자(그림2). 지렛대의 왼쪽에는 질병이 없는 90명이, 오른쪽에는 질병이 있는 10명이 있다. 9:1의 비율이다. 따라서 지렛대가 균형을 이루려면 받침점 양쪽의 지렛대 길이가 그 반대인 1:9가 되도록 받침점을 움직여야 한다. 그러면 일반 인

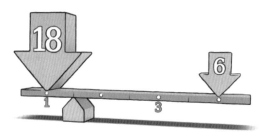

그림3 거짓 양성 18건과 참 양성 6건의 비율 지렛대 길이의 비율 1:3은 이런 상태가 실제로 발생할 확률이 25퍼센트임을 보여준다. 받침점의 위치는 검사 결과가 음성인 사람의 적절한 신뢰도를 의미한다.

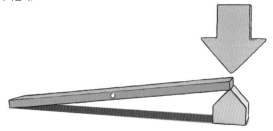

그림4 완벽히 기울어진 추론의 받침점 지렛대가 경사로가 되면 질량에 반응하지 않듯, 절대적 확신은 베이즈 정리가 증거에 반응하지 않게 만든다.

구에 집단이 해당 질병에 걸릴 확률이 10퍼센트라는 것을 표현할 수 있다. 두 집단 사이의 거리는 10칸이며 받침점은 음성에서 1칸 떨어진 왼쪽에 있다.

다음으로, 양성이라는 결과를 얻은 후의 균형점을 살펴보자(그림3). 왼쪽에서 검사의 거짓 양성 비율은 20퍼센트이므로, 90명 중 18명은 실제로 질병이 없는데도 거대한 시소에 머물러 있는다. 널빤지 오른쪽에서 질병을 가진 10명 중 60퍼센트가 양성 반응을 보이므로 6명이 남는다. 따라서 검사 후의 새로운 비율은 18:6, 즉 3:1이 된다. 균형을 되찾으려면 받침점을 1:3이 되는 지점으로 옮겨야 한다는 뜻이다. 이제 왼쪽과 오른쪽 사이의 거리는 총 4칸이고 받침점은 왼쪽에서 1칸 떨어져 있어야 한다. 결국 양성의 검사 결과를 얻은 후에 질병을 가질(오른쪽 집단에 속할) 확률은 4분의 1, 즉 25퍼센트(지렛대 왼쪽의 비율)다. 이 결과는 앞서 추상적인 수학 공식을 이용하여 도출한 답이 옳다는 사실을 재차 확인할 뿐이지만 시각적 표현을 통해 사람들이 개념을 좀 더 쉽게 이해할 수 있다.

요약하면 지렛대 밑 받침점의 위치는 두 가지 대립되는 주장에 대한 증거를 찾을 가능성의 균형점이다. 이 위치를 '신뢰도 credence'라고 한다. 새로운 증거를 알게 되면 신뢰도는 균형이 맞는 위치로 옮겨야 한다. 위의 예에서 전체 인구 가운데 평균적인 사람은 자신에게 특정 질병이 있을 가능성에 대해 10퍼센트의 신뢰도를 갖는다. 양성 진단을 받는다면 이 새로운 증거에 따라 신뢰도는 25퍼센트로 이동한다. 당사자에게는 상황이 조금 더 나빠졌지만 아직 확률은 꽤 낮다. 물론 앞으로 관련 증거가 더 나오면 받침점이 다시 이쪽저쪽으로 움직일 수 있다. 이것이 바로 베이즈 추론으로 신뢰도를 증거에 비례하게 변화시키는 방법이다.

우리의 젊은 지구 창조론자 친구의 경우는 어떨까? 베이즈 정리를 이용하면 그가 지닌 절대적 확신은 0퍼센트 또는 100퍼센트의 신뢰도에서 출발하고 어떤 증거가 나타나든 최종 신뢰도 역시 항상 0퍼센트 또는 100퍼센트가 된다. 이를 방지하기 위해 통계학자 데니스 린들리Dennis Lindley는 올리버 크롬웰이 1650년에 남긴 유명한 말인 "그리스도 안에서, 당신이 잘못 알고 있을 가능성을 생각하기를 간청합니다"에 근거하여 '크롬웰의 법칙'을 제안했다. 이는 단순히 어떤 명제에 대해서도 절대 0퍼센트 또는 100퍼센트의 확률을 부여해서는 안 된다는 법칙이다. 성경 무오설이 진리라는 친구의 확신을 지렛대의 한쪽 끝에 받침점을 두는 것으로 보면 그가 반대 증거에 그토록 거부감을 갖는 이유를 분명히 이해할 수 있다. 절대적 확신은 추론의 받침점을 무너뜨린다. 마음을 바꿀 가능성을 아예 없애버린다. 믿음이 '확실한 진리'의 상태에 도달하면, 앞으로 어떤 증거가 나타나도 쉽게 미끄러져 내릴 경사로가 되어버린다(그림4).

베이즈 균형으로 본 회의적 사고의 기술

지금까지 살펴본 내용은 베이즈 인식론에서 증거를 바탕으로 신뢰에 도달하는 표준적인 방법이다. 지렛대와 받침점은 이 방법을 구체화하므로 독자의 이해에 도움이 될 것이다. 그러나 우리는 이 구체적 모델이 베이즈 인식론에 대한 일반적인 비판에도 적용될 수 있다고 본다. 베이지언들은 지식의 출처를 "거의 언급하지 않고", 신뢰의 타당한 이유는 "거의 논의하지 않으며", "증거라는 '블랙박스'를 열지 않는다"라고 지적한 학술 논문도 있다. 우리는 일단 위의 설명에서 모든 증거를 지렛대에 바로 올려놓을 수 없다는 것이 명백하다는 사실을 언급하여 이 문제를 해결할 것을 제안한다. 질병 진단의 예에서는 예상할 수 있는 거짓 음성과 거짓 양성의 비율이 정확히 제시되었지만 이런 수치를 알 수 있는 경우는 매우 드물다. 하지만 수십 년에 걸쳐 술 취한 야영객 10명이 빅풋처럼 보이는 무언가를 봤다고 맹세한다 해도 우리는 그 증거를 BBC 다큐멘터리 제작자의 고화질 카메라 한 대에 담긴 영상과는 다르게 취급한다. 증거의 질과 증거의 양의 차이는 어떻게 표현해야 할까?

모든 유형의 증거를 정확하게 다루는 방법에 대한 확실한 규칙이나 '베이즈 계수'는 아직 없지만 과학적 방법의 발전 과정에서 약간의 힌트를 얻을 수는 있다. 증거 주장은 신뢰할 수 없는 관찰자가 의심스러운 상황에서 딱 한 번 관찰한 사례처럼 매우 작은 것에서 시작할 수 있다. 우리의 신뢰도를 알릴 수단이 그것뿐일 때도 있다. 그런 증거는 취약하다고 느껴지겠지만… 모르는 일 아닌가? 알고 보면 내용이 탄탄한 증거일 수도 있다. 그것을 강화하는 방법은? 더 신뢰할 수 있는 사람들이 더 나은 도구와 조건을 갖춘 상태에서 천천히, 한 단계씩 관찰을 진행하면 된다. 결국 우리에게는 재현성, 검증, 귀납적 가설, 연역적 예측, 반증 가능성, 실험, 이론 개발, 동료 평가, 사회적 패러다임, 다양한 의견의 통합, 폭넓은 합의 등 과학을 신뢰해야 할 이유가 점점 늘어나고 있다.

또 우리는 이렇게 다양한 지식 창출 활동을 이론에 따라 세 가지 범주로 묶을 수 있다. 우리가 가진 가장 간단한 유형의 이론은 과거의 증거를 설명한다. 이를 사후 예측retrodiction이라 부른다. 훌륭한 이론은 전부 과거를 설명할 수 있지만 그것은 러디어드 키플링Rudyard Kipling의 《그저 그런 이야기들Just So Stories》도 마찬가지다. 그는 인도코뿔소의 피부가 쭈글쭈글한 이유를 "케이크 부스러기 때문에 가려워서 피부를 문지르다가 까지고 늘어져서"라는 재미있는 이론으로 설명한다.

좋은 이론은 우리가 이미 아는 것을 설명하는 데 그치지 않고 '예측'을 해야 한다. 뉴턴의 이론은 1758년 크리스마스 즈음에 혜성이 나타날 것이라 예측했다. 크리스마스 날 하늘에 이 진기한 광경이 나타나자, 뉴턴의 절친한 친구 에드먼드 핼리의 이름을 딴 이 혜성은 뉴턴 물리학의 아주 강력한 증거로 받아들여졌다. 이런 이론은 더 많은 증거를 설명하고 예측할수록 더 강력해진다.

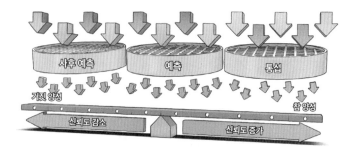

그림5 베이즈 균형 증거는 사후 예측, 예측, 통섭을 제공하는 이론의 필터로 분류된다. 더 나은 이론일수록 거짓 양성의 비율이 낮고, 우리의 신뢰도가 증가했음을 나타내려면 받침점을 많이 옮겨야 한다. 아직 어떤 이론에도 부합하지 않는 증거는 우리가 가진 지식에 대해 전반적인 회의론을 일으킨다.

　끝으로 예측하는 이론 위에는 윌리엄 휴얼William Whewell이 말하는 '통섭consilience'을 끌어내는 이론이 있다. '과학자'라는 용어를 만든 휴얼은 어떤 유형의 현상을 설명하기 위해 만들어진 이론이 완전히 다른 유형의 현상도 설명하는 것으로 밝혀졌을 때 통섭이 발생한다고 설명했다. 가장 뚜렷한 예는 다윈의 진화론이다. 진화론은 생물 다양성, 화석 증거, 개체군의 지리적 분포, 그밖에 기존 이론으로는 이해할 수 없었던 광범위한 문제를 설명한다. 이런 통섭은 우연히 일어나지 않는다. 다윈은 휴얼의 제자였지만 자신의 이론이 최대한 탄탄해지기 전에 휴얼과 공유하는 것을 꺼렸다.

　이 모든 개념을 결합하여 우리는 세상이 끊임없이 우리에게 쏟아붓는 어마어마한 증거를 선별할 새로운 방법(그림5)을 제안한다. 우리의 제안은 세 가지 범주의 이론을 서로 다른 강도의 증거를 걸러내는 필터로 쓰면 된다는 것이다. 이렇게 보면 어떤 유형의 증거는 거짓 양성이 50퍼센트에 가까운 질병 검사처럼 품질이 떨어질지도 모른다. 그런 부실한 증거는 지렛대의 양쪽에 똑같이 작용하여 실제로 받침점을 옮기지 않는다. 그러나 훨씬 신뢰할 수 있고 다른 증거보다 지렛대 한쪽에 훨씬 높은 비중을 싣는 증거도 있다(물론 100퍼센트 확실성을 갖지는 못하지만). 그리고 어떤 이론과도 맞지 않는 증거가 있다면 우리는 그 증거를 새 이론에 통합할 방법을 찾기 전까지는 그때까지 안다고 생각했던 대상에 대해 좀 더 회의적인 태도를 유지해야 한다.

베이즈 균형이라는 사고 모델은 우리의 신뢰도를 더욱 쉽고 직관적으로 조절하게 해준다. 또 이 방식은 불합리한 확신을 갖는 지경까지 지렛대를 기울이게 하는 법이 없다. 철학의 역사, 인식론, 회의론, 지식, 정당화된 참된 믿음, 베이즈 추론을 깊이 탐구하거나 확률 표기와 계수를 이용한 복잡한 계산을 해야만 사용할 수 있는 것도 아니다. 꾸준히 증거를 저울질하고 어떤 종류의 증거에 어느 정도 의지할지를 생각하면 족하다. 때로는 관찰이 오해를 불러일으킬 수 있으므로 '내가 틀렸더라도 내 증거가 관찰될 수 있는가?'를 원칙으로 삼는 것이 좋다. 그리하면 올바른 회의적 사고방식을 기를 수 있다. 진리의 함정에 빠지지 않고 증거가 허락하는 한도 내에서 현명하게 신뢰도의 균형을 잡으며 앞으로 나아갈 수 있다. 번역 김효정

우리는 모두 같은 신을 말하고 있는가?

마시모 피글리우치

"가장 저열한 어리석음은 명백한 거짓에 대한 열렬한 믿음이다.
그리고 이것이 인류의 속성이다."

— H. L. 멘켄 H. L. Menken

과학과 종교의 관계Science & Religion, S&R, 더 나아가서 회의주
의와 종교의 관계에 대한 관심이 높아지고 있다. 과학이 발견한
신이라는 주제로 도서들이 계속 출간되고 있으며, 템플턴 재단
Templeton Foundation*은 '종교의 지평을 넓히기 위한' 활동을 열

---

* 글로벌 투자회사 템플턴 그로스를 설립한 존 템플턴 경(Sir John Templeton)이
1987년 설립한 재단. "인류의 목적과 궁극적 실재라는 빅 퀘스천"과 관련된 연구를
촉진하는 것을 목적으로 해마다 7000만 달러를 기부한다. 종교계의 노벨상이라고 불
리는 템플턴상을 주관한다. 템플턴상의 상금은 약 100만 달러로 전 세계의 상 중 상
금이 가장 많다.

성적으로 펼치고 있다. 폴 데이비스Paul Davies와 프리먼 다이슨 Freeman Dyson 등의 저명한 과학자가 '종교의 진보'에 기여한 공로로 템플턴상을 받았다. S&R에 대한 관심은 점점 더 뜨거워지고 있다.

이제 S&R 문제에 대해 회의적으로 분석해 볼 시점이 되었다. 이 문제는 두 가지 요인 때문에 혼란스러운 상태에 빠져 있다. (1) 먼저 우리는 종교와 과학의 관계에 대한 논리적·철학적 논점을 표현의 자유 문제나 실천적인 문제와 분리할 필요가 있다. 또한 (2) 우리는 S&R 문제에 대하여 일반적으로 생각할 수 있는 것보다 매우 다양한 입장이 존재한다는 것을 인정해야만 한다. 따라서 논의의 진전을 이루려면 이런 입장들 전반에 관해 철저히 이해할 필요가 있다. 이 글에서는 혼란의 원인을 분석하고 S&R 의 다양한 입장에 대한 분류 체계를 제시하려 한다. 완벽하게 객관적인 보고라는 것은 없으므로, 필자의 입장에 대한 변론도 포함될 것이다.

무엇에 관한 논쟁인가

우선 "과격한 무신론자"라는 비난을 받지 않도록 필자의 입장을 명확히 하고자 한다. 나는 우주를 창조하고 어떤 식으로든 우주를 감독하는 초자연적 존재를 믿을 만한 충분한 근거가 없다고 생각하는 사람이라는 의미에서 무신론자다. 나는 그런 존재의 실재 여부를 알지 못하지만 그런 특별한 주장을 뒷받침할 특별한 증거가 나오기 전에는 신을 산타클로스와 같은 존재로 취급할 것이다. '과격함'이 어떤 신조에 대하여 심사숙고하기보다 쉽게 수용하고 집착하는 비이성적인 태도를 의미한다면 나는 과격한 것이 아니다. 나의 종교에 대한 관심은 개인적으로 사물의 이치를 탐구하는 과정에서 나온 것이다. 나는 사람들이 비판적인 사고를 할 수 있도록 돕는 것이 더 나은 사회를 만드는 데 기여한다고 믿는 교육자로서 사상과 표현의 자유를 제한하려는 시도에는 저항할 것이다.

과학과 종교 논쟁의 세 가지 요소를 가능한 한 명확하게 구분해 보자.

1. 과학과 종교의 관계는 종교(신학)와 과학 양측에 대한 지식을 모두 필요로 하는 철학적 탐구의 대상이다.
2. S&R 논의는 종교와 과학에 다른 방식으로 영향을 미치는 실천적 결과를 가져온다.
3. S&R 논의는 과학자, 회의주의자, 종교인의 '표현의 자유'라는 소중한 가치에 부정적 영향을 끼칠 수 있다.

논의를 위해서 진정으로 필요한 명제는 1번뿐이다. 이런 전제하에서만 진지하고 자유로운 탐구를 통하여 보편적인 결론을 얻을 수 있기 때문이다(그런 결론을 다수가 받아들일지 여부에 관계없이). 그러나 불행히도 종교인과 비종교인 모두 1번을 2번이나 3번과 종종 혼동한다.

1번과 2번을 혼동하게 되면 '종교에 대한 공격은 정치적으로 올바르지 않다.'라는 주장으로 귀결된다. 특히 과학자들은 자신의 연구 예산이 거의 전적으로 국립과학재단이나 국립보건원 같은 정부기관의 공공 재원에 의존한다는 사실을 잘 알고 있다. 그리고 공공 재원은 여론조사나 유권자의 의견에 민감하게 반응하는 정치인들에 의해 통제된다. 따라서 과학자는 영적인 문제에 대해 어떤 견해를 가졌든 그저 본업에만 충실하면서 후원자들을 자극하지 않는 것이 현명하다고 판단하게 된다.

과학자에 대해 알려진 다음의 두 가지 사실 때문에 이러한 문제는 더 심해진다. 첫 번째는 압도적으로 많은 과학자가 인격신을 믿지 않는다는 것이며(일반 과학자의 60퍼센트, 최상급 과학자의 93퍼센트), 두 번째는 그들이 과학자가 된 이유가 과학적 방법으로 해명할 수 있는 문제들을 탐구하기 위함이라는 것이다. 그리고 그 탐구는 대부분 신의 존재보다는 자연현상을 대상으로 한다.

이런 기묘한 혼란의 결과, 많은 저명한 과학자가 과학과 과학이 시사하는 바에 따라 인격신을 믿지 않음에도 불구하고, 대중 앞에서는 과학과 종교 사이에 아무런 모순이 없다는 의미로 해석될 수도 있는 회유적인 발언을 해야 한다.

2번의 결과로, 비록 과학과 종교 사이에―과학적 충돌은 아닐지라도―철학적인 충돌이 존재하더라도, 과학자의 입장에서는 패배가 예정된(미국의 종교적, 정치적 환경에 비추어 볼 때) 비-성전unholy war을 시작하는 것이 바람직하지 않다고 결론 내리게 된다. 따라서 과학자들은 질문을 받더라도 항상 "노 코멘트No Comment"라고 답하면 양심의 가책이 없이 평화롭게 살아갈 수 있다.

3번은 S&R 논쟁 과정에서 직접 제기되는 경우는 드물지만 S&R에 대한 발언이나 주장의 배후에 종종 숨어 있곤 한다. 종교인이든 비종교인이든 자긍심을 가진 과학자나 교육자라면 어떠한 집단에 대해서도―광신자나 창조론자 집단에 대해서도―표현의 자유를 제한하는 데 동의하지 않을 것이다. 특정한 입장에 대해 공개적으로 비판하는 것―이것은 분명 표현의 자유에 포함된다―과 자신이 생각하는 진리를 다른 사람들에게 믿도록 강요하는 태도 사이에는 근본적인 차이가 있다. 대다수의 종교적 진보주의자, 불가지론자, 그리고 무신론자는 이 차이를 존중하지만, 종교적 근본주의자는 이를 무시한다. 따라서 과학과 종교, 또는 진화론과 창조론에 관한 논의는 자유로운 탐구와 교육으로 이루어져야 하며 그 어떤 의미에서도 표현의 자유를 제한해서는 안 된다. 과학 수업에서 가르치는 내용을 해당 과학과 관련된 내용으로 한정하도록 요구하는 것은 검열이 아닌 건전한 교육 정책이다.

과학과 종교를 수용하는 다양한 방식

과학과 종교 논쟁의 철학적·과학적·종교적 측면에 대해 논의를 계속하기 위해서는 가이드 역할을 할 기준틀이 필요하다. 따라서 필자는 마이클 셔머가 제안한 분류 체계를 좀 더 구체화하여 제시하고자 한다. 셔머는 사람들이 과학과 종교에 대하여 생각할 때 취할 수 있는 세 가지 세계관 또는 '모델'을 제안했다. **'동일한 세계 모델**same worlds model'에 따르면 존재하는 실체는 하나뿐이며 과학과 종교는 그것을 이해하는 서로 다른 두 가지 방식으로 여겨진다. 이런 근본적 문제를 탐구하는 과정에서 궁극적으로 과학과 종교는―인간의 제한된 능력 범위 내에서―동일한 최종 해답을 찾게 된다. **'상충하는 세계 모델**conflicting worlds model'에서는 동일한 세계 모델과 마찬가지로 존재하는 실체는 하나이지만 그 실체가 어떤 것인가에 대하여 과학과 종교가 정면으로 충돌하는 것으로 여겨진다. 둘 중 하나는 옳지만 둘 다 옳을 수는 없다(또는 임마누엘 칸트가 주장할 만한, 둘 다 틀릴 가능성도 있다). '**분리된 세계 모델**separate worlds model'에서 과학과 종교는 서로 다른 종류의 활동일 뿐만 아니라 전적으로 별개의 목표를 추구한다. 과학과 종교의 유사점과 차이점을 묻는 것은 철학적인 관점에서 볼 때 사과와 오렌지를 비교하는 것과 같다. 《뉴스위크Newsweek》의 표제 기사 '과학이 신을 찾다'에서 셔머는 샤론 베글리Sharon Begley에게 말했다. "이 둘은 완전히 다릅니다. 마치 야구의 통계 자료를 가지고 축구를 설명하려는 것이나 마찬가지입니다."

필자는 셔머의 모델을 과학과 종교의 관계를 검토하는 출발점으로 삼는 과정에서 무언가 빠진 것이 있음을 깨달았다. '종교'나 '신'이라는 말의 의미부터 명확하게 하지 않으면(일부 철학자와 사회학자는 동의하지 않겠지만, 통상적으로 '과학'이 의미하는 바에 대해서는 논란이 적다) 과학과 종교의 충돌에 대한 합리적인 논의는 불가능하다. 따라서 셔머의 분류 체계는 사람마다 서로 다른 신을 갖고 있다는 중요한 사실이 누락되었기 때문에 불완전하다. 필자가 지적하는 것은 주요 일신교 사이의 신 개념에 대한 지엽적인 차이점이 아니고 신이라는 개념 자체가 근본적으로 상이한 의미를 가질 수 있다는 것이다. 현재 논의하고 있는 신이 어떤 신인지를 확실히 하지 않으면 더 이상 논의를 진전시킬 수 없을 것이다.

그림1에서 이 문제에 대한 잠정적인 해결책을 볼 수 있다. 이 도표에는 S&R 논쟁과 관련된 다양한 입장들이 좌표축을 따라 배열되어 있다. 수평축은 과학과 종교의 대립 정도를 나타내며, 대립이 없는 영역(동일한 세계)으로부터 중간 영역(분리된 세계)을 거쳐서 대립이 큰 영역(상충하는 세계)에 이른다. 수직축은 신 개념의 '모호성fuzziness'을 나타내는데, 인간의 모든 일상에 관여하는 인격신personal god으로부터 자연법칙을 통해서만 관여하는 자

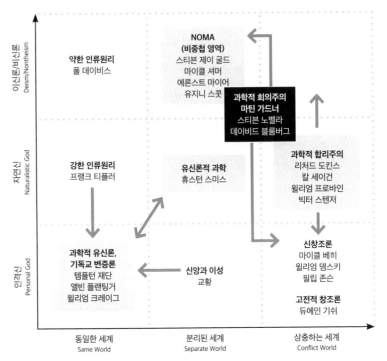

그림1 과학과 종교의 대비 수준

수평축은 좌에서 우로 과학과 종교 사이에 발생할 수 있는 충돌의 정도를 나타낸다. 과학과 종교는 동일한 세계를 공유하거나(전혀 충돌 없이 화합할 수 있음), 중립적으로 분리된 세계에 있거나, 적대적으로 충돌하는 세계에 있을 수 있다.

수직축은 논쟁 참여자들이 정의하는 신의 다양성을 나타낸다. 아래쪽에는 대다수 주류 종교에서 보이는 인격신이 있으며, 가운데에는 자신이 확립한 자연법칙을 통해서만 세계에 관여하는 자연신이 있고, 최상부에는 우주를 창조한 이후에는 전혀 관여하지 않는 이신론의 신이 위치한다. 도표상의 다양한 철학적 입장은 본문에서 설명한다.

연신naturalistic god의 개념을 거쳐서, 우주를 창조한 이후에는 전혀 관여하지 않는 이신론deism적 신, 그리고 더 나아가 신의 개념 자체를 부정하는 비신론nontheism에까지 이른다.

이와 같이 신의 개념은 다양한 양상을 보일 수 있다. 인격신은 어떤 종교에서든 공통적으로 개인의 삶에 관여하고, 기적을 행하거나 또는 다른 방식으로 인간에 대한 직접적인 관심을 보여주는 것으로 나타난다. 반면에 자연신은 인간에 대한 관심이 다소 덜 하여, 혹 인간 세계에 관여하더라도 자신이 창조한 복잡한 자연 법칙을 이용한다. 끝으로 이신론의 신은 인간 세계에 간접적으로 도 관여하지 않으며 단지 '아무것도 존재하지 않는 대신 어떻게 무언가가 존재하게 되었으며, 현존하는 세계는 어떻게 존재하게 되었는가'라는 근본적인 의문에 대한 해답을 제공하는 역할에 머무른다.

(내가 도표 위에 위치시킨 사람들 중에 본인의 위치가 잘못되었다고 느끼는 분들께 사과의 말씀을 전한다. 그 결정은 필자의 해석에 근거하고 있다. 또한 논쟁의 중심에 있는 인물이 이 도표에 표시된 것보다 훨씬 더 많음은 명백한 사실이며, 도표에 포함되지 않은 것이 특정 인물의 논쟁에 대한 기여를 부정하는 것은 아니다.)

종교와 과학이 공존하는 모델

그림1은 물리학자 폴 데이비스와 프랭크 티플러Frank Tipler, 보수적인 기독교 옹호자 앨빈 플랜팅거Alvin Plantinga, 그리고 과학-종교 운동가 존 템플턴 같은 다양한 인물의 공통점과 차이점을 보여준다(물론 이 글 전반에서 필자가 여러 인물에게 부여한 위치는 그들의 실제 입장과 다를 수 있다. 이는 각 범주 간의 경계가 모호하기 때문일 수도 있고, 해당 인물의 저술을 근거로 판단한 필자의 오류일 수도 있다). 존 템플턴 경은 미국 테네시주 태생의 영국 시민으로, 과학을 통한 종교의 이해를 위해 800만 달러의 개인 재산을 투자하여 템플턴 재단을 설립했으며 '영적인 지식의 발견'을 목표로

하는 저술 활동, 학회 등을 후원하고 있다.

템플턴 경에 따르면 과학은 자연계에 대한 진리를 발견하는데 엄청난 성과를 이룩했다. 따라서 과학의 강력한 방법론은 종교에도 유용할 것이며, 신과 영적인 문제에 대한 지식을 넓혀가는 목적으로 활용될 수 있다. 템플턴 재단은 다수의 과학 프로젝트에 건당 수십만 달러의 연구비를 지원하고 노벨상보다 상금이 큰 템플턴상을 수여하는 등 자신의 주장에 부합하는 연구 프로그램에 투자하고 있다.

몇 가지 사례를 보면 과학과 종교의 관계에 대한 템플턴의 생각을 이해할 수 있다. 템플턴 재단은 '용서하는 사람의 두뇌 활동 형상화' 연구를 위하여 국립 신경질환 및 뇌졸중 협회의 피에트로 피에트리니Pietro Pietrini에게 12만 5000달러의 연구비를 지원했으며, 루이빌대학교의 리 두가킨Lee Dugatkin에게 '용서 행위에 대한 진화론 및 유대교적 접근'에 대한 연구비로 6만 2757달러를 지원했다. 또한 하버드대학교 허버트 벤슨Herbert Benson의 '중보기도intercessory prayer가 환자의 치료에 도움이 되는가?'라는 연구와 에머리대학교의 프란스 드 발Frans de Waal의 영장류의 '용서forgiveness'에 대한 연구비도 지원했다.

템플턴의 활동은 '과학적 유신론scientific theism', 즉 신의 마음을 과학적으로 탐구할 수 있다는 생각에 기반을 두고 있다(템플턴으로부터 연구비 지원을 받는 연구자 모두가 그런 것은 아니다). 과학적 유신론은 과학과 종교 논쟁에서 매우 오랫동안 존중받아온 입장이다. 이 입장은 성 토마스 아퀴나스를 추종했던 전통적 기독교 변증론자들Christian Apologetics에까지 거슬러 올라가며, 오늘날에는 플랜팅거와 윌리엄 크레이그William Craig 같은 인물의 활동으로 이어지고 있다.

과학과 종교가 동일한 진실을 추구한다는 개념에는 동의하지만 더 초연한 성격의 신을 믿는 사람은 과학적 유신론과 다른 입장을 선택하는 것도 가능하다. 자연신과 이신론의 신 중 어느 쪽을 선호하는가에 따라 '강한 인류원리Strong Anthropic Principle'와 '약한 인류원리Weak Anthropic Principle'의 두 가지 입장이 있으며 후자는 "빅뱅의 신God of the Big Bang"이라고도 불린다. 약한 인류원리에 따르면 현존하는 우주와 같이 생명친화적인 우주를 만들기 위해서는 극히 좁은 범위의 물리상수와 자연법칙만이 허용된다. 이 자체는 사소한 관찰에 불과하지만, 여기에 철학적 의미를 부여하고 작은 '믿음의 비약leap of faith'이 일어나면 생명이 존재해야 하기 '때문에' 우주가 생겨났다는 주장이 만들어진다. 또한 모든 것의 배후에 있는 지적 설계자intelligent designer의 존재를 추론하는 또 한 번의 작은 논리적 비약이 일어나면 강한 인류원리에 이르게 된다. 프랭크 티플러(최초로 인류원리를 제안했다)와 폴 데이비스 등 몇몇 물리학자와 우주학자는 서로 다른 형태의 인류원리를 제안했다. 데이비스의 정확한 입장을 확언하기는 어렵지만, 필자는 데이비스와 템플턴 재단의 관계, 그리고 우주론에 대한 그의 매우 조심스러운 글 등에 근거하여 그를 도표의 좌상부에 위치시켰다.

인류원리는 선결문제의 오류begging the question와 인과의 오류(개별 사건의 원인으로부터 보편 원인을 추론하는 오류)라는 철학적 문제를 가지고 있다. 더욱이 인류원리는 과학적 가설로서의 효용성도 없다. 그것은 단지 '우리가 존재하기 때문에 존재한다'고 말할 뿐이다. 하지만 생명이 존재할 수 있는 우주가 무수히 많이 존재할 수 있다는 과학적 근거에 의해 인류원리는 타격을 입었다. 그 근거는 인류원리의 기본 가정인 "있을 법하지 않음improbable"

주장을 약화시켰다. 조만간 인류원리는 상대성이론과 양자역학 이론을 통합할 것으로 기대를 모으고 있는 초끈이론superstring theory에 의해 더욱 치명적인 타격을 입을 수도 있다.

이런 입장들 모두가 셔머의 '동일한 세계' 시나리오에 부합하지만 과학자들이 도표의 위쪽으로 갈수록, 즉 신의 개념이 불명확하고 멀어질수록 편안함을 느끼는 것은 확실하다(도표의 화살표가 예시하듯이 강한 인류원리를 받아들이는 사람은 인격신을 믿는 쪽으로 미끄러져 내려갈 수 있음을 주목하라). 필자는 이것이 과학과 종교 사이에 존재하는 근본적인 불편함을 가리킨다고 생각한다.

종교와 과학이 분리된 모델

그림1의 도표에서 셔머의 '분리된 세계' 모델에 해당되는 영역에는 불가지론적 진화생물학자 스티븐 제이 굴드Stephen Jay Gould와 국립과학교육센터의 유지니 스콧Eugenie Scott 부터, 애매한 위치를 차지하는《세계의 종교The World's Religions》의 저자 휴스턴 스미스Huston Smith 를 지나, 교황에 이르는 다양한 인물들이 속해 있다. 각각의 입장들이 신에 대해 어떤 개념을 가지는지 살펴보자.

셔머, 스콧, 에른스트 마이어, 파자메타Pazameta, 마이클 루스Michael Ruse 를 비롯한 많은 과학자, 철학자, 회의주의자가 대체로 굴드가 NOMA, 즉 '비중첩 영역Non-Overlapping Magisteria'이라고 명명한 입장에 속한다(루스는 이런 입장의 일부 관점에 대하여 다소 비판적이다). NOMA에 따르면 과학은 사실을 다루고 종교는 도덕성을 다룬다. 다시 말하면 과학은 '사실what is', 종교는 '당위what ought to be'에 집중한다. 굴드는 철학에서 사실로부터 당위를 도출할 수 없다는 것을 지적한 '자연주의적 오류naturalistic fallacy' 에 근거해서 과학과 종교는 영원히 분리되어 있는 것이라고 결론 짓는다. 유지니 스콧은 방법론적 자연주의methodological naturalism 와 철학적 자연주의philosophical naturalism의 차이를 지적하면서 NOMA를 바라보는 또 하나의 관점을 제시했다. 스콧에 따르면 과학은 자연주의를 과학적 연구를 수행하기 위한 유용한 도구로 채택한다. 다시 말해 과학에서 자연주의는 방법론적 의미로서 사용된다. 그러나 신의 존재를 부정하려면 철학적 의미의 자연주의자가 되어야 한다. 즉, 물질세계만이 존재하는 모든 것이라고 '결론지어야' 한다. 따라서 과학은 우리에게 신의 존재 여부를 알려줄 수 없다. 자연주의는 과학적인 결론이 아니라 과학적 방법에 속하는 가설이기 때문이다. 과학이 신에 대해 말해줄 것이 없다면(스콧은 종교가 자연에 대하여 과학에 정보를 제공할 능력이 없다고 주장한다) NOMA가 논리적인 귀결이 된다.

스콧이 굴드보다 더 정교하긴 하지만, 스콧과 굴드의 논리에는 공통점도 많다. NOMA 옹호자들의 중요한 공통점은 그들이 현실 세계로부터 멀리 떨어져 있는 신의 개념을 사용한다는 것이다. (창조론과 전력을 다하여 맞서고 있는 스콧은 물론이고) 굴드조차 인격신이 과학적 증거와 직접적으로 모순됨을 인정한다. 자연신은 가까스로 NOMA와 양립할 수 있지만 굴드와 스콧은 이런 개념에 대해서도 불편함을 느끼는 것 같다.

다른 글에서 굴드의 입장을 상세히 비판한 바 있으므로 여기서는 NOMA에 대한 필자의 반론을 요약한 후 스콧의 주장을 간략히 살펴보려 한다. 필자가 보기에 NOMA에는 적어도 세 가지 약점이 있다. 첫 번째, NOMA는 이신론자에게는 익숙하겠지만 사람들 대부분이 '신'으로 여기지 않는 특이한 신 개념에 의존한다.

따라서 굴드의 주장과 달리 NOMA는 오늘날 우리 사회의 종교인과 세속주의자 간의 분열을 해소시킬 수 없다. 두 번째로 자연주의적 오류 주장에 대해 이의를 제기할 수 있다. 이 문제는 아직이론의 여지가 많다고 보아야 한다. '당위'를 도출하기 위한 일종의 지침으로 '사실'을 이용할 수도 있지 않겠는가? 또한 과학이 '사실'을 알려줌으로써 우리가 행복을 추구하기 위해서 무엇을 해야 할지를 결정하는 데 도움을 주는 것은 확실하다. 이런 측면에서는 과학이 종교보다 우월하다. 종교의 가르침은 자연과 인간, 심리학과 사회학에 대한 지식이 거의 없는 고대의 권력자들로부터 유래되기 때문이다. 마지막으로, 도덕성(윤리가 더 적절한용어일 수도 있다)이 오로지 종교의 영역에 속한다는 것은 사실이아니다. 윤리철학도 인간의 행동과 그것이 사회에 미치는 영향을논의할 수 있는 이성적인 수단을 제공하기 때문이다.

방법론적 자연주의와 철학적 자연주의의 차이에 대한 스콧의 주장은 굴드가 솔로몬 식으로 과학과 종교를 반으로 나눈 것보다 더 타당성이 있다. 그녀의 입장에 대한 본격적인 비평은 온라인에서 찾아볼 수 있지만, 반론의 요점은 윌리엄 프로바인Will Provine이 명확하게 설명한 바 있다. 즉, 케이크를 소유하면서 먹기도 할 수는 없다는 것이다. 방법론적 자연주의는 독립된 것이아니라 철학적 자연주의로부터 유도된 것이다. 또한 자연주의는 단지 실용적인 도구에 그치는 것이 아니라 과학적 방법 자체의 뼈대를 이루는 요소이기 때문에 과학의 핵심적인 구성요소라고 할 수 있다. 예를 들면 과학자가 오컴의 면도날이나 흄의 원리Hume's dictum(덜 '기적적인miraculous' 설명을 선호하는 것)를 적용하는 것은 철학적인 결정이다. 과학에서 그런 철학을 포기하면 과학의 본성을 잃게 된다. 필립 존슨Phillip Johnson 같은 창조론자는 이런 점을 포착하여 과학도 하나의 종교라고 주장한다. 존슨의 주장에 대하여 프로바인은 과학에도 믿음의 비약이 있는 것은 사실이지만, 그런 비약은 종교인들의 비약에 비하면 극히 미미하다고 반박한다. 더욱이 종교에서와는 달리 과학에서의 비약은 노트북이나 인간의 수명 연장 같은 유형적인 기적을 만들어냈다.

그림1에서 신의 특성을 나타내는 수직축을 따라 내려가면 필자가 '유신론적 과학theistic science'(과학적 유신론과 대비되는)이라고 명명한 영역을 만난다. 스미스가 이 범주에 얼마나 잘 부합하는지는 확실치 않지만, 필자의 견해로는 NOMA와 교황 사이에 있는 이 영역이 그에게 가장 적합한 위치인 듯하다. 스미스는 과학주의scientism를 비판한다. 과학주의는 여러 가지로 정의될 수 있지만, 나는 과학주의란 '충분한 시간과 자원이 있으면 과학이 모든 문제를 해결할 수 있으며 그렇게 할 것'이라는 개념이라고 생각한다. 그러나 필자는 아무리 연구비에 목마른 연구자라도 이런 개념에 선뜻 동의할 것이라고 생각하지 않는다(실제로 그렇게 생각하는 듯한 연구자가 있긴 하다).

반면 스미스는 "과학적 방법이 실재를 탐구하는 최선의 수단이다."라는 입장을 과학주의로 정의한다. 스미스에 따르면 직관이나 종교적 계시 등 다른 탐구 방법들도 있다. 중요한 점은 과학에서 그 대안적인 탐구 방법을 사용할 수 없으므로 실재의 일부 측면이 과학적 탐구로부터 배제된다는 것이다. 스미스는 과학적 유신론의 영역에서 앨빈 플랜팅거와 공유하는 부분이 있다. 이는 스미스가 국립생물교사협회에게 '진화'의 정의를 수정할 것을 요청하면서 자연선택을 언급할 때 '비인격적인impersonal'이나 '의도되지 않은unguided'과 같이 철학적 함축을 담은 용어들을 사용하지 말아야 한다고 주장한 데서 잘 드러난다.

유신론적 과학은 여러 입장의 경계선에 위치하며 과학적 유신론과 NOMA가 어느 정도 혼합되어 있는 것처럼 보인다. 기본적으로 유신론적 과학은 신이 존재한다는 개념이 완벽하게 합리적이라고 주장한다. 유신론적 과학이 다른 유신론과 다른 점은 우주의 배후에 존재하는 신이 매우 미묘한 방식으로, 그리고 전적으로 자연법칙을 통하여 우주에 관여하기 때문에 신의 존재를 추론하는 것은 불가능하거나 적어도 매우 어렵다고 본다는 점이다(예컨대 인류원리에서는 지적 설계자만이 유일하게 가능한 결론이다).

여러분들도 볼 수 있듯이 **그림1**의 중앙부는 한두 가지 조건을 추가하면 어느 쪽으로든 쉽게 이동할 수 있는 회색의 영역이다. 특히 유신론적 과학을 진화에 적용하면, 진화에 대한 과학적 이론의 정확성은 대체로 인정하면서도 진화가 바로 신이 작업하는 방식(매우 비효율적이고 서투른)이라는 '유신론적 진화론theistic evolution'이 된다. 배리 린Barry Lynn이 1997년 PBS〈파이어링 라인Firing Line〉의 진화 논쟁을 마무리하면서 "신의 태초의 말씀은 '진화하라!'였을 것이다"라고 말했을 때, 그가 의미한 것이 바로 유신론적 진화론이었을 것이다.

교황은 당연히 가톨릭의 인격신을 인정하지만 모호한 요소도 있다. **그림1**에서 교황의 위치는 좌측을 가리키는 화살표 방향으로 이동할 수 있는데, 이는 교황의 입장을 동일한 세계 모델의 변형으로 볼 수 있기 때문이다. 요한 바오로 2세는 두 차례에 걸쳐 과학과 종교의 관계에 대한 견해를 표명했다. 교황청 과학아카데미에 보낸 서신에서 교황은 기독교인들이 진화론을 포함하여 근대 과학이 밝혀낸 사실들을 거부해서는 안 된다고 천명했다. 교황은 그 이유를 "진리가 진리와 충돌할 수 없기 때문"이라고 표현했다

(교황의 입장이 도표의 좌측으로 기운 것으로 해석될 수 있는 이유다).

그러나 교황은 인간 영혼의 기원에 대해서는 당연히 선을 그었다. 교황에 따르면 인간의 영혼은 신이 직접 부여한 것이다. 이는 인간의 진화 과정에 임의적으로 이원론dualism을 도입하여 매우 갑작스러운 불연속점을 만든 것인데, 리처드 도킨스의 지적대로 과학이 이런 전략을 수용하기는 쉽지 않다. 요한 바오로 2세는 그 이후 "믿음과 이성Fides et Ratio"이란 글에서 과학과 종교가 나란히 각자에게 적합한 분야의 진리를 밝혀낼 수 있다고 주장했다. 이런 주장은 굴드가 말한 NOMA의 근본 원리와 비슷하다. 이런 교황의 입장이 시사하는 이원론 때문에 필자는 교황을 '분리된 세계' 영역에 위치시켰다.

분리된 세계(혹은 거의 분리된 세계)의 영역 내에서도 신이 존재하지 않거나 이신론적 신으로 존재하는(따라서 기본적으로 과학과 종교 간의 충돌이 없는) 영역으로부터, 논리적으로는 가능하지만 오컴의 면도날이나 흄의 원리와는 양립하기 힘든 영역까지 이동이 가능하다. '분리된 세계'는 과학의 철학적 기반에 어느 정도의 중요성을 두느냐에 따라 온건한 과학자와 종교인이 비교적 편안하게 머물 수 있는 영역이다.

창조론의 여러 얼굴

그림1의 우측 하단부에는 특이하게도 많은 공통점을 공유하면서도 S&R의 다른 영역을 배척하는 것 만큼이나 서로를 적대시하는 두 가지 입장이 위치한다. 창조연구협회Institue for Creation Research, ICR의 듀에인 기쉬Duane Gish와 그의 동료들로 구성되

어 있는 '고전적 창조론classical creationism'과 마이클 베히Michael Behe, 윌리엄 뎀스키William Dembski, 필립 존슨과 디스커버리 협회 Discovery Institute로 대표되는 '신창조론Neo-Creationism'이 그것이다.

어떤 부류든 창조론자는 인격신을 믿고 과학과 종교 사이에 근본적인 갈등이 있다고 믿을 가능성이 크다(고전적 창조론과 신창조론 양쪽 진영에서 나오는 일련의 간행물로 볼 때 그렇게 보인다). 고전적 창조론과 신창조론의 주요 차이점은 후자가 더 철학적으로 세련되고, 과학적 용어와 유사과학의 개념을 더 능숙하게 사용한다는 것이다. 아이러니하게도 신창조론자들은 '지나치게 지적'이라고 여겨지는 탓에 고전적 창조론자들의 지원을 받지 못하고 있지만, 정치에 대한 이해도는 고전적 창조론자보다 훨씬 높다.

기본적으로 대다수의 신창조론자는(매우 다양한 부류가 있는) 젊은 지구young Earth*를 믿지 않고, 소진화microevolution 이론을 수용하며(최근에는 일부 고전적 창조론자도 그렇다), 성서를 문자 그대로의 진리라고 믿지 않고, 심지어 자신을 창조론자라고 부르지도 않는다. 그들은 '지적 설계'라는 용어를 선호한다(이 지적 설계자가 누구인가에 대한 언급을 피하는 사람도 있다).

오늘날 고전적 창조론의 오류를 밝히는 것은 그리 어려운 일이 아니지만 신창조론자는 전혀 다른 문제다. 베히는 '환원불가능한 복잡성irreducible complexity'에 관한 저서 《다윈의 블랙박스Darwin's Black Box》에서 살아 있는 유기체의 분자 조직은 대단히 복잡하며 모든 구성 요소가 동시에 작동해야 하기 때문에 설계된 것일 수밖에 없다고 주장한다. 베히의 주장은 일반화된 설계 논증에 대한 데이비드 흄의 강력한 비판이나 특정 생화학적 경로의 진화에

---

* 창세기를 문자 그대로 해석하여 지구의 나이가 6000~1만 년이라는 주장.

대한 과학적 사실을 증거로 제시함으로써 적절히 반박할 수 있다. 확률적 추론에 근거해서 모든 대안 가설을 제거하면 지적 설계가 추론된다는 뎀스키의 논리는 생물의 역사와 다양성을 비지적 설계unintelligent design(즉, 자연선택)로 더 엄밀하게 설명할 수 있다는 사실을 외면하고 있다. 마지막으로 과학이 사실상 진리에 대하여 종교보다 우월한 점이 없는 철학적 활동이라는 존슨의 주장에는 앞서 논의한 프로바인의 철학적 자연주의에 대한 설명으로 대응할 수 있다.

회의주의의 쌍둥이 영혼

마지막으로 현대의 회의주의의 두 가지 갈래를 살펴보자. 그림1에서 '과학적 회의주의scientific skepticism'와 '과학적 합리주의scientific rationalism'로 표시된, 칼 세이건, 윌리엄 프로바인, 리처드 도킨스 같은 인물이 위치한 영역이다(필자도 이 사람들에게서 받은 영향으로 여기에 포함되었다).

첫째로 두 회의주의적 입장 모두 하나 이상의 사분면에 걸쳐 있다는 매우 이례적인 사실에 주목하라. 과학적 회의주의는 대각선 방향으로, 과학적 합리주의는 수직 방향으로 두 개 이상의 사분면에 걸쳐 있다. 과학적 회의주의는 회의주의가 경험적으로 탐구할 수 있는 문제에 대해서만 성립할 수 있다는 입장이다. 예를 들면 노벨라Novella와 블룸버그Bloomberg는 "검증할 수 없는 주장은 과학의 영역 밖에 있다"라고 했다. 그러나 과학적 회의주의는 종교의 영역에 적용될 수 있다. 그들도 "창조론자, 신앙 치료자, 기적을 행하는 사람의 주장같이 검증할 수 있는 종교적 주장은 과학적 회의주의로 다룰 수 있음"을 인정한다. 따라서 이들에 따르면 종교의 문제가 전적으로 회의주의적 탐구의 영역 밖에 있는 것은 아니다.

더욱이 그들은 사람들이 미혹되는 다양한 종류의 난센스와 종교 사이에 근본적인 차이가 없다고 말한다. "레프리콘leprechaun*, 외계인에 의한 납치, 초능력ESP, 환생, 또는 신을 믿는 것 사이에 차이점은 없다. 이들 모두 객관적인 증거가 부족하다. 이런 관점에서, 종교만을 따로 떼어내 비판적 분석으로부터 면제시키는 것은 지적으로 부정직한 일이다." 즉, 과학적 회의주의는 인간의 모든 일상에 관여하는 인격신을 고려할 경우에는 과학적 합리주의에 접근하지만, 인격신보다 멀리 위치하고 이해할 수 없는 방식으로 신이 정의될 경우에는 NOMA의 영역으로 이동한다.

종교를 회의적 탐구의 영역에서 배제하기 위하여 과학적 회의주의가 제시하는 가장 설득력 있는 논증은, 종교인은 자신들의 신념 체계의 모순에 대해 항상 반증불가능한 임시변통식의 설명으로 대응한다는 것이다. 이는 분명한 사실이다. 초자연현상에 대한 회의주의적 탐구에 대해서도 같은 식의 비판이 적용될 수 있을 것 같다. 통제된 실험에서 영매靈媒가 능력을 발휘하지 못하는 것은 회의주의자들이 만들어내는 부정적 진동 때문이라고 주장하는 '진실한 신봉자true believer'들이 얼마나 많은가? 니콜라스 험프리Nicholas Humphrey의 유명한 저서《믿음의 비약》을 보면, 초자연현상의 신봉자들이 초자연현상의 발생 빈도가 그것을 경

---

* 아일랜드 민담에 나오는 요정. 보통 노인의 모습을 하고 있으며 초록색 옷을 입고 다닌다. 매우 열심히 신발을 만드는데 항상 신발을 한쪽밖에 만들지 않는다. 무지개가 끝나는 곳에 금항아리를 묻어둔다고 하니, 만일 아일랜드에서 레프리콘을 만나면 그를 협박해 황금이 묻힌 장소를 알아내면 된다.

험적으로 조사하려는 시도에 반비례함을 '예측'하는 'ESP의 부정이론negative theory of ESP'까지 만들어냈다고 한다! 이는 마치 신앙인들이 그들의 소중한 신화를 구해보려는 시도와 비슷하게 들린다.

미묘한 철학적 측면 외에도 좀 더 실용적인 측면에서 종교는 회의적 탐구의 영역에서 배제해야 한다고 주장할 수 있다. 과학적 회의주의의 실용적인 측면에 대한 강조는 NOMA 방향으로 수렴된다. 이는 노벨라와 블룸버그도 솔직하게 인정했듯이 재원과 관련된 문제다. "종교에 대한 회의적 탐구는 우리에게 중요한 목표도 아니면서 우리의 재원을 고갈시키고, 대중에 대한 우리 이미지를 결정하며, 다수의 잠재적 회의주의자들이 우리에게 등을 돌리도록 할 수 있다." 이것은 불행하게도 틀림없는 사실이다. 또한 회의주의 커뮤니티가 구성원에게 어떤 신조(신에 대한 불신 같은)를 따를 것을 요구할 수 없고, 요구해서는 안 된다는 것도 사실이다. 그러나 우리는 '성우sacred cow*'는 없어야 한다고 주장한다. 그 무엇이든지 자유로운 탐구와 회의주의적 조사의 대상이 될 수 있어야 한다. 현실적, 또는 어떤 다른 이유로 그리하지 못한다는 것은 지적 태만일 뿐이다. 신과 종교의 문제는 회의주의자의 관심 대상인 우주의 한 단면일 뿐이며, 신의 문제에 대한 회의적인 분석은 유익한 결과를 가져올 수도 그렇지 못할 수도 있다는 사실 또한 인정해야 한다. 즉 우리는 조심스럽게 계속 전진해 나가야 한다.

과학적 합리주의에서는, 특정 지식에 의해서가 아니라 방법론을 차등 적용함으로써 신이 존재하지 않는다는 믿음에 도달할 수

---

* 지나치게 신성시되어 비판이나 의심이 허용되지 않는 관습이나 제도.

있다. 도표의 가장 아래쪽부터 시작해 보자. 먼저 창조론자의 인격신은 그저 확고한 경험적 증거만으로도 충분히 반박 가능하다. 예컨대, 과학은 전 세계적 대홍수가 일어난 일이 없으며, 우주의 진화 과정이 창세기에 기록된 두 가지 버전 중 어느 쪽도 따르지 않았다는 증거를 충분히 제시할 수 있다. 그러나 이신론적이고 정의하기 어려운 개념의 신 쪽으로 이동할수록 새로운 도구가 필요하다. 이에 따라 과학적 합리주의의 성격은 경험적 과학으로부터 과학이 제공한 정보를 '이용'하는 논리적 철학으로 변화한다. 궁극적으로 이신론적 신에 대한 가장 설득력 있는 반박은 흄의 원리와 오컴의 면도날이다. 이들은 철학적 원리지만, 또한 모든 과학의 기반이 되기 때문에 비과학적이라고 일축할 수 없다. 우리가 이 두 가지 원리를 신뢰하는 이유는 지난 3세기 동안 이것들을 경험적 과학에 적용함으로써 얻어진 눈부신 성과 때문이다.

그림1에서 위쪽으로 이동할수록 과학적 합리주의자의 기반이 약해지는 것은 사실이다. 그러나 합리적인 회의주의자라면 자신의 입장이 궁극적 진리라고 주장할 사람은 아무도 없을 것이므로 이것이 치명적인 것은 아니다. 우리는 단지 '증거를 보여 달라'고 말할 뿐이다. 필자가 과학적 회의주의보다 과학적 합리주의를 선호하는 주된 이유는 무엇을 취하고 무엇을 버릴 것인가의 문제와 관련된다. 과학적 회의주의는 방법론의 힘(경험적 과학에 기반을 두기 때문에 가장 강력한)을 살리기 위하여 탐구의 폭을 제한한다. 반면에 과학적 합리주의는 과학의 힘을 최대한으로 유지하면서, 탐구의 영역을 확대하기 위하여 철학이나 논리학 같은 수단도 사용한다. 필자는 과학자로서 과학적 회의주의가 우세한 환경에서 훈련받았지만, 이성적인 인간으로서는 과학적 합리주의의 넓은 지평을 지향한다.

사람마다 다른 믿음

이제까지 과학-종교 문제에 접근하는 많은 길이 있음을 살펴보았다. 이 문제에 대해 생각할 거리는 여기서 논의된 것보다 더 많다. 서두에 밝힌 것처럼 이 글의 요점은 어떤 특정한 입장을 비난하는 것보다 그들의 차이점을 논리적, 심리학적 관점에서 살펴보는 것이다. 사실 사람들이 특정한 입장을 지지하는 이유(셔머의 《왜 사람들은 이상한 것을 믿는가》의 중심 주제이다)를 살펴보는 것도 과학-종교 논쟁 자체만큼이나 흥미롭다.

필자는 경험적 증거에 잘 부합하며, 증거가 부족할 때도 매우 합리적인 결론을 이끌어낼 수 있다는 이유로 과학적 합리주의를 선호한다. 그러나 과학적 회의주의, NOMA, 그리고 아주 약한 형태의 인류원리를 결정적으로 배제하기 어려운 것도 사실이며, 많은 지식인들이 이런 입장을 채택한다. **그림1**의 우측 상단으로부터 좌측 하단의 기독교 변증론으로 이동할수록 경험적 또는 합리적으로 그 입장을 변호하기가 어려워진다는 것은 분명하다.

그림1의 두 좌표축은 믿음의 대상이 되는 신의 인격성 정도와 사람들이 생각하는 신의 개념과 과학이 밝혀낸 세계 간의 충돌 정도를 나타낸다. 즉, 이 도표는 과학과 종교의 관계, 그리고 과학-종교 논쟁의 주요 인물들을 이해하는 데 도움을 줄 수 있는 일련의 사고 영역areas of thinking 을 대략적으로 나타내고 있다. 당신이 **그림1**에서 어떤 위치에 있는가에 따라 이 세계에서의 당신의 삶의 궤적과 타인과의 상호작용이 달라질 것이다. 이 세상 너머에 무엇이 있을지는 아무도 모르지만, 필자의 추측으로는 아무것도 없을 것 같다. 번역 장영재

211

3부

우리에게 무엇이든 믿을 권리는 없다

사람들은 왜 미신에 빠져드는가

마르야나 린데만
키아 아르니오

　많은 사람이 눈에 보이지 않는 초자연적인 세계가 존재한다는 것을 당연하게 받아들이곤 한다. 이들에 따르면 우리가 알 수 있는 것은 그 세계가 작동하는 세부 방식일 뿐이다. 이러한 믿음의 바탕에는 미신이나 마술적 사고가 깔려 있다. 이를테면 미국인의 40퍼센트 이상이 악마, 유령, 심령 치료를 믿는다. 하지만 대부분의 사회과학자는 사람들이 초자연적 현상을 믿는 이유를 굳이 연구할 가치가 없다고 여긴다. 그중에서도 심리학자들은 이러한 마술적 사고를 어떤 현상에 대해 그것을 설명할 수 있는 논리가 없기 때문에 생기는 문제, 또는 "달리 어떻게 처리해야 할지 알 수 없는 잡동사니로 가득 찬 쓰레기통으로 여긴다."

　물론 회의주의자들은 미신과 마술적 믿음을 예사롭게 여기지 않았고, 사람들이 초자연적 현상을 믿는 이유를 분석해 국제 정기간행물에 게재하고 정례 학회를 여는 것은 물론 수십 권의 홀

215

룽한 서적을 출간했다. 그런 믿음을 설명하는 근거로는 개인의 성격 특성, 심리적 동기, 인지능력의 결함부터 정서 불안, 인구통계학적 특성, 사회적 영향까지 다양하다. 물론 엄밀하고 과학적인 실험심리학적 관점에서 보면 이 분야에 대한 우리의 이해는 아직 충분치 않다. 이 글에서는 미신과 마술적 사고, 초현실적 믿음을 설명하는 새로운 통합적인 모델을 제시한다.

개념적 모델의 필요성

미신, 마술적 사고, 초자연적 믿음을 연구하는 과학자들이 맞닥뜨리는 가장 근본적인 문제 중 하나는 각각이 의미하는 바가 무엇인지 정확하게 정의하는 것이다. 이 용어들을 어떻게 정의해야 하는가에 대해서는 거의 합의된 바가 없으며 단순히 각 용어에 해당하는 구체적인 예를 제시하는 것이 전부다. 또한 '미신', '마술적 사고', '초자연적 믿음'의 내용이 서로 어떻게 다른지, 그것들이 명확히 틀린 믿음(예: "고래는 어류에 속한다")과는 어떻게 다른지도 분명하지 않다. 때문에 마술적, 초자연적, 미신적 믿음의 의미를 명확히 정의하고 합리적인 사람들이 왜 아직도 이런 터무니없는 것들을 믿는지 설명하는 개념적 모델이 필요하다. 본 연구는 이런 취지로 진행된 최초의 시도 중 하나다. 여기서 우리는 이 개념들을 정의하고 그 적용 기준을 제시하는 새 이론을 제공할 예정이다. 또한 우리는 우리의 개념적 모델이 경험적으로 타당한지도 분석할 것이다.

마술적 사고에 대한 가장 영향력 있는 이론으로는 인류학 초창기에 제안된 '공감 주술sympathetic magic*'의 법칙이 있다. 그중 '감염의 법칙law of contagion'은 한 번이라도 접촉한 적이 있는 사물들은 그후에도 멀리 떨어진 곳에서 서로에게 계속 영향을 미친다는 법칙이며, '유사성의 법칙law of similarity'은 외양의 유사성이 유사한 본성을 나타내거나 유발한다는 주장이다. 지난 20년간 연구자들은 충분히 교육 받은 서구의 성인들이 어떻게 이런 법칙들을 믿게 되었는지를 밝히는 선구적인 연구를 실시했다. 그러나 공감주술의 법칙은 모든 미신적, 마술적, 초자연적 믿음을 포괄하기에 충분치 않다. 더구나 연구자들의 설명에 따르면 마술적 사고와 현실 법칙들 간의 구분(예를 들어 마술적 감염과 세균 감염, 마술적 유사성과 예방접종)은 미묘하고 모호하다.

미신적, 마술적 믿음을 '그릇된 인지'로 폭넓게 정의한 연구자들도 있다. 인지 과정의 한계, 해명되지 않은 믿음, 무지에 근거한 교리, 그리고 일반적인 기준에 의하면 타당하지 않은 인과적 믿음 등이 그 예다.

하지만 미신적 믿음을 단순히 그릇된 믿음으로 정의하다보면 중요한 의문이 생긴다. 즉, 이러한 믿음은 다른 근거 없는 믿음과는 어떻게 다른가 하는 것이다. 오늘날 대부분의 과학자는 찰스 브로드Charles Broad의 정의에 따라 초자연적 현상이란 과학적으로 증명된 자연 법칙을 위배하는 현상이라고 여긴다. 이러한 정의를 발판으로 우리는 아동의 인지 발달에 관한 연구에서 얻은 '핵심지식core knowledge'이라는 개념을 적용해 미신, 마술, 초자연적 믿음과 기타 근거 없는 믿음 사이의 주된 차이를 찾고자 한다.

---

* 어떤 사물·사건 등이 공감 작용에 의하여 떨어진 곳의 사물·사건에 영향을 미칠 수 있다는 신앙을 바탕으로 한다. 제임스 프레이저(James Frazer)가 그의 책 《황금가지(The Golden Bough)》에서 언급했다.

핵심지식과 미신

발달심리학에 따르면 아동이 세상을 이해하는 과정에는 직관 물리학intuitive physics, 직관 심리학intuitive psychology, 그리고 경우에 따라 직관 생물학intuitive biology이라는 세 가지 유형의 지식이 작용한다. 이 지식들의 일부가 핵심지식을 구성하게 되는데, 핵심지식이란 아이들이 배우지 않고도 아는 지식으로서 예컨대 물리적, 생물적, 심리적 존재자, 그리고 이 존재자들이 관여하는 다양한 형태의 과정에 대한 직관적 이해를 뜻한다. 취학 연령 이전에 발달하는 핵심지식은 이후의 발달을 위한 토대가 된다. 그것은 구석기 시대의 환경에 대응해 진화한, 심리학자들이 영역 특수 학습 메커니즘domain specialized learning mechanism, 또는 모듈module이라 부르는 것에 기반을 둔다.

발달 연구에 따르면 물리적 존재자에 대한 핵심지식에는 공간과 부피를 가지는 물질로 세상이 구성된다는 이해가 포함된다. 생물적 존재자에 대한 핵심지식의 대표적인 예로는 식품 선택과 질병 회피의 문제에 대한 종 특이적species-typical 적응이 있다. 특정 문화권에 속해 있는 사람들은 비록 질병이 어떻게 전염되는지에 대한 과학적 이해가 부족하더라도 핵심지식을 통해 그것을 직관적으로 이해하는 경우가 많다. 마찬가지로, 네 살배기는 행동이 전염되지는 않는다는 사실을 알고 있으며, 눈에 보이는 증거가 없더라도 오염된 물질과 안전한 물질을 구분할 수 있다. 심리적 존재자에 대한 핵심지식에는 생명체가 마음을 지닌 지향적 행위자라는 이해가 포함된다. 만 2세 반쯤 된 아이들은 생명체가 외부의 힘 없이도 반응하고 움직이며 행동할 수 있음을 이해한다. 또 어린아이들은 마음의 구성요소(생각, 믿음, 욕구, 상징 등)가 비물질적이고 정신적이며, 그것들이 표상하는 존재자들의 속성을 가지지 않는다는 사실을 이해한다. 예를 들어 서너 살짜리 아이들은 개에 대한 관념이 개의 물질적 속성을 갖지 않으며 지도에 표시된 도로가 차가 지나다닐 만큼 넓을 필요가 없다는 사실도 안다.

그렇다면 이렇듯 직관적 이성을 타고난 아이들이 어떻게 미신에 빠진 비이성적인 어른으로 성장하는 걸까? 이에 대한 한 가지 설명은 물리적, 생물적, 심리적 존재자에 대한 어린아이의 직관적인 핵심지식이 서로 뒤섞인 채 범주를 넘나들며 적용될 수 있기 때문이라는 것이다. 그 결과 자연계의 평범한 존재자와 과정이 초자연계의 특별한 존재와 과정이 된다. 즉, 사람들은 정신의 구성요소가 물리적 존재자나 생명체의 속성을 가진다고 결론을 내리게 되고, 생각만으로 사물을 만지거나(염력) 저절로 움직이게 할 수 있다고 믿게 된다. 예를 들어 전염이나 치료가 심리적 현상의 일종이라면, 히틀러의 인격은 그의 스웨터에 스며들 수도 있고 치료자들은 멀리 떨어진 곳에 있는 환자도 생각의 힘으로 치료할 수 있다. 이런 세계에서는 천사나 악마처럼 선하거나 악한 정신을 가진 존재들이 독립적인 실체를 가지고, 외부의 힘 없이도 움직이고 행동하는 생명체로 기능할 수 있다.

미신의 세계에서는 지향성 같은 정신적 속성들이 물리적, 생물적 사건에 영향을 줄 수 있다. 가령 무당은 기우제를 지냄으로써 날씨를 바꾸려 하고, 라스베이거스의 노름꾼들은 낮은 숫자가 나오길 기대하며 주사위를 살살 굴린다. 또한 통속 물리학에서 '힘'의 개념은 살아 있고 지향성을 가지는 실체로 여겨지기도 한다. 예를 들어 풍수에서는 가구를 제대로 배치하지 않으면 '생명력'이 막혀 집안에 범죄나 이혼 등의 흉사가 생길 수 있다고 본다. 그리고 점성술사들은 행성이 인간의 성격과 행복을 좌지우지할 수 있는 힘을 발휘한다고 주장한다. 마술적 세계에서는 생물적, 물리적 과정이 특정 목표를 향한 지향성을 지닌 것으로 인식된다. 이 목표는 외부 행위자의 비물리적 의지에 영향을 받을 수 있다.

미신 정의하기

핵심지식에 대한 연구를 바탕으로 우리는 미신과 마술적 사고, 그리고 비현실적 믿음을 '심리적, 생물적, 물리적 존재자와 그 과정의 핵심 속성들을 서로 혼동하는 범주 오인'으로 정의하고자 한다. 물론 모든 범주 오인이 미신은 아니다. 이를테면 성인들은 흔히 물리적 힘을 물질로 인식하는데, 이는 범주 오인이긴 하지만 미신은 아니다. 다른 범주 오인들과 미신의 차이는, 미신의 경우 범주 오인에 늘 핵심지식의 혼동이 포함된다는 점이다. 또한 미신은 범주를 오인한 진술이 실제로 참이라고 믿는 한에서만 미신으로 인식될 수 있다. 따라서 비유적, 우의적 표현처럼 속성을 혼동하도록 의도한 표현들은 미신이 아니다(예: "뛰어난 기억력은 금광과 같다").

미취학 아동은 물리적, 생물적, 심리적 현상에 대해 놀랄 만한 이해력을 갖고 있지만 그들도 처음에는 미신에서 나타나는 것과 동일한 범주 오인을 한다. 그렇다고 해서 미신에 빠진 사람들의 인식이 어린아이 수준이라는 뜻은 아니다. 미신의 정의는 인간에게 직관과 논리라는 두 가지 정보 처리 기제가 있다는 이중과정 이론dual-process theory의 기본 원리를 통해 이해해야 한다. 직관과 논리는 서로 다른 데이터베이스를 근거로 다른 원리에 따라 작동한다. 이중과정이론에 따르면 아동이 성숙하면서 분석적 과정이 직관적 과정으로 대체되는 것이 아니며, 오히려 두 과정은 일생 동안 함께 발달한다. 때문에 한 성인의 머릿속에는 상충하는 두 믿음, 즉 합리적이고 타당한 믿음(예: "죽음은 끝이다")과 논리에 반해 무의식적으로 작동하는 믿음(예: "육신이 죽어도 영혼은 계속 존재한다")이 공존할 수 있는 것이다.

가설 검증하기

우리의 정의가 타당한지 밝히기 위해 우리는 회의적인 사람들에 비해 미신을 잘 믿는 사람들이 정신적 속성을 물리적, 생물적 존재자에 부여하는 경향, 물질적 속성을 정신적 존재에 부여하는 경향, 지향적 과정을 비지향적인 과정과 혼동하는 경향이 강하다는 가설을 세웠다. 그리고 우리는 다양한 형태의 미신, 마술적 사고, 초자연적 믿음이 존재론적 혼동과 관련이 있고, 존재론적 혼동은 직관적 사고에 의존하는 경향과 상관관계가 있다는 가설을 세웠다. 마지막으로 우리는 믿음을 설명하는 근거로 지금껏 꾸준히 제시되었던 다른 두 가지 요인(낮은 수준의 합리적 사고와 정서 불안)에 비해, 존재론적 혼동과 직관적인 사고가 미신, 마술, 초자연적 믿음과 더 중요한 상관관계가 있다고 예상했다.

우리의 가설을 검증하기 위해 연구에 참가할 핀란드인 239명을 모집했다(한 해 전에 실시된 미신 관련 연구에 참가한 3261명 중에서 선발했다). 회의주의자 여성 96명, 남성 27명과 미신을 믿는 여성 88명, 남성 28명을 비교할 예정이었다. 우리는 남녀별로 종합 미신 점수가 상위 10퍼센트 또는 하위 10퍼센트에 속하는 사람들에게 초대장을 보냈다. 선행 연구에서 여성(M=2.16)이 남성

(M=1.94)보다 미신 점수가 높았기 때문에(유의수준 0.001 이하) 집단별로 성 균형을 맞췄다. 연령 범위는 16~47세였고 평균연령은 24.2세였다. 절대다수(94퍼센트)는 학생들로 전공은 자연과학, 행동과학, 의학, 사회과학, 기술, 경영, 무역, 서비스 등 다양했다. 초자연적 현상을 믿는 정도는 선행 연구에서 '개정된 초자연적 믿음 척도Revised Paranormal Belief Scale, RPBS'를 이용해 측정했다. RPBS는 미신, 마술적 사고, 초자연적 믿음, 종교적 믿음의 측정에 가장 흔히 사용되는 검사를 일부 수정한 것이다. RPBS의 문항은 미신과 마술적 믿음의 일부 측면만을 다루었기 때문에 더 넓은 범위의 믿음을 포괄하기 위해 몇몇 항목이 보충되었다. 참가자들은 마녀, 기이한 생명체, 외계 생명체 등의 존재(예: "유령은 존재한다"), 텔레파시, 심령술, 예지력, 염력 등의 초자연적 힘(예: "사람의 생각은 물체의 움직임에 영향을 줄 수 있다"), 종교 신앙(예: "나는 신을 믿는다"), 운, 의식, 부적(예: "특정 보석은 행운을 가져다준다"), 점성학(예: "출생 시 별의 위치가 사람의 성격에 영향을 준다"), 풍수(예: "풍수에 맞게 가구를 배치하면 균형잡힌 환경이 조성되어 건강과 성공에 도움이 된다") 등에 대한 55개 항목을 1~5점으로(1=전혀 동의하지 않음, 5=매우 동의함) 표시해야 했다. 끝으로, 미신을 믿는 전반적인 경향을 측정하기 위해 모든 항목의 평균 점수를 사용했다.

a. 존재론적 오인 혼동 측정

존재론적 혼동에 대한 우리의 가설을 검증하기 위해 우리는 치Chi와 동료들의 연구를 바탕으로 측정 수단을 개발했다. 우선 참가자들이 서로 다른 존재론적 실체의 속성에 대해 어떤 개념을 지니는지 조사하기 위해, 특정 존재론적 범주에 속하는 존재자를 그와는 다른 존재론적 범주의 존재자와 대응시킨 34개의 진술을 제시했다. 참가자들은 그 진술을 비유적으로 이해하는지, 아니면 액면 그대로 이해하는지에 대해 질문을 받았다(1=비유적으로만, 5=문자 그대로만).

총 34개 진술 중 16개의 진술은 정신적 속성(예: 믿음, 욕망, 다정함)을 물질적 존재자(인공물, 액체, 고체, 식물)와 대응시킨 진술이었다. 예를 들면 다음과 같다. "오래된 가구는 과거의 사건들을 기억한다.", "따뜻한 여름이 되면 식물은 꽃을 피우고 싶어 한다." 이 진술들은 '물질의 정신화' 경향을 측정하는 것이다. 10개 진술은 '정신의 물질화' 경향을 측정하는 것으로서, 생각이나 인간의 마음 같은 정신 현상이 부피 같은 물리적 속성을 지녔거나 물질적 대상에 물리적 영향을 줄 수 있다고 생각하는지를 평가한다. 예를 들면 다음과 같다. "육체가 죽은 뒤에도 인간의 정신은 살아남는다." 6개의 진술은 '정신의 생물화'를 측정하는 것으로, 정신 현상(생각이나 인간의 마음)이 생물적 존재자의 속성(이를테면 살아 있다거나 감염될 수 있다는 등)을 갖고 있다고 여기는지를 평가한다. 예를 들면 다음과 같다. "사악한 생각은 말 그대로 한 주체를 감염시킬 수 있다." 비교를 위해 완전히 비유적인 진술 8개(예: "흐느끼는 바람은 피리다"), 문자 그대로의 의미를 지닌 진술 4개(예: "흐르는 물은 액체다")도 문항에 포함시켰다.

b. 지향적 사건과 비지향적 사건의 혼동 측정

지향적 사건과 비지향적 사건 사이의 혼동을 측정하기 위해, 비지향적 사건과 그 사건 후에 벌어진 일들을 기술한 18개 진술을 참가자에게 제시하고 그 사건에 목적이 있다고 생각하는지 물었다(1=사건에는 목적이 없었다, 5=사건에는 분명히 목적이 있었다).

18개 진술에는 세 가지 유형의 비지향적 사건이 포함되었다. 그 중 여섯 개는 임의의 사건이었고(예: 카드 게임에서 패 돌리기), 여섯 개는 인위적인 사건이었으며(예: 서버 오류), 나머지는 여섯 개는 자연적인 사건(예: 안개)이었다. 여섯 개의 사건 세트마다 긍정적, 부정적, 중립적 결과가 포함되었다.

긍정적, 부정적 결과는 생애경험조사Life Experience Survey를 참고했다. 부정적 결과를 지닌 임의의 사건에 대한 진술의 예는 다음과 같다. "카드놀이를 할 때 클럽과 스페이드만 손에 들어오는 바람에 당신은 엄청난 빚을 지게 됐다. 그런 카드만 들어온 데는 목적이 있었을까?" 긍정적인 결과를 지닌 인위적 사건에 대한 진술의 예는 다음과 같다. "브레이크가 고장 나서 당신은 낯선 이의 차를 망가뜨렸다. 그러다 결국 그 낯선 이와 결혼을 하게 됐다. 브레이크가 고장 난 사건에는 목적이 있었을까?" 중립적 결과를 지닌 자연적인 사건에 대한 진술의 예는 다음과 같다. "정원에 있는 큰 나무가 번개를 맞아 넘어졌지만 다른 피해는 없었다. 번개에는 목적이 있었을까?" 비교를 위해 진짜 지향적인 사건(예: 키스, 달리기 시합, 집단 괴롭힘)이 긍정적, 중립적, 부정적 결과(예: 연인 관계의 시작, 업무 능력의 퇴보)를 가져오는 진술도 4개를 포함하였다.

c. 참가자의 사고 유형과 정서적 안정성 측정

분석적 사고와 직관적 사고는 합리성 및 직관성 설문Rational Experiential Inventory, REI으로 평가했다. 이는 각각 20개의 항목을 가진 두 세트의 설문으로 구성된다(1=전혀 동의하지 않음, 5=매우 동의함). REI의 합리성 부척도는 남의 영향을 받지 않고 얼마나 합리적, 분석적, 논리적으로 사고하는지 그 정도를 평가한다(예:

"내가 어떤 결정을 내린 이유는 대개 명확한 설명이 가능하다"). REI의 직관성 부척도는 얼마나 자동적, 전의식적, 전체론적, 비언어적, 연상적으로 사고하는지 그 정도를 평가한다(예: "나는 내 직감을 믿는다").

정서 불안정은 '빅파이브Big Five'로도 알려진 NEO 5요소 성격 특성 검사NEO Five-Factor Inventory의 핀란드어 버전 중 신경증 부척도로 측정했다. 이 부척도는 불안, 우울, 자의식, 정서적 취약성, 충동성, 적대감 등 48개의 문항으로 구성된다(1=전혀 동의하지 않음, 5=매우 동의함).

연구 결과

우리가 예측한 대로 미신을 잘 믿는 사람과 회의주의자의 믿음 사이에는 존재론적 혼동에서의 차이가 있었다. 잘 믿는 사람들은 회의주의자들보다 물질을 정신화하는 경향이 강하고(그림1), 정신을 물리화하는 경향이 강했으며(그림2), 정신을 생물화하는 경향도 강하다(그림3). 다만 순수하게 문자 그대로의 진술이나 순수하게 비유적인 진술의 진위 여부를 판단할 때는 회의주의자들과 다르지 않았다.

또한 미신을 잘 믿는 사람들은 회의주의자들에 비해 자연적인 사건에 목적을 부여하는 경향이 컸고(그림4), 인위적인 사건에 목적을 부여하려는 경향도 더 컸으며(그림5), 임의적인 사건에도 목적을 더 부여했다(그림6). 다만 지향적 사건에 목적을 부여하는 정도는 미신을 잘 믿는 사람과 회의주의자 사이에 차이가 없는 것으로 드러났다.

존재론적 오인 – 존재의 성격에 대한 혼동

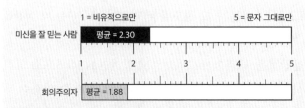

그림1 물질이 정신적 능력을 지닌 것으로 본다
16개의 진술에서는 인공물, 액체, 고체, 식물 등의 물질적 존재가 믿음, 욕망, 다정함 등의 정신적 특징을 갖는다.

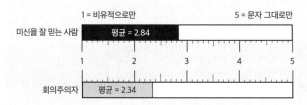

그림2 정신적 현상이 물리적 속성을 지닌 것으로 본다
10개의 진술에서는 생각이나 인간의 마음 같은 정신 현상이 부피 같은 물리적 특성을 지녔거나 물질적 대상을 직접 건드리는 것과 같은 영향을 줄 수 있는 능력을 지닌 것으로 표현된다.

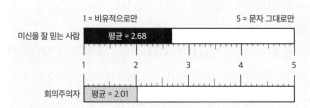

그림3 정신적 현상이 생물의 속성을 지닌 것으로 본다
6개의 진술에서는 생각이나 인간의 정신 등의 정신적 현상이 생물적 존재의 특성을 지닌 것으로 표현된다.

지향적인 사건과 비지향적인 사건의 혼동

그림4 자연적인 사건에 목적을 부여

설문지에 제시된 18개의 지향적/비지향적 사건 가운데 6개는 자연적 사건(안개 등)이었다. 6개 사건은 긍정적, 부정적, 중립적 사건의 세 세트로 구성되었다.

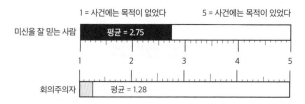

그림5 인위적인 사건에 목적을 부여

제시된 6개 사건은 '서버 고장'처럼 인위적이었고, 이 사건들 역시 긍정적, 부정적, 중립적 결과로 나뉘었다.

그림6 임의적인 사건에 목적을 부여

6개 사건은 카드 게임에서 패를 돌리는 것처럼 임의적이었다. 위의 두 카테고리와 마찬가지로 이 사건들은 긍정적, 부정적, 중립적 결과를 가져왔다.

참가자의 사고 유형과 정서적 안정성 측정

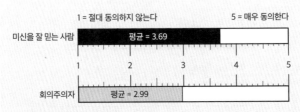

그림7 직관적 사고에 의존

직관적 사고는 합리적 경험적 설문으로 평가했다. 이 설문지는 20개의 항목으로 이루어진 두 개의 질문지로 구성된다(1 = 절대 동의하지 않는다, 5 = 매우 동의한다). REI의 '합리성' 부척도는 남의 영향을 받지 않고 얼마나 합리적, 분석적, 논리적으로 사고하는지 그 정도를 평가한다.

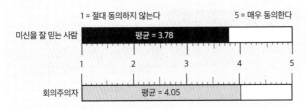

그림8 분석적 사고에 대한 의존

분석적 사고도 위와 동일하게 합리적 경험적 설문으로 평가했다.

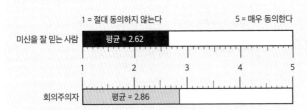

그림9 정서적 안정성

정서적 안정성은 '빅파이브'로도 알려진 NEO 5요소 성격 특성 검사의 신경증 부척도로 측정했다. 이 부척도는 불안, 우울, 자의식, 정서적 취약성, 충동성, 적대감 등 48개의 5점짜리 문항으로 구성된다.

마지막으로 미신을 잘 믿는 사람들은 회의주의자들에 비해 직관적 사고에 기대는 경향이 강했지만(그림7) 분석적 사고에 기대는 경향은 약했다(그림8). 또한 미신을 잘 믿는 사람들은 회의주의자들에 비해 정서가 불안했다(그림9). 두 집단 간의 성차는 발견되지 않았다.

무엇을 의미하는가

　　기존 과학 연구에서 미신, 마술, 초자연현상에 대한 믿음은 각각이 독립적인 현상인지 혹은 서로 관련된 현상인지에 대한 합의가 없었고, 이런 개념의 정의에도 일관성이 없었다. 본 연구의 목표는 이 개념들을 다른 근거 없는 믿음들과 구분하고, '정신적, 물리적, 생물적 존재자들의 핵심 속성을 혼동하는 존재론적 혼동'으로 정의하는 통일된 개념 체계를 제시하는 것이었다. 이에 따라 우리는 미신을 믿는 사람들이 실제로 존재론적 범주들의 속성을 혼동하는지 조사했다.

　　연구 결과는 우리의 가설을 뒷받침한다. 회의주의자와 비교할 때 미신을 잘 믿는 사람들은 정신 현상에 물리적, 생물적 속성을 더 많이 부여했다. 미신을 잘 믿는 사람들은 회의주의자들보다 정신이 사물에 물리적 영향을 줄 수 있다거나 사악한 생각이 다른 존재를 감염시킬 수 있다고 믿는 경향이 훨씬 컸다. 또한 이들은 회의주의자들에 비해 물, 가구, 바위 등의 물질에 정신적 속성을 더 많이 부여했고 이런 주체들이 (비유적으로라기보다 문자 그대로) 욕망, 앎, 영혼 같은 심리적 속성을 지녔다고 받아들였다. 특히 미신을 잘 믿는 사람들은 안개나 컴퓨터 고장 등의 자연적, 임의적, 인위적인(즉 비지향적인) 사건들이 결혼과 같이 개인사에서 의미 있는 결과들로 이어질 경우 그 사건이 목적을 지닌 것이라고 보는 경향이 더 컸다. 그러나 이들이 문자 그대로의 진술이나 순수히 비유적인 진술의 진위 여부, 또는 키스나 달리기 시합처럼 완전히 지향적인 행동의 목적성을 평가할 때는 회의주의자들의 응답과 큰 차이가 없었다.

또한 결과에 따르면 점성술, 풍수지리, 초능력과 같은 현상에 대한 믿음은 존재론적 혼동이나 직관적 사고 경향과 관계가 있었고 미미하기는 해도 분석적 사고를 할 경향성이 낮거나 정서 불안정이 있는 경향성과도 관계가 있었다. 이 결과들은 미신 등의 초자연적 믿음이 분석 체계의 결함이 아닌 직관 체계에서 야기되는 것으로, 직관적 사고에 의존하는 사람들이 비교적 미신을 많이 믿는다는 선행 연구의 결과와도 일맥상통한다. 요약하면 본 연구의 결과는 존재론적 혼동이 미신, 마술, 초자연적 믿음의 특성을 정의한다는 이론을 뒷받침한다.

미신을 핵심지식의 범주 오인으로 새롭게 정의함으로써, 우리는 미신이 다른 근거 없는 믿음들과 어떻게 다른지 밝힐 수 있게 되었다. 과거에 초자연적, 마술적, 미신적 믿음으로 여겨지던 대상 가운데 단순히 입증되지 않은 믿음일 뿐 미신이 아닌 것들도 많다. 여기에는 필적학graphology*이나 바이오리듬에 대한 믿음 등이 포함된다. 또한 감염의 법칙과 유사성의 법칙을 따르는 믿음들 역시, 감염의 개념이 생물학적 영역 너머까지 확대되고 유사성이 다른 존재론적 영역에 속하는 주체에 대한 추론을 끌어내는 데 사용되는 한에는 미신으로 간주된다. 따라서 병자가 걸쳤

---

* 글씨체를 보고 사람의 성격 등을 추정하는 학문.

던 옷가지에 대한 혐오감은 미신이 아닌 반면, 히틀러가 입었던 옷에 대한 혐오감은 미신으로 볼 수 있다.

핵심지식의 혼동은 원시시대의 애니미즘부터 현대의 풍수지리사상까지, 달을 생명체로 여기는 어린이의 믿음부터 교육받은 성인의 점성학에 대한 믿음에 이르기까지 폭넓은 미신과 마술적 사고, 초자연적 믿음의 공통분모를 이룬다. 우리의 바람은 이 새로운 개념적 모델이 미신에 대한 더 정교한 이론적 설명을 제시하는 발판이 되는 것이다. 일례로 어떤 이론에서는 미신을 '인간이 세상에 질서와 예측가능성을 부여하기 위해 의미 있고 일관된 방식으로 인과관계를 찾고 세상을 조직하는 형태'라고 본다. 그러나 이러한 정의는 수많은 다른 현상에 대해서도(예컨대 '과학'에 대해서도) 적용될 수 있기 때문에 미신에 대한 설명력은 약해질 수밖에 없다.

미신과 마술적 사고에 대한 후속 연구에서는 미신을 잘 믿는 사람들이 세상에 대해 지니고 있는 지식이 부정확한 이유가 심리, 생물, 물리 현상에 대한 생애 초기의 미성숙한 직관적 관념이 이후에 습득된 합리적 지식과 공존하고 있기 때문이라는 사실을 한층 명확히 입증할 수 있을 것이다. 또한 미신을 '공통 본질'에 대한 범주 오인으로 이해할 수 있을지 분석하는 연구도 실시될 수 있을 것이다. 어린아이는 사물을 그 본질에 따라 분류한다(개와 고양이는 동물이라는 같은 범주로 분류하고, 장난감과 개는 다른 범주로 분류한다). 이와 유사하게, 인류학자들은 뉴기니 후와Hua 민족에게서 발견되는 다양한 마술적 믿음의 근간에는 그들이 '누nu'라고 부르는 생명의 본질이 있다고 말한다. 이러한 주장은 일반적인 초자연적 믿음에서 모든 개인이 우주와 연결되어 있다거나 우주가 서로 연결되어 있다는 식의 전체론적 주장과 유사한

231

부분이 있다. 따라서 우리는 존재론적 범주 사이의 핵심 속성의 혼동이 범주들 사이의 공통 본질이라는 개념을 함축하고 있으며, 이것이 연결성이나 총체성과 관련된 생각으로 이어진다고 제안한다. 이것이 바로 미신, 마술, 초자연 현상에 대한 믿음을 일으키는 핵심 혼동이다. 번역 김효정

믿음은 쉽게 바뀌지 않는다

더그 러셀

한때 나는 초자연적 현상이나 거대한 음모론에 빠진 사람들에게 정확한 논리를 찾아 보여주면 그들이 얼마나 큰 착각에 빠져 있는지 설득할 수 있으리라고 믿었다. 그들의 논리가 얼마나 허술한지 증명하면 그들의 생각을 바꿀 수 있을 줄 알았다. 하지만 내 생각은 옳지 않았다. 마술적 사고와 음모론의 지배를 받는 사람들은 어떤 속임수가 개입되었는지 명백히 증명되어도 자신의 믿음에 대한 집착을 버리지 않는다. 그들은 참된 설명이라 하더라도 그것이 기존에 가지고 있던 믿음과 일치하지 않으면 진짜 설명은 좀처럼 받아들이지 않는다. 믿음을 바꾸는 것이 얼마나 힘든지 마술사로서 내가 겪은 일들을 말해보겠다.

한때 나는 유명 서점 체인에서 일한 적이 있는데 그곳 직원들은 모두 내가 부업으로 마술을 한다는 사실을 알고 있었다. 언젠가 서점에서 같이 일하는 동료 두 명과 잠깐 쉬고 있을 때였다.

그중 한 명이 내게 심령술에 대해 어떻게 생각하느냐고 물었다. 나는 심령마술은 하지 않지만 콜드리딩cold reading*이나 '맞힌 것'을 강조하고 '틀린 것'을 슬쩍 넘기는 방법 같이 심령술과 관련된 일반적인 지식은 갖고 있었다. 그래서 나는 동료에게 심령술은 모두 속임수에 불과하다고 말한 뒤, 정말로 그렇다는 것을 설명해 주기로 했다.

나는 콜드리딩을 직접 시도해 본 적이 없었기 때문에 성공하거나 말거나 밑져야 본전이다 싶었다. 그저 어떤 기술인지 설명만 해줘야겠다고 생각했다. 그래서 나는 동료 중 한 명인 리사를 보며 짐짓 심각한 표정으로 말했다. "그러니까… 확실한 건 아니고 그냥 제 느낌인데…" 나는 먼 허공을 한 번 응시하고 나서 다시 그녀를 돌아봤다. "당신에게 알파벳 M이 보여요."

리사는 대번에 눈에 띄는 반응을 보였다. 그녀가 두 눈을 휘둥그렇게 떴다가 인상을 살짝 찌푸리는 모습을 보고 나는 기회를 놓치지 않았다. "이름이 M으로 시작되는 사람과 당신 사이에 뭔가 일이 벌어지고 있는 것 같아요."

그녀는 나는 노려봤다. "집어치워요."

거기서 멈춰야 했을 테지만 나는 첫 시도부터 뭔가 맞췄다는 생각에 우쭐해졌고, 이게 다 트릭을 설명하려고 나온 얘기라는 생각에 좀 더 깊이 들어갔다. "아니, 진짜로 M과 무슨 관계가 있을 거예요."

"이러지 말아요." 그녀가 정색하며 말했다. "정말 싫어요."

---

* 점쟁이나 심령술사 등이 상대방에 대한 아무런 지식이 없는 상태에서 그들의 심리나 상황 등을 알아맞히는 기술.

내가 신, 심령술, 외계인, 차크라* 등에 대한 사람들의 믿음을 반박하면 그들은 내게 짜증을 내곤 했지만 리사의 반응은 짜증이라기보다 분노에 가까웠다. "우리 오빠 여자친구 이름이 메리예요. 그런데 얼마 전에 뇌종양 진단을 받았다고요."

사실 그녀의 감정을 갖고 장난칠 의도는 없었다. 내가 심령술사들을 비난하는 이유도 그 때문이다. 그래서 나는 다시 콜드리딩의 기법에 대한 얘기로 돌아오려고 했다. "미안해요. M으로 시작되는 이름이나 성이 워낙 흔해서 그것을 골랐을 뿐이에요. 보이긴 뭐가 보이겠어요." "알아요. 하지만 왠지 으스스하니까 그만하셨으면 좋겠어요."

그녀의 반응은 신념 체계에 대해 많은 것을 드러낸다. 나는 그저 아무 알파벳이나 골라 약간의(아주 약간의) 연기를 보냈을 뿐이다. 그것도 내가 콜드리딩 기법을 설명하겠다고 분명히 밝히고 난 다음에. 하지만 그것만으로는 그녀를 신념 체계에서 벗어나게 할 수 없었다. 내가 그 방법을 아무리 명확하게 설명해도 그녀는 여전히 그것을 자기 삶의 실제 사건과 연결 짓고는 '으스스하다'며 불쾌해했다. 나는 더 이상 파고들지 않기로 했다. 그녀는 좋은 사람이었으니까.

몇 달 뒤에 나는 역시 서점 동료인 버넌과 얘기를 나누다가, 기존에 품고 있던 믿음과 반대되는 증거를 받아들이는 것이 얼마나 어려운지 또 한번 절감했다. 우리는 관심거리와 취미에 대해 잡담을 나누는 중이었다. 버넌은 사진찍기를 좋아한다며 자신에게 큰 영향을 준 어떤 사진 강사 얘기를 꺼냈다. 그 강사를 칭찬하던

---

* 인간의 몸에서 정신적 힘이 모이는 부위 가운데 하나로, 산스크리트어로 '바퀴' 또는 '원반'을 의미한다.

버넌은 내가 결코 흘려들을 수 없는 주장을 했다. 버넌이 찍은 사진을 보더니 그 강사가 그에게 '여성들과의 사이에 해결되지 못한 문제'가 있을 것 같다는 말을 했다는 것이다.

나는 그 말을 듣고 실소를 터트리며 이렇게 물었다. "모델들한테 어떤 포즈를 지시했길래요?" 하지만 그게 아니었다. 버넌에 따르면 그의 사진은 여자에 대한 것이 아니었다고 한다. 버넌의 포트폴리오에는 여자뿐만 아니라 다양한 피사체가 찍혀 있는데 그 강사는 여성 문제를 집어냈다는 것이다. 나는 웬 헛소리인가 싶었지만 굳이 그 말을 꺼내지는 않았다. 하지만 버넌은 자기가 실제로 그런 문제를 갖고 있다고 우겨댔다. 그 강사의 직감이 옳았다는 것이다.

내가 보기엔 너무 두루뭉술한 소리였다. "버넌, 우리 서점에는 이성애자든 동성애자든 여자와 해결되지 않은 문제가 없는 남자는 하나도 없을걸요. 장담하는데 여자들한테 물어봐도 똑같이 남자들과 문제가 있다고 할 거라고요. 해결되지 않은 문제라고 하면 너무 막연하잖아요. 그럴싸하게 들릴 수는 있지만 그런 말은 누구에게 적용해도 옳을 수밖에 없어요."

버넌이 자신의 주장을 굽히지 않고 목에 핏대를 세우고 있을 때 마침 벤이라는 젊은 남자직원이 지나갔다. 벤은 19살 청년으로 서점에서 일을 시작한 지 겨우 이틀째였다. 버넌과 나는 벤에 대해 거의 아는 바가 없었다. 말도 한 번 나눠본 적 없는 사이였다. 내 주장을 증명하기 위해 나는 벤을 멈춰 세우고 이렇게 말했다. "이봐요, 내가 너무 오지랖을 부리는지는 모르겠지만 여태 당신의 옷차림과 행동을 지켜보니까, 당신한테 무슨 문제가 있다는 인상을 받았어요. 내 느낌이 틀렸을지도 모르지만, 여자와 문제를 겪고 있다고 해야 하나? 감정적으로 해결되지 않은…"

벤은 신기해 죽겠다는 표정으로 나를 봤다. "맞아요, 얼마 전에 여자친구와 헤어졌어요."

나는 의기양양했지만 버넌은 화가 나서 씩씩거렸다. "상황이 전혀 다르잖아요."라고 툴툴대더니 어떻게 다른지 설명도 없이 쌩하니 가버렸다. 처음 보는 사람에게도 사진 강사의 예언이 적중한다는 사실만으로는 그의 생각을 바꿀 수 없었나 보다.

다시 벤을 보니 그는 내가 한 말을 곱씹고 있었다. "내 옷차림만 보고 그걸 어떻게 아셨죠?" 그가 물었다. 나는 그에게 진실을 말해주었다. 나는 그런 것을 알아맞힐 능력이 안 된다고 털어놓았다.

사람들이 기존에 형성된 견해나 믿음에 얼마나 얽매이는지는 내가 돈을 받고 마술 공연을 하는 장난감 가게에서도 증명되었다. 우리 가게에서 판매하는 상품 중에 '스카치와 소다'라는 것이 있다. 마술용품 가게라면 어디서나 구할 수 있는 제품으로, 은색 미화 50센트 동전과, 그것보다 조금 작은 구리색 멕시코화 20센타보 동전으로 구성되어 있다. 마술 가게에서 시범을 보일 때는 지원자의 한쪽 손에 이 동전 두 개를 놓고 양손을 등 뒤로 숨기라고 지시한다. 그런 다음 동전을 각각 한 손에 하나씩 쥐고 주먹을 꽉 쥔 채 손을 앞으로 내밀라고 지시한다. 이제 마술사는 두 개의 주먹 중 하나를 가리키며 "이 손엔 구리 동전이 없을 거예요."라고 말한다. 그의 말은 옳다. 왜냐면 그것이 속임수기 때문이다. 지원자가 두 손을 모두 펴보면 그의 손에는 50센트와 (20센타보 동전 대신) 미화 25센트가 놓여 있다.

사람들의 반응은 생각보다 뜨겁다. 어떻게 시연하느냐에 따라 구리 동전이 25센트로 몰래 바꿔치기 되거나 지원자의 손에서 25센트로 변신하는 것처럼 보이게 된다. 그리하면 언제나 열렬

237

그림1 동전 두 개를 보여준 다. (자원자에게는 정확히 이렇게 보인다.)

그림2 자원자의 손에 동전 두 개를 놓는다. (역시 자원 자에게 실제로 보이는 모습 이다.)

그림3 자원자가 손을 펴면 구리색 동전이 미화 25센 트로 바뀌어 있다. (자원자 에게 보이는 모습과 실제로 갖고 있는 동전이 모두 사 진과 같다.)

한 반응을 이끌어낼 수 있다.

우리 가게에서 판매하는 모든 제품에는 사용설명서가 들어 있 지만 나는 손님이 기본적인 테크닉을 배우고 싶어 하면 잠깐 개인 수업을 해준다. 한 여성에게 그 제품으로 시범을 보였더니 그녀는 한 세트를 사 와서 방법을 가르쳐달라고 했다. 나는 모든 과정을 차근차근 설명해 주었다. 트릭은 간단했다. 세 개의 동전을 사용해 그중 둘을 마술사가 바꾼 다음 상대방의 손에 능청스럽게 올려놓는 것이다. 그녀는 내 시범을 곧잘 따라했지만 내가 설명을 마치자 이렇게 말했다. "잘 알겠어요, 하지만 저한텐 어떻게 하셨죠?"

나는 어리둥절했다. "방금 보여드렸잖아요."

"아니, 그때는 이렇게 하지 않았잖아요."

마술 묘기에 대한 사람들의 기억은 실제로 일어난 일과 크게 다를 때가 많다. 사실 마술사들은 그런 심리를 교묘하게 이용하곤 한다. 하지만 나는 그녀에게 솔직하게 말했다. "아까도 이렇게 한 게 맞아요."

그녀는 내가 거짓말을 하고 있다고 고집을 부렸다. "아니에요, 틀림없이 내 손에 은색 동전과 구리색 동전을 놓으셨다고요."

"맹세하는데 방금 보여드린 것과 똑같이 했어요."

그러나 그녀는 여전히 납득하지 못하는 눈치였고 내가 뭔가 감추고 있다는 인상을 떨치지 못한 채 가게를 나섰다. 처음 시연에 대한 인상이 너무 강렬했는지, 내가 어떤 속임수를 썼는지 설명을 하면서 트릭을 알려줘도 그녀의 믿음을 바꾸기엔 역부족이었다.

더구나 그것은 단순한 마술 트릭일 뿐이었다. 개인의 가치관이나 종교적 교리와는 전혀 무관하다. 그녀의 건강이나 행복이 달린 문제도 아니고 오래된 신념과 충돌하는 것도 아니며 그녀의 사회적 지위나 수입에 나쁜 영향을 끼칠 리도 없다. 시연을 하면서 겪은 아주 짧은 경험 말고는 영향을 받은 것이 아무것도 없다. 그런데도 나는 그녀가 실제로 일어난 일을 잘못 인식했다고 납득시킬 수가 없었다. 아무리 그녀에게 트릭을 한 단계, 한 단계 설명해도 그녀는 진실보다 자신이 경험했다고 믿는 것에 집착했다.

나는 공연에서 절대 거창한 마술을 시도하지 않았다. 친근하고 쉽게 접근할 수 있는 마술을 선보이려고 노력했다. 사람들이 속

① 카드 네 장을 뒷면이 보이도록 펼쳐 보인다.

② 제일 위에 있는 카드를 앞면이 보이도록 뒤집는다.

③ 뒤집은 카드를 맨 아래로 보낸다.

④ 다시 맨 위에 있는 카드를 앞면이 보이도록 뒤집는다.

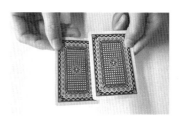

⑤ 네 장의 카드를 한 장씩 뒤집으며 맨 아래로 보낸다.

⑥ 두 번째 카드와 세 번째 카드를 뒤집으면 앞면이 되며 그 상태로 맨 아래로 보내진다.

⑦ 네 번째 카드는 ③번 단계에서 앞면이 보이도록 뒤집은 카드다.

⑧ 카드를 접은 후 펼쳐보면 놀랍게도 모든 카드가 뒷면을 보인다.

고 난 뒤에도 즐거워하기를 바랐으니까. 나는 장난감 가게의 알록달록한 소품들에 둘러싸인 채 판매용 마술도구가 진열된 유리 카운터 뒤에 서 있었지만 때때로 사람들은 내 마술 묘기에 기분이 상해 저만치 달아나 버렸다. 손에 쥔 트럼프 카드의 숫자가 바뀌면 그들은 불쾌한 기색을 드러냈다. 네 개의 동전이 나의 오른손 주먹에서 왼손 주먹으로 한 번에 하나씩 감쪽같이 옮겨가는 것을 보면 사람들은 나를 경계했다. 입으로는 그것이 속임수라고 말하면서도 어떤 신비한 무엇인가가 일어났다는 믿음을 버리지 않는 사람도 있었다.

속임수를 인식하는 데 기존의 세계관이 영향을 주기도 한다. 다음 사례를 보면 훨씬 더 골치가 아파온다.

나는 종종 아이들에게 다음과 같은 트럼프 마술을 보여주곤 한다. 카드 네 장을 뒷면이 보이도록 펼쳐 보인 뒤 접고, 그중 한 장을 앞면이 보이도록 뒤집어 맨 아래로 보낸다. 그리고 맨 위의 카드를 앞면이 보이도록 뒤집는다. 이제 네 장의 카드를 한 장씩 뒤집으며 맨 아래로 보낸다. 그 후 카드를 펼치면 놀랍게도 네 장의 카드가 모두 뒷면을 향하고 있다. 이는 계속 반복 가능한데, 두 카드를 앞면이 보이도록 뒤집고 네 장의 카드를 모두 뒤집으면 모든 카드가 뒷면을 보이는 것이다. 이것을 무한정 반복했다간 사람들이 카드 마술을 지긋지긋하게 여길 테니 한두 번만 더 한 다음 그만둔다. 이 트릭은 카드를 몰래 뒤집은 후 엠슬리 카운트 Elmsley count* 라는 기술을 써야 한다.

---

* 마술사 알렉스 엠슬리(Alex Elmsley)가 고안한 카드 마술 기법으로 손에 쥔 카드 중 세 번째 카드를 숨기고 맨 위의 카드를 두 번 세는 트릭. 고스트 카운트(Ghost Count) 라고도 한다.

내가 만나는 6~7세 이하의 아이들은 대부분 마술의 힘을 믿는 편이다. 내가 선보이는 마술이 실제로는 일어날 수 없는 현상이라는 것을 잘 알고 있으며, 내가 외우는 마법의 주문이나 몸짓 때문에 그런 일이 생긴다고 받아들인다. '수리수리마수리' 같은 주문의 힘으로 내 손에서 손수건이 사라지는 줄로 안다.

약 7세가 지나면 속임수는 없는지 의심하기 시작한다. 한번은 이런 일이 있었다. 11살쯤 되는 소년이 나의 카드 트릭을 완전히 넋을 놓고 지켜봤다. 그 아이에게는 불가능한 일이 진짜 일어나고 있는 셈이었다. 그 아이는 카드 트릭을 속임수나 공연으로 여기지 않고 카드에 진짜 앞뒤가 바뀌는 성질이 있다고 믿는 것 같았다. 나이에 비해 순진한 생각이었지만 언제나 예외는 있는 법이라 나도 처음에는 그러려니 했다. 하지만 시범이 끝나자 그 아이는 나를 보고, 내가 그것을 어떻게 했는지가 아니라 카드가 어떻게 그것을 했는지를 물었다. 너무 뜻밖의 질문이라 나는 이렇게 얼버무릴 수밖에 없었다. "나도 잘 모르겠구나."

나중에 생각해 보니 나는 그 애가 "이건 진짜 마술이네요." 같은 말을 하리라 기대했던 것 같다. 하지만 그 애는 그렇게 말하지 않았다. 그 애는 어른들에게 주워들었거나 가정에서 습득한 '학습된 세계관'을 보여주는 듯한 말을 했다. 그 애는 카드를 진지하게 보더니 이렇게 말했다. "아마 정부에서 그렇게 되도록 만들었나 봐요."

판매용 마술도구가 가득한 유리진열장 바로 앞에서 마술사임이 틀림없는 사람과 대화를 하면서도 이 아이는 자신이 본 것을 사전에 형성된 세계관을 바탕으로 해석했다. 그 아인 겨우 11살이었으니 비판적 사고 능력이 충분히 발달하지 않은 탓일지도 모른다. 하지만 이 글에 등장하는 다른 사람들은 성인임을 잊지 말자.

과거에 갖고 있던 믿음을 내려놓도록 사람들을 설득하기란 여간 어려운 일이 아니다. 뻔한 속임수를 알기 쉽게 설명해 줬을 때도 그러하니, 그렇지 못한 상황에서는 거의 불가능한 일 아닐까? 나는 이제 내가 사람의 생각을 바꿀 수 있을 거라는 기대는 하지 않는다. 대신 내 논리를 최대한 명확하게 밝히고, 상대방이 앞으로도 계속 충분한 정보와 대안적인 설명을 접한다면 언젠가는 훌륭한 증거로 뒷받침되는 설명을 받아들일 거라고 바랄 뿐이다.

나는 교육과 인내 그리고 정직함에 희망이 있다고 생각한다. 안타깝게도 그중 무엇도 빠른 효과를 내지는 못한다. 아이든 어른이든 내게 마술 트릭을 어떻게 쓰는지 묻는다면 나는 거의 같은 대답을 한다. "속이고 거짓말하죠." 그 말은 진심이다. "저를 따라하면 안 돼요."

나는 그 말이 내가 해줄 수 있는 최선이라고 생각한다. 번역 김효정

음모론자의 사고법

믹 웨스트

사람들과 대화를 하다보면 종종 사람들은 내가 알기로 틀린 사실들을 말할 때가 있다. 회의론자인 나는 그 이야기가 왜 틀렸는지 설명하려 하지만 그들은 내 말을 믿지 않으려 한다. 아마 많은 사람이 이런 상황을 경험해 봤을 것이다. 나는 거기에서 멈추지 않고 며칠에 걸쳐 설득을 시도한다. 하지만 여전히 그들은 내 말을 듣지 않고, 때로는 잘못된 믿음이 더욱 강해지기도 한다. 도대체 무엇이 문제일까?

추론 능력이 마비된 광신론자를 설득하는 일은 풀기 어려운 문제다. "왜 사람들이 음모론에 빠질까?"라는 질문은 내가 인터뷰에서 가장 많이 받는 질문 중 하나다. 나는 보통 우연의 연속, 주변 상황, 삶에서 여유 시간이 너무 많아 생기는 불안정한 시기 때문이라고 답한다. 하지만 이런 답변은 질문자가 알고 싶어 하는 '왜'에 대한 답변이 아니다. 그들은 음모론자가 무슨 문제를 가지고 있는지, 그중에서도 특히 정신적으로 어떤 문제가 있는지 알고 싶어 한다.

우리에게는 독특한 믿음을 병적인 것으로 보려는 자연직인 욕구가 있는 것 같다. 음모론은 종종 너무 기이한 것처럼 보여, 사람들은 이를 믿는 음모론자가 어떤 정신 질환을 가지고 있는 것은 아닐까 생각한다. "그들에게 무슨 문제가 있는가?"라는 질문은 이를 잘 보여준다.

물론 음모론자에게 때로는 어떤 문제가 있을 수도 있다. 편집증이나 망상장애 같은 정신 질환은 음모론으로 이어지기도 하며, 나르시시즘이나 귀인 오류attribution errors에 빠지는 정신적 성향은 음모론과 통계적 상관관계가 있다.

하지만 음모론자 대다수는 약간의 잘못된 믿음을 가지고 있는 기본적으로 평범한 사람이다. 그들은 특정 사건이 비도덕적인 목표를 가진 소수의 권력자 집단이 자행한 음모의 결과라고 주장하는 기만적인 매체에 설득됐을 가능성이 높다. 일단 이런 설명을 받아들이고 나면, 인식적으로 불안정해지며 다른 정보를 신뢰하지 못하게 되기 때문에 생각을 바꾸기가 어려울 수 있다.

음모론의 세계에 익숙하지 않은 사람에게는 모순된 증거를 받아들이기 꺼려하는 이런 성향이 매우 곤혹스러울 수 있다. 그 결과 음모론자가 어떤 정신 질환을 가졌을 것이라고 성급한 결론을 내리기 쉽다. 다시 말해 우리는 음모론자의 오해를 병리화 한다.

하지만 나는 종종 겪는 이 고통스러운 경험을 통해 우리와 음모론자 사이에 '지각적 대칭'이 있다는 것을 알게 되었다. 당신은 그들이 유튜브 영상에 속아 넘어갔다고 생각하지만, 음모론자는 주류 언론이나 정부가 당신을 세뇌했다고 생각한다. 당신은 그들이 이성에 귀를 기울이지 않는 데 좌절하지만, 음모론자는 당신이 알렉스 존스Alex Jones*의 말을 거부한다는 점에 분노한다.

음모론자들과 오랫동안 교류를 하다 보니 나에 대한 그들의 인식이 어떤 궤적을 그린다는 것을 알게 되었다. 처음에 그들은 나에게 친밀감을 보이고 그들의 생각이 익숙하지 않은 것뿐이라고 하면서 자신의 이론과 관련 지식을 나와 공유하길 열망한다. 나중에는 계속해서 설득되지 않는 나를 보고 어리석다고 생각하거나 정부의 앞잡이라고 결론을 내린다.

대개 좋은 대화를 이어가다 보면 그들은 내가 어리석지 않다는 걸 알게 될 것이다. 더 많은 시간과 노력을 들이면 내가 정부의 앞잡이가 아니라 실제 내가 하는 말을 진심으로 믿고 있다는 걸 깨닫게 될 것이다. 하지만 그들 역시 자신의 믿음이 옳다고 생각하기에 인지 부조화가 일어날 것이고, 인지 부조화는 내가 정신질환이나 진실을 보지 못하게 하는 심리적 요인을 가지고 있다고 결론을 내리도록 그들을 내몰 것이다.

2001년에 일어난 9/11 사건 이후 10여 년이 지난 2012년에 '9/11의 진실을 위한 건축가와 공학자architects and engineers for 9/11 truth'라는 음모론 집단이 이런 인지 부조화를 겪고 있었다. 자신들의 전문 지식과 증거가 대중을 설득하지 못하는 데 좌절한 그들은 심리학자와 정신 건강 전문가에게 그 이유를 설명해 달라고 도움을 요청했다. 물론 그들이 선택한 전문가들은 쌍둥이 빌딩이 미리 설치된 폭약에 의해 무너졌다고 생각하는 극소수의 사람들이었다. 결과는 충분히 예측 가능하지만, 여기에는 흥미로운 부분이 있다. 9/11의 진실을 지지하는 임상 심리학자인 로버트 호

퍼Robert Hopper 박사는 다음과 같이 설명했다.

9/11의 진실[음모론]은 정부와 국가에 대한 우리의 가장 근본적인 몇몇 믿음에 도전한다. 믿음이 도전을 받거나 두 믿음이 일치하지 않을 때 인지 부조화가 발생한다. 9/11의 진실은 국가가 우리를 안전하게 보호하고 미국이 '좋은 나라'라는 믿음에 이의를 제기한다. 이런 일이 일어나면 두려움과 불안이 생겨난다. 그에 대한 반응으로 이러한 감정으로부터 우리를 보호하기 위해 심리적 방어 기제가 작동한다.

다시 말해 증거의 맥락에서 그들의 발파 해체explosive demolition 가설이 터무니없기 때문이 아니라 우리의 뇌가 정부의 안전한 보호를 받는 일에 익숙한 나머지 반대 주장에는 귀를 닫아버리기 때문에 사람들이 그들의 가설을 믿지 않는다는 것이다. 내가 음모론자의 인지 부조화에 대해 말했듯, 그들도 우리에 대해 같은 이야기를 한다는 것을 명심해야 한다. 나와 마찬가지로 그들의 인식 속에서는 그들의 결론이 타당해 보일 것이다. 다시 한번 지각적 대칭이 등장했다.

또 다른 지지자인 심리학자 프랜시스 슈어Frances Shure도 발파 해체 가설에 동의하지 않는 사람에 대하여 비슷한 견해를 보였다.

그들 모두에게 공통적인 것은 두려움이라는 감정이다. 사람들은 외면, 소외, 따돌림을 두려워한다. 그들은 무력감과 취약함을 두려워하고 그런 감정이 다가오는 걸 감당할 수 없을까 봐 두려워한다. 그들은 불편한 삶, (중략) 혼란스러운 상태, (중략) 심리적 쇠퇴를 두려워한다. 그들은 무력감과 취약함을 두려워한다.

고맙게도 보통의 음모론 추종자들도 이런 사고방식을 채택했다. 마침내 그들은 추론 능력이 망가지고 자신들이 권하는 유튜브 영상 시청을 거부하는 친구와 친척을 이해하는 방법을 알아냈다. 즉 반대 진영의 사람들은 단지 두려웠을 뿐이다! 이를 통해 그들은 누군가가 과학과 논리에 근거해 반론을 제기할 수 있는 골치 아픈 현실에 직면하기보다 우월감을 느낄 수 있었고, 심지어 그들이 말하는 '사실'을 두려워하는 사람들을 불쌍히 여겼다.

이는 9/11의 진실에만 국한되지 않는다. 유명한 한 켐트레일 Chemtrails* 음모론자는 몇 년 전 나와의 만남을 다음과 같이 묘사했다.

나는 폭로자 믹 웨스트를 만났다. 문장 하나를 완성하지 못할 정도로 산만한 사람이었다. 그는 내 눈을 똑바로 바라보지도 못했다. 미친 사람 같았다. 그에게 어떤 정신적 문제가 있는 게 아닐까 생각했다.

나 역시도 그와의 만남을 잘 기억한다. 로스앤젤레스에서 열린 켐트레일 학회에서였다. 내가 알기로 당시 켐트레일 음모론을 믿지 않는 참석자는 나뿐이었다. 거기서 일군의 무리와 대화를 나누면서 내가 누구인지 설명했고 화가 난 그들은 나를 둘러싸고 어떻게 정부의 앞잡이 노릇을 하며 살아갈 수 있냐고 캐물었다. 위급한 물리적 폭력의 위협은 없었지만 그래도 꽤 긴장되는 경험

---

* 화학 물질(chemical)과 비행운(contrail)을 뜻하는 영단어를 합친 신조어로, 정부나 비밀 조직이 인구수 조절, 생물학 병기 실험 또는 식량 가격을 조정할 목적 등으로 비행운으로 위장한 화학 물질을 대기 중에 살포한다는 음모론을 말한다.

이었다. 나의 관심사를 설명한 끝에 그중 한 사람과 반쯤은 이성적인 대화를 나눌 수 있었다.

얼마 뒤 나는 문제의 주인공을 만나러 갔다. 긴장을 하고 있던 나는 그의 일행과의 대화를 끊을 수 없어 어찌할 바를 모르고 주변에서 서성댔다. 마침내 말을 걸었을 때 나의 긴장이 분명 그에게 전해졌을 것이다. 몇 년 뒤 그의 의심스러운 마음은 나의 불안한 눈빛을 죄책감의 징표로, 적절한 단어를 선택하기 위해 망설이는 모습을 정신 질환으로 해석했다.

나는 이 만남(그리고 나중에 그가 우리의 만남을 묘사한 방식)을 통해 첫인상이 중요하다는 오랜 교훈을 다시 한번 확인했다. 첫인상은 모든 뉘앙스를 자신의 세계관에 맞춰 특정한 방식으로 해석하는 사람에게 특히 중요하다. 매우 어려운 일이지만 우리는 보통 우리가 중립적이고 친절하며 정직하다는 인상을 주길 원한다. 그런 인상을 남기는 가장 간단한 방법은 실제로 그렇게 되는 것이다. 그리고 중요한 한 가지, 긴장을 풀어라!

최근에는《뉴요커》에서 나를 언급한 한 기사가 UFO 지지자들에게 회자되었다. 그들은 내가 소위 'UFO 영상'의 정체를 폭로하는 데 많은 시간을 쏟고 있다는 사실에 혼란스러워하고 분노했다. 실제로 나는 흥미로운 탐정 작업은 물론 복잡한 3D 퍼즐을 맞춰야 하는 도전을 즐기기 때문에 이런 일을 하고 있다. 하지만 UFO 지지자들은 나를 다음과 같이 여겼다.

그는 자신의 책《토끼 굴 탈출하기Escaping the Rabbit Hole》에서 썼듯 "말 그대로 외계인이 방에 찾아와 실험을 위해 나를 납치할 수 있다는 생각에 떨며" 침대에 누워 있곤 했다. 특히 그 두려움의 원인은 작은 녹색 인간이 1955년에 켄터키주에 위치한 한 작은 농가를 공격했다는 '켈리-홉킨스빌 조우[*]'였다.

40년 전, 그 이야기가 몇 주 동안 나를 두렵게 했던 것은 사실이다. 그러나 종종 이런 오랜 수수께끼들에 해답이 있다는 사실을 발견하면서 나는 기이한 주장에 대해 폭로하기로 마음을 먹었다. 하나하나 알아가는 재미가 있었다. 하지만 일부 UFO 지지자들은 이 이야기를 내가 외계인에 대한 병적인 두려움이 있고, 실제로는 외계인이 존재한다고 생각하지만 그들이 진짜가 아니라고 스스로를 설득하기 위해 외계인의 정체를 폭로하는 데 시간을 할애하고 있다고 받아들였다.

어린 시절 두려움은 오래전에 사라졌다. 나는 더 이상 외계인에 관한 악몽을 꾸지 않는다. 이제 나는 《실버 서퍼Silver Surfer》나 《2000AD》 같은 만화나 SF소설을 즐겨 읽고 〈E.T.〉와 〈미지와의 조우Close Encounters of the Third Kind〉 같은 영화를 보면서 외계인에 대한 생각을 사랑하게 되었다. 특히 아서 C. 클라크Arthur C. Clarke의 《유년기의 끝Childhood's End》과 《라마와의 랑데부Rendezvous with Rama》, 래리 니븐Larry Niven의 《링 월드Ringworld》, 필립 K. 딕Philip K. Dick의 《은하계 항아리-힐러Galactic Pot-Healer》, 로버트 L. 포워드Robert L. Forward의 《용의 알Dragon's Egg》과 같은 작품은 아직도 기억이 생생하다.

그렇지만 지금은 이런 어린 시절의 두려움이 소셜미디어에서 왜곡되곤 한다. 아래와 같이 때로는 너무 난해한 방식으로 말이다.

---

[*] 1955년 미국 켄터키주 크리스티안 카운티의 켈리와 홉킨스빌 농장에 있던 사람들이 외계인과 만나 벌어진 미스터리한 사건을 말한다.

가장 강경한 자[UFO 회의론자]들에게는 공통점이 있다. 그들 모두는 한때 열성적인 신봉자였다. 어느 순간 그들은 자신이 부끄러워졌고 UFO의 정체를 폭로하는 일에 집착하게 되었다. (중략) 당신은 다른 회의론자의 연구에 안도감을 느꼈기 때문에 삶의 더 이른 시기에 UFO 폭로에 빠지지 않았다. 나는 당신이 당시 〈토니 호크 프로스케이터〉나 〈아메리칸 드림〉 같은 게임을 하느라 너무 바빴다는 사실에 감사할 따름이다. 이후 하늘에 대한 당신의 관심이 켐트레일 음모론을 폭로하도록 이끌었다. (중략) 켐트레일은 자연스럽게 당신의 오랜 트라우마인 외계인으로 당신을 이끌었다. 그래서 외계인과 UFO는 밀접한 관계가 있는 것이다.

누군가가 당신의 주장이 오래전 트라우마에 근거한다고 생각하면 어떻게 해야 할까? 가장 중요한 건 이런 일이 일어날 수 있음을 아는 것이다. 회의적인 태도를 계속 견지한다면, 누군가는 당신이 비이성적이며, 심지어 정신 질환이나 병적인 강박을 갖고 있다고 공개적으로 비난할지도 모른다. 그럴 때면 화를 내지 말아야 한다. 아마도 그들은 이를 비이성적으로 부정하는 걸로 해석할 것이기 때문이다. 침착하고 단호하게 자신의 입장을 설명하라. 비난에 양분을 제공하거나 논쟁으로 위엄을 떨어뜨리지 말라. 그들이 틀렸음에 주목하고 관련 맥락을 보여준 뒤 다른 것에 관해 이야기하라.

무엇보다 이러한 비난이 진심에서 나온다는 점을 이해하라. 당신이 정신 질환을 가지고 있다고 보는 것만이 그들에게 남은 유일한 방법일 수 있다. 그들이 왜 그런지 알아내려는 노력을 기울여라. 그들은 무엇을 믿고, 그것을 왜 믿는가? 당신의 말이 그들의 세계관과 양립할 수 없어 말 그대로 미친 소리가 되는 이유는 무엇인가? 만일 당신이 상처받은 감정을 극복하고 논의하고 있는 주제에 대한 당신의 생각이 실제로 사실에 기초하고 합리적이며 악의가 없음을 그들에게 보여줄 수 있다면, 훨씬 더 생산적인 대화가 이뤄질 것이다. 번역 장영재

왜 점성술은 사라지지 않는가

제프리 딘
돈 사클로프스케
이반 켈리

경험 연구는 점성술이 타당하지 않다는 것을 일관되게 보여주었다. 그 과정에서 사람들이 과학 교육을 받는다면 점성술 같은 사이비 과학이 사라질 것이라는 주장이 제기되었다. 하지만 이런 주장은 요점을 놓치고 있다. 점성술사의 고객은 점성술을 진실의 원천이 아니라 의미와 영적 이익의 원천으로 여기기 때문에 교육은 효과가 없다. 점성술은 오늘날의 대중적 믿음에서 선두를 차지할 만큼 많은 사람이 개인적으로 의미가 있다고 생각하기 때문에 살아남았다(돈이 된다고 생각하는 사람도 많다). 이 글에서 우리는 점성술이 실제로 어떻게 사용되는지, 히틀러에게 어떻게 적용되는지, 메타 분석meta-analysis을 통한 점성술사의 능력을 따져본다. 또한 법률적 관점, 의미의 원천으로서의 점성술을 살펴보고 점성술의 미래까지 논의하고자 한다.

천문학과 점성술의 차이

우리는 최근 초자연적 이슈를 다룬 《캐나다 물리학Physic in Canada》특집호의 물리학자들을 위한 초청 기사에서 천문학과 점성술의 차이를 이해하기 위한 중요한 출발점이 무엇인지 강조했다.

천문학자나 물리학자에게 별과 행성은 흥미로운 물리적 성질을 띤 플라스마, 가스, 암석 덩어리다. 예를 들어 금성은 우리와 가장 가까운 이웃이자 지옥에 가장 가까운 행성이다. 대부분이 황산이 포함된 이산화탄소로 태양계에서 제일 두껍고(90바bar) 뜨거운 (섭씨 470도) 대기로 이뤄져 있기 때문이다. 별과 행성은 또한 아름다움과 경이의 원천이 될 수도 있다(토성의 고리나 게 성운에 있는 엉킨 실 같은 주변부를 생각해 보라). 하지만 그들에게 확실히 없는 것 한 가지는 바로 개별적 의미다. 망원경으로 들여다보면서 금성은 평화롭고, 화성은 호전적이며, 목성은 쾌활하다고 믿는 천문학자나 물리학자는 없다. 하지만 점성술사는 그 반대다. 중요한 것은 물리적 성질이 아니라 은유와 신화에 기초한 **의미**뿐이다. 점성술사는 출생 차트를 보고 금성은 평화롭고, 화성은 호전적이고, 목성은 쾌활하다고 굳게 믿는다.

은유적 의미와 신화가 과학이 아닌 것처럼 점성술은 과학이 아니다. 이 사실은 명확하다. 중력, 자기, 방사선, 양자 효과를 비롯한 그 어떤 물리적 방법도 점성술을 작동시키지 않는다. 하지만 수없이 많은 웹사이트에서 여전히 논쟁이 벌어지고 있다. 과학자들은 천체의 세차 운동을 설명하며 점성술을 비판하고 점성술사들은 세차 운동과 점성술은 상관없다며 과학자들이 무지하다고 일축한다. 그러면서 "추가적인 연구가 필요하다"라고 말한다.

하지만 추가 연구는 필요하지 않다. 수많은 경험 연구가 일관되게 다음과 같은 점을 보여주었다. (1) 점성술은 그 어떤 유용한 사실도 제공하지 않는다. (2) 점성술사가 주장하는 하늘과 땅의 관계는 존재하지 않는다. (3) 출생 차트에는 의미가 있을 수 있지만 틀린 차트 또한 그렇다. (4) 차트의 판독 결과는 전적으로 의도적 추론과 보이지 않는 설득 요소(바넘 효과Barnum effect*, 확증편향, 콜드리딩 같은 심리학적 요소)로 설명할 수 있으며, 점성술의 설명은 필요하지 않다.

과학은 점성술을 이해할 수 없다

정말로 필요한 점은 영국의 과학 기자 앨리슨 브룩스Alison Brooks가 25년 전에 지적한 사실을 더욱 폭넓게 인식하는 것이다. 즉 많은 과학자가 사람들이 과학 교육을 받으면 점성술 같은 사이비 과학이 사라질 것으로 믿었지만, 역사는 이런 접근법이 효과가 없다는 것을 보여주었다는 사실을 말이다. 브룩스는 "점성술의 호소력이 점성술의 진실에서 오지 않는다는 점을 과학자들은 이해하지 못한다"라고 말했다. 다시 말해 과학자들은 점성술이 의미를 갖기 위해 사실일 필요가 없으며, 점성술에는 참과 거짓 이상의 무언가가 있다는 점을 이해하지 못한다. 그들은 요점을 놓치고 있다.

---

* 매우 일반적이고 보편적이어서 누구에게나 적용 가능한 심리나 성격 묘사를 자신만의 특성으로 여기는 경향.

예를 들어 1975년에 시작해 노벨상 수상자를 포함한 과학자 186명(나중에는 192명)의 지지를 받은 그 유명한 점성술 반대 운동을 생각해 보라. 미국의 건축학 교수 미미 로벨Mimi Lobell은 나중에 《사이언스 뉴스Science News》에 보낸 서한에서 다음과 같이 지적했다.

점성술은 사람들에게 과학이 제공하지 못하는 것, 즉 개인과 우주 사이에 심리적으로 의미 있는 연결을 제공했다. (중략) 이는 인간 삶이 시작된 이래로 인간 정신 구조의 일부가 된 욕구다. [이런] 사실을 인정하지 않음으로써 과학자들은 점성술과 여타 '미신'이 그들에게 가하는 도전의 중요성을 이해하지 못했다.

로벨의 주장에 이의를 제기한 독자들도 있다. 우리가 다른 어떤 우주적 존재만큼이나 우주의 일부라는 점을 과학이 보여주었는데 있는지도 분명하지 않은 '의미'의 연결이 필요한 이유가 무엇이냐고 말이다. 이런 독자들은 가설 대신에 증거를 요구했고, 입증할 책임이 있는 사람들, 즉 과학자가 아니라 점성술사의 행동을 촉구했다. 45년이 지난 지금, 증거에 대한 요구는 대부분 충족되었지만 논쟁은 계속되고 있다. 점성술 반대 운동은 그때나 지금이나 늘 실패로 끝났다.

천상과 일상의 상관관계

고대의 점성술과 천문학은 대략 자연 점성술(천체 평가)과 판별 점성술(미래 판단)로 묶여 있었다. 이제 자연 점성술은 은유와 신화를 거부하고 과학적 방법을 추구하는 천문학 및 천체물리학이 되었다. 반면 판별 점성술은 보이는 세계가 단지 보이지 않는 세계를 반영한 것에 불과하다고 주장하는 고전적 신비주의에 기초한 단순 점성술이 되었다.

판별 점성술은 더 구체적으로 특정한 순간에 태어난 것은 무엇이든지(물리적인 사람이나 동물 또는 비물리적인 생각, 질문, 회사, 국가) 그 순간의 특성을 나타내게 된다고 주장한다. 이 특성은 출생 순간에 천상을 양식화한 지도인 출생 차트에서 볼 수 있다. 다시 말해 천상과 지상의 모든 사건 사이에는 상관관계가 있다. 이를 고전적 용어로 표현하면 다음과 같다. "하늘에서와 같이 땅에서도 그렇다as above so below."

보이지 않는 세계를 볼 수 없는 우리의 무력함과 점성술이 틀렸음을 입증할 수 없다고 자랑스럽게 떠드는 점성술사의 무능력은 이런 고전적 생각을 더욱 촉진했다. 차트 판독이 완벽하게 들어맞지 않는 것처럼 보인다면, 별이 기울어져 영향력을 발휘하지 못하거나, 출생 시간이 정확하지 않거나, 내담자가 자기 자신을 잘 모르거나, 아직 실현되지 않은 것이거나, 우리가 잘 모르는 방식으로 실현됐거나 다른 요소들이 간섭했을 것이다. 그것도 아니라면 (최후의 변명으로) 점성술사가 실수를 한 것이다. 이 변명들은 생각할 수 있는 모든 해석상의 오류를 충실히 해명한다. 이는 점성술이 내담자 정보가 모두 잘못되었을 경우에도 항상 작동하는 것처럼 보인다는 것을 의미한다. 그러니 점을 칠 때 처녀자리 태생인 사람이 다른 자리로 밝혀지더라도 걱정할 이유가 없다. 잘못은 점성술이 아니라 현실에 있으니까. 그럼에도 보이지 않는 곳에서 서서히 작은 변화가 일어났다.

오늘날의 점성술

출생 차트는 출생 시간과 장소를 기준으로 작성되는데 과거에는 출생 차트를 판독하는 일이 점성술사가 말하고 내담자는 듣는다는 원리에 기초했다. 오늘날 적어도 서구에서는 점성술사와 내담자가 함께 차트를 탐구하는 편이 더 많다. 따라서 차트 판독은 독백보다는 토론에 가깝다.

이러한 토론 스타일은 1960년대 미국에서 일반적인 점성술이 영적 요구를 충족하지 못한 데 대응하여, 신비주의자 앨리스 베일리Alice Bailey의 제자인 데인 러디아르Dane Rudhyar가 추진한 사람 중심 점성술에서 비롯되었다. 1973년에 러디아르는 내담자가 모든 것을 아는 점성술사 및 차트가 지시하는 예정된 진실에 의존하기 때문에 차트 판독이 그들에게 도움이 되지 않는 경향이 있다고 지적했다. 그래서 방향 전환이 필요했다.

필요한 것은 특정한 유형의 시스템이나 점성술이 제공하는 기본 데이터에 대한 해석이 그 자체로 타당한지가 아니다. (중략) 자신이 듣는 말에 따라 마음과 감정에 깊은 영향을 받을 수 있는 내담자에 대한 명확한 책임감을 [점성술사가] 갖고 있느냐.

다시 말하면 성공적인 판독에는 선별해 놓은 구름 덩어리에서 얼굴 모양을 찾아내는 능력이 필요한데, 이는 우리가 잘하는 일이다. 하지만 러디아르는 전통적 점성술의 유물론을 지나치게 강조하는 경향이 있었고, 미국 밖의 많은 점성술사는 변화의 필요성을 느끼지 못했다. 1982년에 오스트레일리아에서 전산화된 가장 큰 출생 차트 계산 서비스를 소유한 오스틴 프리차드 레비Austin

Prichard-Levy는 이러한 상황에서 다음과 같은 변화를 보았다.

나는 점성술사와 대화를 나누면 종종 그들이 점성술 영역 밖의 어떤 설명도 허용되지 않는 일종의 점성술적 우주라는 정신적 판타지 세계에 살고 있다고 느낀다. 만약 실제 세계의 사건이 점성술적 개념이나 예측과 일치하지 않는다면, 그것을 설명하기 위하여 새로운 점성술적 기법을 창안할 것이다.

이러한 경향에 대해 영국의 몇몇 점성술사는 용감하게 경고했다.

우리가 무엇을 하고 있는지, 그리고 왜 하고 있는지를 이해하지 못한다면, 어떤 결과가 나올지 점점 알 수 없게 될 것이다. (중략) 우리가 정보를 제시하는 방식, 우리가 채택한 방법에 사용한 기준은 우리가 무엇을 발견할지를 제한한다. 다시 말해 당신이 얻는 것은 당신이 이해한 것이다.

히틀러의 사례

한 가지 예로 전통적으로 예술적 재능과 관련된 천칭자리에 해당하는 아돌프 히틀러의 사례를 생각해 보자(실제로 그는 20대 초반에 미술을 공부했다). 예술적 재능은 그가 진로를 바꿔서 정치에 뛰어들고 세계 지배에 나선 후 초래한 폭정 및 파괴와 도저히 양립하지 않는다. 점성술사인 마이클 하딩Michael Harding과 찰스 하비Charles Harvey가 1990년에 출간한 책《점성술의 작동Working with Astrology》에서 지적한 것처럼, "젊은 히틀러의 미래에 대해 판독을 요청받은 전통적인 점성술사들이 과연 건축가와 예술가가 되고자 했던 그의 소망을 긍정했을지 강한 의구심이 든다. (중략) 더욱 중요한 것은 [그들이] 히틀러 차트에서 나타나는 에너지에 관해 다양한 대안적 방식을 제시하지 못했다는 점이다." 하딩이 책에서 만화로 보여준 것처럼 새로운 관점이 빠져 있었던 것이다.

오늘의 점성술사들은 점점 더 이러한 결점을 인식하고, 출생 차트를 이미 가정된 진실의 원천보다는 대화 요법을 자극하는 수단으로 보게 되었다. 이런 접근법은 실패할 수가 없다. 어떤 차트든 항상 설명에 필요한 것보다 더 많은 요소가 포함되어 있기 때문이다. 아무리 모호하더라도 (행성과 별자리 같은 전통적인 것에서 가상적 행성에 이르는 무수히 많은 새로운 요소까지) 내담자의 상황에 맞는 요소를 찾아내는 것이 요령이다. 그다음에는 그 밖의 요소들이 무엇을 가리키든 상관없이 대화하는 데 필요한 요소만을 활용한다. 이런 시스템에서 판독을 끼어 맞추는 쪽은 내담자이지 점성술사가 아니다.

점점 더 많은 요소를 창안하는 현대 점성술의 추세는 더 많은 탐구 대상을 만들어내고 조합, 모순, 동기, 가능성 등 고객이 식별할 수 있는 것은 무엇이든 찾아낼 더 나은 기회를 제공한다. 따라서 보이지 않는 설득 요소가 제 역할을 할 기회가 더 많이 제공되는 것은 당연한 일이다. 결과적으로 점성술사들은 점성술이 작동하며 과학자들이 무지하다는 것을 더욱더 확신하게 된다.

영성으로서의 점성술

오스트레일리아의 서던퀸즈랜드대학교에서 법을 강의하는 미국인 교수 제레미 패트릭Jeremy Patrick에 따르면, 서구의 법적 사례들은 점성술사가 한 일에 초점을 맞추며 애당초 내담자가 상담을 받은 이유는 거의 고려하지 않았다. 사람들은 왜 상담을 받는 것일까? 패트릭은 중요한 세 가지 이유를 제시했다(설명은 우리가 붙인 것이다). (1) 개인적 지지. 전문가로 여겨지는 사람의 자신만만한 주장은 불확실성을 해소해 준다. (2) 오락. 지루함을 느끼는 사람들은 점성술을 좋아한다. (3) 영적 연결. 사람들은 더 높은 힘을 포용하기를 원한다. 패트릭은 마지막 이유를 다음과 같이 분석한다.

이른바 더 높은 힘이 신, 우주, 자아, 운명, 어머니 지구, 또는 다른 무엇으로 개념화되든 간에, 점술[여기서는 점성술]에 대한 관심은 종종 한 사람의 영성과 관련된다. 이것은 대개 교리, 조직, 동료 의식, 또는 헌신을 요구하지 않는다는 점에서 분명하게 (전통적 의미의) 비종교적인 영성이며 특별함과 연결성을 동시에 느끼도록 해주는 개인주의적 영성이다. 그리고 묘사와 구성이 극적으로 변할 수 있는 개인마다 특유한 비정형적 영성이라는 사실이 반드시 이를 덜 '실재적'이거나 덜 중요하게 만드는 건 아니다.

패트릭에게 가장 매혹적이었던 사실은 다음과 같았다. "입법자와 회의론자들이 가장 우려하는 질문(예측이 '사실' 또는 '참'인지의 여부)이 대부분의 내담자에게는 별로 중요하지 않았다. [그들은] 정확성보다 정서적, 오락적, 영적 이점에 훨씬 더 관심이 있다."

개인적 의미(당신의 출생 차트에서 토성은 꾸물댐, 장애물, 물질적 어려움과 관련된다 같은)를 찾는다면, 내담자는 어떤 점에 주목할지 선택할 수 있으며 무엇이든 원하는 것을 믿을 수 있다. 그 시점에서 보이지 않는 설득 요소, 교묘한 주장, 확고한 사실, 상상할 수 있는 모든 반대는 무의미해진다. 정말로 중요한 것은 내담자가 점성술에서 위안을 얻고 길을 찾는다는 사실뿐이다. 점성술은 유용하다. 이는 동의하지 않는 모든 책, 견해, 경험적 발견을 기분 좋게 무시할 수 있음을 의미한다. 사실은 전혀 중요하지 않다. 진정한 신봉자들은 사실을 좋아하지 않는다.

반면에 개인적 의미보다 사실(토성은 어떤 출생 차트에서도 실제 영향력이 없다 같은)을 중시한다면 원한다고 해서 아무거나 믿을 수는 없다. 불편한 사실들을 무시하면 곧 발목을 잡힐 테니 말이다(골상학이나 방혈bloodletting을 믿는 사람들을 생각해 보라). 저항은 궁극적으로는 소용없다. 결국 사실이 승리하기 마련이다. 진정한 신봉자들은 결코 이를 나쁘게 받아들이지 않는다. 결국 선택은 당신의 몫이다.

키케로의 말처럼 중요한 것은 예언이 아니라 지혜다. 이는 평범한 상담자와 능력 있는 상담자 간의 차이를 만드는 것으로 보인다. 이런 사실을 인식한 현대의 한 점성술사는 다음과 같이 말했다. "내가 상담자로서 했던 좋은 일은 좋은 점성술사보다는 좋은 사람이 되고자 했기 때문에 가능했다."

필요에 따라 새로운 관점을 만들기

달리 말하자면 이제 점성술의 가치는 당신이 알고 싶은 바를 예측하는 가상적 능력이 아니라 차트 탐구를 통해 당신의 인식과 이해를 확장하는 효과에 있다. 점성술은 새로운 시각과 관점을 제공한다. 사실 가까운 친구들과의 대화, 자기계발서 읽기, 고전

소설에 관한 토론, 낯선 나라로의 여행, 비판적 사고 강좌 수강에 대해서도 같은 말을 할 수 있다. 이들 모두 당신에게 새로운 시각과 관점을 제공할 수 있다.

이 접근법들은 얼마나 인식을 확장할 수 있고, 각각의 특별한 이점과 책임은 무엇일까? 의심의 여지 없이 개인마다 서로 다른 접근법을 선호할 것이다. 그러나 통제된 검사가 이루어지기 전에는 여러 접근법 중에서 특정한 접근법을 선택할 객관적 근거는 없다. 하지만 희망이 없는 것은 아니다.

점성술(모호한 자극에서 의미를 찾는 방법)의 기반은 피험자가 잉크 얼룩, 불완전한 문장, 모호한 그림에서 보이는 바를 묘사하는 투사 검사projective test의 토대이기도 하다. 이 검사는 기본적으로 출생 차트나 손의 지문에서 의미를 보는 것과 다르지 않다. 투사 검사법은 80년에 걸쳐서 개발됐고 단일 검사로 6000건이 넘는 방대한 문헌을 확보했다. 이는 언뜻 인상적으로 보이기는 하지만, 모호한 그림을 사용하는 주제통각검사thematic appreciation test[*]와 같은 투사 검사가 타당한지 보이는 데 실패한 연구(즉 그들이 측정한다고 말하는 것을 측정한 연구)의 수가 보다 더 인상적이다.

게다가 검사 결과는 피험자와 특히 치료사의 기술에 달려 있기 때문에 치료사와 독립적으로 평가될 수 없다. 점성술을 비롯하여 손금 보기나 타로 카드 같은 것도 마찬가지다. 이는 출생 차트나 손금에 대한 한 치료사의 의견이 다른 치료사와 상당히 다를 수 있다는 것을 의미한다. 그러나 1997년에《심리 검사Psychological Testing》라는 교과서를 공동 저술한 앤 아나스타시Ann Anastasi와

---

[*] 피험자가 제시된 그림을 보고 진술하는 이야기를 해석함으로써 피험자의 인격이나 심리를 파악하는 방법.

수사나 어비나Suzana Urbina에 따르면 모든 의견이 한 가지 중요한 이점을 가지고 있다.

대부분의 투사 기법은 임상의(치료사)와 내담자의 만남 초기에 '어색한 분위기'를 깨는 효과적인 수단이다. 이 작업은 대개 흥미롭고 재미있다. 개인의 주의력을 자기 자신에게서 다른 곳으로 돌려 당혹감과 방어 심리를 줄여준다. 그리고 응답자의 자존심에도 거의 위협이 되지 않는다. 그의 어떤 반응이든 '옳은 것'이기 때문이다.

의미의 원천으로서 점성술

의미의 원천으로서의 점성술을 가장 명확하게 표현한 사람은 아마도 역사가이자 전직 전문 점성술사이며, 현재 웨일즈 트리니티세인트데이비드대학교의 문화천문학과 및 점성술 소피아 센터 책임자인 니콜라스 캠피온Nichola Campion 박사일 것이다. 캠피온은 2004년에 출간한 《세계의 천궁도의 서Book of World Horoscopes》에서 다른 사람들이 보통 무시하는 문제와 맞선다.

(정확한 데이터가 필수라는) 점성술의 수사학과 (점성술에 관한 책과 저널을 통해 판단한) 현실 사이에는 분명한 격차가 있다. 많은 경우에 정확한 데이터는 중요하지 않았다. 천궁도는 수정구, 타로 카드, 찻잔 바닥에 남은 찻잎과 똑같은 점괘의 거울이었다. (중략) [따라서] 누군가는 천궁도를 펼쳐 별점을 치기 위해 애쓰지 않고 그저 점괘 주사위를 굴릴 수도 있을 것이다.

그러나 차트가 개인적인 의미를 지니려면 여전히 출생 데이터를 기반으로 해야 한다.

많은 점성술사가 천궁도 판독을 객관적인 진실을 공정하게 읽어내는 것으로 간주하고 점성술이 과학이라고 주장해 왔다. (중략) [그러나 내가 보기에] 보통 점성술 상담에서 출생 시 천체의 위치와 점성술사의 판독 사이에 어떤 객관적 상관관계를 요구하는 경우는 거의 없다. 점성술 상담은 당시 내담자와 관련이 있는 [새로운 관점으로] 판단을 부추기는 타로 점괘나 주역의 64괘 판독과 비슷하다. 나는 잘못된 천궁도에서도 옳은 판독 결과를 얻을 수 있는 많은 점성술사의 능력을 검토한 후에 (중략) 이러한 결론에 도달했다. [따라서] 작동하는 것은 **점성술**이 아니라 **점성술사**다. (중략) 정확한 해석에 필요한 것은 시간이 정확하다는 **믿음**이 전부다.

또는 사회학자 W. I. 토머스W. I. Thomas는 다음과 같이 말했다. "인간이 현실로 정의한 상황은 [현실이 아닐 때에도] 그 결과에서 현실이다." 따라서 우리는 출생 차트와 그 의미에 신경을 덜 쓰고 점성술사가 의미와 새로운 관점을 드러내기 위해 어떻게 그것들을 내담자의 관심사와 연결하는지에 더 관심을 가져야 한다. 또는 캠피온은 다음과 같이 말했다. "상징적 언어로서의 점성술은 진실을 발견하는 수단이 아니라 진실을 발명하는 수단이 된다."

이제 점성술사와 내담자가 모호함을 선택적으로 혼합하면서 의미를 창조한다는 것이 분명해졌다. 간단히 말해서 교과서적인 점성술, 귀찮은 문제, 불편한 연구를 잊어버리고, 할 수 있는 한 긴장을 푼 뒤 상상의 나래를 펼치도록 하는 것이다. 이와 정반대로 상징성에 대한 구체적 해석(회의론자들이 상상하는 점성술의 작동 방식)은 과학적 실험이라는 막다른 골목으로 이어진다. "이런 접근법은 항상 더 많은 검증을 고안할 준비가 된 회의적 비판가의 손에 달려 있으며, 검증은 점성술을 우주에 관한 철 지난 이론에 기초한 부조리한 관행으로 격하시킨다. 점성술의 기법은 경험적 실험에 맞설 수 없다. (중략) 실험실 점성술은 (중략) 어떤 마법도 일어날 수 없음을 보증한다."

물론 그렇다. 통제란 그런 것이다. 아이러니하게도 경험적 검사는 대부분의 점성술사가 애당초 점성술을 믿게 된 이유였다. 그들은 점성술을 해봤고 효과가 있는 것처럼 보였다. 그렇다면 왜 갑자기 검사가 터무니없어졌을까? 역사는 우리에게 다음과 같은 답을 준다. 검사는 점성술사들이 기대하는 긍정적 결과를 내놓지 않기 때문에 터무니없다.

그것이 바로 많은 점성술 연구자가 흥미를 잃은 이유다. 연구자들은 자신의 시간을 투자하기에 더 나은 대상을 찾았다. 그리고 이것으로도 충분치 않다는 듯, 틀린 차트가 제공하는 매우 불편한 증거가 있다.

잘못된 차트가 나쁜 소식인 이유

점성술사들은 틀린 차트에서 옳은 답을 얻는 것일까? 그렇다면 이는 점성술의 문제를 드러내는데, 옳은 답은 정확한 출생 데이터에 근거한 정확한 차트를 통해서만 얻어져야 하기 때문이다. 하지만 콜드리딩을 할 기회가 없고 틀린 출생 데이터를 바탕으로 한 잘못된 차트가 실제로 작동한다면, 점성술사의 성공은 점성술 때문일 수 없다.

　이런 생각은 검증이 어려워 보이지만(어떤 점성술사가 고객의 틀린 차트를 기꺼이 판독하려 할 것인가) 대부분의 점성술사에게 우연히 그리고 놀라울 정도로 흔하게 일어나는 일이다. 다음과 같은 한 가지 사례만 소개한다.

　여러 점성술사가 완전히 틀린 차트의 해석이 참된 설명으로 기꺼이 받아들여지는 실험을 해봤다. (중략) 기발한 점성술사들이 어떤 차트에서든 원하는 바를 읽을 수 있다는 것은 잘 알려진 사실이다. 실제로 그들이 그렇게 한다는 건《점성술 저널Astrology Journal》이나《트랜싯Transit》의 몇몇 기사만 읽어보면 된다.

　차트가 분, 시간, 날, 월, 년 단위로 잘못되었는지는 중요하지 않다. 틀린 차트가 여전히 작동한다. 내담자는 여전히 판독 결과가 정확하다고 생각한다. 중요한 것은 점성술사와 내담자가 차트가 틀렸다는 사실을 모른다는 점이다. 그렇다면 점성술의 미래에 관해서는 무슨 말을 할 수 있을까?

점성술은 지속될 수 있을까

　반세기 동안의 경험 연구는 다음과 같이 점성술의 미래에 관한 논의를 진행하기 전에 고려해야 할 두 가지 중요한 관찰을 알려준다. (1) 점성술이 작동하는 것처럼 보이는 점성술사들의 보편적이고도 개인적인 경험. (2) 심리적 조작 요소와 편향이 통제될 때 점성술이 작동하지 못한다는 것. 연구 결과는 점성술이란 단지 편향과 억측을 포장해 삶의 사건을 더 잘 설명하는 것처럼 보이게 만드는 유서 깊은 포장지라는 것을 보여준다. 사실상 점성술은 구름 속에서 얼굴을 보는 것이다. 비록 그 얼굴이 오늘날 대중적 믿음의 선도적 위치에 오를 만큼 많은 사람이 개인적 의미를 찾아내더라도(그리고 돈이 된다고 생각하더라도) 말이다.

점성술은 지속될까? 손금 보기, 골상학, 그리고 찻잎 점과 마찬가지로 점성술은 기저에 있는 조작 요소에 무관심한 사람들에게 계속해서 의미와 지침을 제공할 수도 있을 것이다. 학계에서는 체계적인 연구를 통해 인간의 생각과 행동에 관한 이해가 높아짐에 따라 점성술이 뒤안으로 사라질 것이다. 심지어 인류의 역사도 대규모 데이터베이스를 모델링한 다학제적 방식으로 연구했을 때, 물병자리 시대Age of Aquarius* 같은 전통적인 점성술의 아이디어와 양립할 수 없는 것으로 나타난다. 점성술은 어떻게 우리 사고가 잘못된 길로 빠지는지를 보여주는 대표적 사례라는 점을 제외하면 과학적 이해와 무관하다.

확실히 사이비 과학을 연구하기에 점성술보다 더 적합한 대상은 없다. 오래된 전통과 지속적인 인기에 있어서 점성술은 다른 의문스러운 믿음에 비해 분명히 우위를 점하고 있다. 사이비 과학을 연구하는 학생이라면, 점성술이 좋은 출발점이 될 것이다.

번역 장영재

---

* 점성술은 지구의 세차 운동에 따라 춘분점이 바뀔 때를 기준으로 점성술적 시대 구분을 하며, 이 시대는 문명의 성쇠나 문화에 영향을 준다고 생각한다. 대개 춘분점이 물병자리에 해당하는 물병자리 시대는 평화 및 조화와 관련 있다고 믿는다.

여전한 사이비 과학과 회의주의의 길

제임스 랜디

저는 특별한 일을 합니다. 전 세계를 돌아다니며 무대 위 마법사가 되는 일입니다. 보통은 마술사라고도 부르지요. 하지만 사전을 찾아보면 마술사의 엄격한 정의는 마술을 부리는 사람이므로 딱 맞는 표현은 아닙니다. 저명한 사전에 나와 있는 제가 선호하는 정의에 따르면 마법은 주술과 주문으로 자연을 통제하려는 시도입니다. 예상하시겠지만 저 역시도 주문과 주술을 시도해 봤습니다. 당연히 소용이 없었습니다. 저는 제가 원하는 모든 주문과 주술을 외웠습니다. 하지만 마술 도우미는 소파에 앉아 허공으로 떠오르길 인내심 있게 기다릴 뿐이었습니다. 또한 상자 안에서 톱날에 깊이 베이거나 심각한 위험에 처할 뻔한 적도 있습니다. 주문과 주술은 효력이 없습니다. 그러니 결국 속임수를 쓸 수밖에 없습니다. 그럼 마술 혹은 마법을 정확하게 정의해 봅시다. 마술은 속임수와 사기를 통해 진짜 마법처럼 보이려는 행위입니다.

미국에서 마술사는 마법사를 연기하는 연기자입니다. 우리는 엔터테이너입니다. 하지만 데이비드 코퍼필드가 내게 고백했듯, 마술사 중에는 자신이 의도한 대로 모든 걸 할 수 있는 능력을 가졌다고 믿는 사람이 있습니다. 마술사들은 공연이 끝나고 이런 경험을 해본 적이 있을 겁니다. 관객이 찾아와선 이렇게 말하는 거죠. "정말 재미있었습니다." 그러면 이렇게 대답하죠. "이곳에 올 수 있어서 무척 좋았습니다. 즐겁게 보셨다니 기쁩니다." 그럼 관객은 또 이렇게 말합니다. "병 개수가 늘어나는 건 분명 속임수일 겁니다. 고리랑 밧줄도 그렇고요. 하지만 관객이 신문에서 어떤 단어를 골랐는지 맞힌 건 속임수가 아니죠." 전 그럼 대답합니다. "아니요, 그것도 속임수입니다. 종교적 기적을 흉내 낸 것뿐이죠." 그럼 관객은 제게 윙크를 하곤 말합니다. "그러시겠죠." 그러고는 친구들에게 이렇게 말합니다. "마술사는 애써 숨기려 하지만 우리는 모두 알고 있지."

우리의 내면에는 자연법칙이 허용하는 것 이상의 무언가가 있다고 믿고 싶은 몹시 강렬한 열망이 있습니다. 이는 마술을 즐겨 보는 사람만을 말하는 게 아닙니다. 우리 모두를 말하는 겁니다. 우리가 삶에 대해 어느 정도 판타지를 품는 건 이해할 수 있는 일이지만, 설명할 수 없는 현상과 마주할 때마다 그것을 초자연·주술·심령 현상으로 단정하려는 유혹은 매우 위험합니다. 전 누구보다도 삶의 많은 시간을 사람들의 심리를 연구하고 관찰하고 기록하고 활용하는 데 보내왔습니다. 저는 심리학자가 아니고 어떤 학위도 받지 않았습니다. 오늘 전 학자로서 지녀야 할 책임의 부담이 전혀 없이 이곳에 왔습니다. 그러니 내일 아침 어떤 학장이 저를 불러 "그런 얘기를 해서는 안 됐네"라고 훈계할 일은 없을 겁니다. 전 사람들의 심리가 어떻게 작용하는지 회의주의자의 시각에서 제 의견을 밝히고자 하는 것이지 학문적 지식을 전달하려는 건 아닙니다.

놀라운 경험은 회의주의를 필요로 한다

저는 헌신적이고 솔직하며 성실한 수많은 사람이 엄청난 판단 착오를 하고 있다는 사실을 일깨워야 하는 상황에 직면해 있습니다. 전 떠들썩한 방식으로 이것을 하고자 합니다. 그렇지 않으면 어떤 잘못도 저지르지 않았는데도 이미 온갖 불편함과 부담으로 고통받는 수많은 사람에게 피해를 주거나 마음의 상처를 입힐 수 있기 때문입니다. 어떤 계획인지 속 시원하게 말씀드리지 못해 무척 안타깝지만 구상 중인 일이라서 어쩔 수 없습니다. 보통 저는 그처럼 심각한 상황에 관여하지 않습니다. 사실 제 일은 대부분은 공개적으로 이루어집니다. 점성술 주장이나 사이비 과학을 살피는 거죠.

초자연적 현상으로 보이는 어떤 사건과 마주하게 되면 사람들은 "유령의 짓이야" "귀신의 소행이야" "심령 현상이야"라고 단정하고는 말아버립니다. 좀 더 깊이 바라볼 능력이나 의지가 없어서죠. 몇 년 전 제가 뉴저지에 살 때 우리 집은 방랑하는 온갖 마술사, 마법사, 협잡꾼이 들르는 일종의 순례지였습니다. 한번은 이틀 동안 집을 비운 뒤 몹시 피곤한 몸으로 돌아왔을 때 저의 아들인 알렉시스가 주방에서 두 명의 마술사에게 맥주를 대접하고 있었습니다. 전 그들에게 말했습니다. "지금은 정말 피곤해서 침대에 누워야겠습니다. 내일 아침에 봅시다."

그들은 밤늦게까지 술을 마신 것 같았습니다. 전 곧 잠이 들었고 이튿날 아침 눈을 뜬 후 비틀거리며 주방에 가니 그들은 아침을 먹고 있었죠. 전 식탁에 앉아 컵에 커피를 반쯤 채운 후 식탁을 정리했습니다. 알렉시스가 절 바라보며 말했습니다. "무슨 일 있으세요?" 제가 답했습니다. "어젯밤 유체이탈을 경험한 것 같구나." 유체이탈은 몸에서 영혼이 빠져나가 자기 몸을 어느 정도 떨어진 곳이나 천장에서 바라보는 현상입니다. 알렉시스가 계속 물었습니다. "정말이에요?" 제가 답했습니다. "그래, 정말이야. 유체이탈을 경험한 것 같아."

마술사들이 말했습니다. "그렇다면 어떤 일이 일어났는지 말씀해 주세요." 전 그들에게 제가 한 경험을 설명하기 시작했습니다. "한밤중에 잠에서 깬 기억이 나요. 처음에는 너무 피곤해서였는지 다시 잠이 오지 않았어요. 그래서 TV를 켰죠. 계속 프로그램을 보다가 마침내 잠이 들었어요. 그러다가 또 깼는데 전 제 침실 천장에서 날개를 활짝 편 독수리처럼 아래를 내려다보고 있었어요. 제 검은 고양이 앨리스가 침대 한가운데서 몸을 공처럼 말고 있어서 전 침대 한쪽으로 밀려나 있었죠. 고양이를 귀찮게 하고 싶지 않았거든요! 제가 천장에 있는 동안 방이 회색빛으로 가득하다는 사실을 깨달았죠. TV를 보니 화면은 정지되어 있고 백색소음 외에는 아무것도 들리지 않았어요. 제가 본 건 놀라웠어요. 전 침대 한쪽으로 밀려나 누워 있었고 연노랑 침대보가 위에 덮여 있었어요. 고양이는 침대 가운데 있고요. 고양이가 눈을 뜨자 초록색 눈이 보였어요. 머리에 뚫린 두 개의 구멍 같았죠. 앨리스는 날 보곤 '흐음' 하고 숨을 내쉬더니 다시 바로 잠들었어요."

몹시 강렬한 경험이었습니다. 저는 제게 제시된 증거를 바탕으로 수없이 들어온 일화와 일치하는 유체이탈을 경험했다고 믿게 되었습니다. 다행히도 전 제 믿음 구조를 절대적으로 옹호하거나 기존의 신념이 흔들린다고 해서 새로운 사실을 거부하는 사람이 아닙니다. 그리고 다행히도 전 실제로 무슨 일이 일어났는지 여러분에게 말씀드릴 수 있는 사람입니다. 알렉시스는 절 보더니 말했습니다. "두 가지 보여드릴 게 있어요." 그러더니 계단 쪽으로 가서는 커다란 세탁 바구니를 들고 나타났습니다. 아들이 아래층 세탁실에 가져다 놓은 것이었습니다. 바구니를 계단으로 끌고 올라오더니 안에 있던 침대 시트, 베갯잇, 연노랑 침대보를 보여줬습니다. 알렉시스가 말했습니다. "어제부터 바구니 안에 있던 세탁물이에요." 연노랑 침대보는 전날 밤 침대 위에 있지 않았던 겁니다! 침실로 뛰어가 보니 세탁실에 있는 것과 다른 침대보가 깔려 있었습니다. 전혀 다른 모양이었죠. 그런 다음 알렉시스는 날 베란다로 부르더니 앨리스가 어제 밖에 있었다고 말했습니다. 마술사 중 한 명이 고양이 털 알레르기가 있었기 때문입니다. 앨리스는 뾰루퉁한 채 밤부터 아침까지 밖에 있었으니 전날 밤 침대 위에서 몸을 말고 있었을 리가 없었습니다.

그건 꿈이었습니다. 어쩌면 환각이었을지 모르죠. 유체이탈이 아니었다는 두 가지 훌륭한 증거가 있었습니다. 이는 무척 중요한 일입니다. 증거가 없었다면 지금 제가 여러분에게 유체이탈을 경험했다고 말하고 있을 테니 말이죠. 이렇듯 다른 사람에게 전해 들은 유체이탈 경험은 의심을 해봐야 합니다. 유체이탈을 경험했다고 하는 사람은 대부분 저처럼 회의적이지 않습니다. 유체이탈이 아니라는 확실한 증거가 없다면 "난 유체이탈을 분명하게 경험했어"라고 말할 수밖에 없지 않겠습니까? 저의 경우는 꿈을 꾸었거나 환각 상태였을 거라는 가능성 외에는 달리 설명할 길이 없습니다. 상한 돼지고기를 먹고 몸이 안 좋았을 수도 있겠지만요. 제 경험을 잊지 마십시오. 열혈 회의주의자도 쉽사리 속아 넘어갈 수 있다는 생생한 예니까요.

입증의 책임은 누가 가지고 있는가

　전 많은 사람이 경험한 데자뷔 현상을 비롯해 여러 비슷한 경험을 해보았습니다. 하지만 대수롭지 않게 "음, 증거를 댈 수 있어"라고 함부로 말하지 않으려고 합니다. 전 제 경험에 무척 회의적입니다. 그렇다면 이런 회의주의의 근거는 무엇일까요? 여러분도 회의주의자라면 스스로에게 "내 회의주의의 근거는 무엇이지?"라고 물은 적이 있는지요? 그저 고집불통인 건 아닌가요? 현상을 있는 그대로 믿는 걸 그저 싫어하는 건 아닌가요? 초자연적 현상을 믿는 사람들이 멍청해 보여서 그들과 함께하고 싶지 않아서는 아닌가요?

　스스로에 대해 그리고 다른 사람에 대해 회의적인 데에는 이유가 있어야 합니다. 회의주의가 진실이 아닐 수도 있으니 그런 태도를 유지하기 위해서는 증거가 필요합니다. 그렇다고 어떤 것의 부재를 입증할 필요는 없습니다. 그것을 증명하는 건 불가능하기 때문입니다. 예를 들어 텔레파시가 존재하지 않는다는 사실은 증명할 수 없습니다. 몇 년 전 받았던 질문이 기억나는군요. 청중석에 있던 한 사람이 일어서서 말했습니다. "초능력이 존재하지 않는다는 걸 제게 증명할 수 있나요?" 전 "아니요, 못합니다"라고 답했습니다. 그러자 팔짱을 끼고 자리에 앉더니 "아하"라고 내뱉었습니다. 자신이 승리했다고 생각한 거죠. 전 초능력이 존재하지 않는다는 걸 증명할 수 없는 이유를 설명했습니다. 전 물었습니다. "초능력을 믿나요?" 그분이 말했습니다. "100퍼센트요." 난 그에게 초능력이 존재함을 증명해 달라고 말했습니다. 그러자 이렇게 대답했습니다. "전 무척 확신해요." 저는 "그건 제 질문에 대한 답이 아닌데요"라고 맞받아쳤습니다. "초능력의 존재를 증명해 주실 수 있나요? 초능력이 존재한다고 주장하는 건 당신이니까요."

　마이클 셔머가 명료하게 지적했듯이 우리 회의주의자는 폭로를 목적으로 활동하는 사람이 아닙니다. 저는 사람들로부터 종종 그런 오해를 받을 때마다 분개하며 아니라고 반론합니다. "그럴 리가 없어. 당신이 틀렸다는 걸 보여줄 거야." 사람들은 이런 식으로 제가 마음을 먹고 무슨 일이든 파헤치는 자라고 단정합니다. 하지만 저는 변호사가 아닙니다. 전 어떤 것도 지지하지 않습니다. 전 수사관에 가깝습니다. 분명 저는 어떤 것의 부재를 증명할 수는 없지만 그 문제에 관해 무언가를 보여줄 수 있을 때 달려듭니다. 제가 편견에 휘둘리는 건 아닐까요? 예, 맞습니다! 인정할 수밖에 없습니다. 하지만 63년 동안 매년 12월 24일 밤마다 굴뚝 옆에 앉아 있었는데도 빨간 옷을 입은 뚱뚱한 남자가 굴뚝을 오르는 모습을 보지 못했다면 다음과 같이 말할 수 있을 겁니다. "내가 가진 모든 증거에 따라 산타클로스에 대한 주장은 필연적인 사실일 수 없다. 산타클로스의 존재가 거짓이라고는 입증할 수 없지만, 내가 아는 바로는 진실일 가능성이 매우 낮다."

　산타클로스는 이 자리에는 조금 어울리지 않은 사소한 예처럼 보일지 모르지만, 사실 훌륭한 은유로 초자연적 현상이나 사이비 과학의 주장과 다르지 않습니다. 또 다른 예로 하늘을 나는 순록이 있습니다. 순록의 예는 실제로 시험할 수 있습니다. 단, 동물 보호 단체에는 이야기하지 말아주십시오. 저는 진심으로 이런 실험을 원하진 않지만 실험을 한다고 가정해 봅시다. 즉 사고 실험을 해보는 것이죠. 1000마리의 순록을 무작위로 고릅니다. 순록마다 번호를 매긴 다음 순록을 트럭에 모두 싣습니다. 그다음 뉴욕 세계무역센터 맨 꼭대기로 데려갑니다. 우리는 순록이 하늘을

날 수 있는지 실험할 것입니다. 순록을 모두 줄 세운 다음 옆에서 비디오카메라로 촬영하고 펜과 종이로 기록할 준비를 합니다. 지금은 오전 10시 10분입니다. 자, 이제 실험을 시작합니다. 1번 순록, 앞으로 나옵니다. 카메라 잘 돌아가고 있습니까? 좋습니다. 이제 밉니다. 앗, '실패'라고 적습니다. 2번 순록. 다시 밉니다. 실험을 끝내지 않는 한 실험 결과가 어떨지는 모릅니다. 물론 제가 전문가는 아니지만 공기 역학에 관한 약간의 지식에 비추어 볼 때 강하게 의심 가는 결과가 있기는 합니다. 또한 순록에 관한 이전의 경험들을 떠올리면 세계무역센터 아래에 뼈가 부러진 불행한 순록들이 쌓여 있을 가능성이 큽니다. 경찰들은 "어찌 된 일인지 순록이 또 떨어지네"라며 의아해할 것입니다.

우리는 이 실험으로 무엇을 증명할 수 있을까요? 순록이 날 수 없음을 증명했을까요? 물론 아닙니다. 우리는 당시의 기압, 온도, 복사, 지리적 위치, 계절에서는 1000마리의 순록이 날 수 없거나 날지 않기로 선택했다는 사실을 밝혔을 뿐입니다(후자라면 평균적인 순록의 지능 수준을 가늠할 수 있습니다). 하지만 철학적으로 엄밀히 말하면 이는 순록이 날 수 없음을 증명한 것이 아니며 증명할 수도 없습니다. 그렇다면 얼마나 많은 순록으로 실험을 해야 할까요? 저는 어떤 주장에 관한 통계를 이야기하는 게 아닙니다. 저는 단지 존재의 부재를 증명할 수 없다는 사실을 말씀드리는 겁니다. 증명을 해야 하는 사람은 어떤 것의 존재를 주장을 하는 쪽입니다. 우리는 이를 '입증의 책임'이라고 부릅니다. 사실 입증하는 방법은 무척 쉽습니다. 하늘을 나는 순록 한 마리만 보여주면 됩니다. 하지만 순록이 날 수 있다고 주장하는 사람은 다음과 같이 말하며 답변을 회피합니다. "북극에 사는 8마리의 작은 순록만이 12월 24일 저녁에 특별한 임무를 수행하기 위해 하늘을

납니다." 그렇다면 두 손을 들고 말하면 됩니다. "음, 제 생각에는 당신의 가정이 시험 가능한 것 같지 않군요." 더 이상 시간 낭비할 필요 없습니다.

헝가리 자석 여인들의 속임수

이 같은 사고 실험에는 한계가 있습니다. 비정상적인 주장을 검증하는 실제 실험의 예로 제가 헝가리에서 한 경험을 이야기해 보겠습니다. 저는 얼마 전 과학아카데미의 초청을 받아 부다페스트에 방문했습니다. 학회 참석자들은 공산주의의 무거운 굴레에서 벗어난 많은 국가가 학술지나 강연의 형태로 온갖 과학적 정보를 받아들이게 되면서 비상식적인 정보가 같이 유입되는 현상을 걱정했습니다. 점성술사, 신앙 치료사, 초능력자, 추를 흔드는 사람, 이른바 수맥 전문가가 새로운 시장을 발견하곤 물밀듯 들어오고 있었습니다. 헝가리 과학자들은 걱정했습니다. 헝가리 국회의원이자 전 세계적으로 유명한 과학자인 한 회원이 내게 말했습니다. "랜디, 언론에서 '자석 여인'을 본 적 있나요?" 저는 본 적이 있었습니다.

헝가리의 자석 여인들에 대해 들어본 적 없는 분들을 위해 잠깐 설명을 하겠습니다. 1998년 미국에서 언론을 뜨겁게 달군 소비에트연방 레닌그라드 출신의 '자석 남자' 사진을 아실지 모르겠습니다. 사진에서 중년 남자는 벨트 위로 아무것도 입지 않은 채 서 있고 그의 몸에는 다리미, 망치, 못, 면도날을 비롯한 온갖 금속이 붙어 있었습니다. 사진에는 그가 금속 물질을 끌어당긴다는 설명이 곁들여 있었습니다. 설명은 금속 물질이 저절로 솟아

올라 몸에 달라붙는다는 내용이었습니다. 남자의 몸은 어떤 이유에서인지 자성을 띠었습니다. 그가 찬 손목시계는 분명 시간이 안 맞았을 겁니다. 그의 곁으로 컴퓨터를 가져가서도 안 될 겁니다. 철로 만든 문을 통과한다고 생각해 보세요. '쿵' 하고는 곧바로 그를 강타할 겁니다!

저는 이 이야기가 그저 아주 과장된 소문이라고 치부하고는 스크랩북에 사진을 넣어 놓고 까맣게 잊고 있었습니다. 하지만 이후 헝가리 과학자가 제게 자석 여인들에 관해 물으며 다음과 같이 말했습니다. "사람들 말에 따르면 금속뿐 아니라 어떤 물체라도 이 여인들의 몸에 건장한 남자도 뗄 수 없을 만큼 강력하게 붙는다고 하더군요." 한번 생각해 봅시다. 강력 접착제로 테니스공을 여성의 목에 붙입니다. 건장한 남자가 공을 떼어내지 못한다면 피부가 뜯기거나 목이 부러질 겁니다. 무슨 일이 일어나도 분명 일어나야 할 겁니다. 저를 부다페스트로 초청한 헝가리 과학자 친구가 물었습니다. "어떻게 그런 주장이 가능하죠?" 저는 다음과 같이 말했습니다. "그렇다면 자석 여인들을 만나게 해주시죠." 그는 다음날 기자회견 후 여성들이 올 예정이라고 말했습니다. 전 무척이나 기다려졌습니다.

초심리학자 중 한 명이 제게 자성 탐지 장치를 사용하게 해주겠다고 말했습니다. 그는 자석 여인 두 명을 실험실로 데려오겠다고 했습니다(분명 서로의 손을 잡고 나타날 거라고 생각했습니다). 하지만 저는 실험실로는 가지 않겠다고 말했죠. 신문을 읽은 독자들은 '실험실'의 뜻을 제대로 이해하지 못할 수도 있습니다. 실험실에서 어떤 일이 벌어질지 누가 알겠습니까? 여인들의 귀에 사이클로트론을 넣은 건 아닐까요? 저는 스스로 장비를 준비해 갔습니다. 그건 바로 나침반이었습니다. 자성을 간단하게 탐지할 수 있는 장치니 여인들이 자성을 띠면 바늘이 곧바로 그들을 향할 겁니다. 두 여성이 나타났습니다. 전 친구에게 주장은 주장일 뿐 앞으로 일어날 일은 전혀 다를 수 있다고 미리 말해두었습니다. 전혀 흥미롭거나 놀랍지도 않을 수 있다고 말이죠.

그중 한 명이 손목시계를 풀고 자신의 이마에 붙였습니다. 여자가 물었습니다. "어떻게 설명하시겠어요?" 당시 두 여성의 얼굴은 무척 번들거렸습니다. 땀과 화장이 섞여 끈적끈적해 보였습니다. 한 여자가 말했습니다. "우리는 이게 어떻게 가능한지 설명하기 어려워요." 저는 전혀 어렵지 않다고 말했습니다.

두 번째 여성은 더 어려운 일을 시도했습니다. 가방에서 도자기 재질의 찻잔 받침을 꺼내더니 이마에 붙였습니다. "그렇다면 이건 어떻게 설명하실 수 있으세요?" 첫 번째 여성과 똑같이 물었습니다. 전 찻잔 받침을 이마에서 뗀 후 내 오른편에 서 있는 다른 네 명의 이마에 붙였습니다. 모두 잘 붙었습니다! 그런 다음 우리는 통제된 환경에서 실험하기로 했습니다(아, 나침반 실험은 대실패였는데, 한 번도 여인들을 향하지 않고 오로지 북쪽만 향했습니다). 저는 물과 비누를 요청한 뒤 통역사를 통해 첫 번째 여인에게 이마의 화장을 지우고 땀을 씻어도 되겠냐고 물었습니다. 그러자 여자는 피부에 흡수된 물이 전기나 자기와 섞이지 않아 효력이 떨어진다고 말했습니다. 그렇다면 만족스러운 실험이 될 수 없다는 제 말을 무시했고, 두 번째 여인도 제 요청을 거부한 뒤 가버렸습니다. 전 과학자 친구에게 말했습니다. "비상식적인 주장에 관한 과학적 조사에서 기억해야 할 첫 번째 교훈을 배웠죠? 신문 기사가 사실인지 아니면 신문 기사와 달리 놀라운 일이 전혀 벌어지지 않는지 확인하기 전까지는 어떤 이론도 세우지 말아야 합니다."

언론은 어떻게 비상식을 만드는가

두 여인이 억울해하지 않도록 그들의 이야기가 어떻게 신문에 실리게 되었는지 이야기해야 할 것 같습니다. 분명 그들은 기자들에게 "건장한 남자도 떼지 못했어요"라고 말하지 않았을 겁니다. 하지만 기자도 인간인지라 물건이 몸에서 안 떨어진다고만 쓰면 그리 재미있는 기사가 되지 않을 거라고 생각했을 것입니다. "음, 그렇다면 '건장한 남자도 뗄 수 없을 만큼 딱 달라붙어 있었다'라고 쓰면 어떨까?" 이제 이야기가 완벽해졌습니다! 제가 하고 싶은 말은 비상식적이거나 비과학적인 주장이 널리 퍼지는 데에는 주장을 하는 사람만큼이나 언론의 책임도 크다는 것입니다.

이를테면 몇 년 전 《뉴욕 데일리 뉴스New York Daily News》는 슬픈 소식과 놀라운 소식을 전하는 3면에 듀크대학교의 한 학생이 비행기 사고가 일어나기 하루 전에 사고를 매우 세세하게 예견했을 뿐 아니라 사망자 숫자도 거의 정확히 맞췄다고 보도했습니다. 오차는 두 명뿐이었고, 심지어 카나리아 제도의 어느 장소에서 사고가 일어날지도 맞췄다고 전했습니다. 다른 뉴스 매체도 앞다투어 이 기사를 보도했고 TV 프로그램에도 방영되었습니다. 한동안 모든 뉴스 채널이 그의 이야기를 했습니다. 언론은 학생의 이야기를 실제로 예언이 실현된 사례로 받아들였습니다. 한 프로그램 감독은 자신이 사고가 일어나기 24시간 전에 학생의 예언을 봉투에 담아 금고에 넣었고 누구도 봉투를 건드리지 않았다고 했습니다. 이후 사고가 일어난 뒤 금고를 개봉하여 그의 예언을 공개했다고 발표했습니다.

설명을 위해서는 잠시 마술사의 세계에 대해 이야기해야 할 것 같네요. 마술사들은 이 젊은이가 어떤 간단한 트릭을 사용했는지 알고 있습니다. 여기서 세부적인 내용은 생략하죠. 여러분도 그 중 일부는 스스로 알아낼 수 있습니다. 어쨌든 효과는 모두 같습니다. 밀봉한 봉투를 금고에 넣은 다음 나중에 조심스럽게 여는 거죠. 안에 든 건 녹음테이프일 수도 있고 편지일 수도 있습니다. 전날 서명을 하거나 공증을 받을 수도 있죠. 이건 종교적인 기적일까요? 아닙니다. 트릭입니다. 실력 있는 마술사라면 누구나 할 수 있는 트릭 말입니다.

이제 《뉴욕 데일리 뉴스》의 1보 기사를 이야기해 봅시다. 기사가 나온 건 오후였습니다. 3면에 실린 기사 중간에 삽입된 박스는 봉투가 어떻게 금고에 들어가게 되었는지 설명하면서 마지막에 듀크대학교 학생이 적은 경고를 인용했습니다. "이는 내일 밤 일어날 내 마술쇼의 일부입니다. 진지하게 받아들이지 마십시오." 2보, 3보 기사는 다른 내용은 그대로 내보냈지만 마지막 문장은 삭제했습니다.

신문 편집장과 기자 모두 우리와 같은 압력에 시달린다는 사실을 알 수 있습니다. 우리는 성공을 바랍니다. 흥미로운 이야기와 그렇지 않은 이야기 사이에서 선택을 해야 하죠. 언론만으로는 진실을 얻을 수는 없다는 사실을 깨달아야 합니다. 인쇄된 이야기를 접할 때는 항상 주의해야 합니다. "신문에 나왔으니 사실일 거야"라고 단정하거나 "책에 나왔으니 사실일 거야"라고 단정하지 않아야 합니다.

과학에도 회의주의가 필요하다

이어서 완벽한 허튼소리로 밝혀진 과학계의 주장들을 살펴보도록 하겠습니다. 1903년 프랑스에서 있었던 일입니다. 들어본 적 없는 이야기라면 귀 기울여 주시기 바랍니다. 저명한 물리학자 르네 블롱드로Rene Blondlot는 N-광선을 발견했다고 발표해 과학계를 놀라게 했습니다. 여러 상을 수상한 존경받는 과학자인 그가 한 실험들은 전도체에서의 전기 속도 측정 같은 지금으로 보면 무척 간단한 실험이었습니다. 지금은 아무것도 아니지만, 당시에는 몹시 정교한 기술이 필요한 실험이었고 전혀 쉽지 않았습니다. 70대였던 블롱드로는 낸시대학교의 물리학과장을 지낸 인연으로 그 머리글자를 따서 N-광선이라는 이름을 지었습니다.

그럼 N-광선은 무엇일까요? 블롱드로는 이 광선이 생목(마르지 않은 나무)과 마취된 금속(에테르나 클로로폼에 담궈 N-광선을 내보내지 않는 금속)을 제외한 모든 물질에서 나오는 설명 불가능한 특징을 지닌 복사라고 주장했습니다. N-광선 발표 후 6~8개월 동안 유럽 전역에서 N-광선의 존재를 입증하는 논문이 30편 발표되었습니다. 결과를 재현하려는 실험이 실패를 거듭했지만 N-광선에 관한 보고가 여러 학술지에 게재되었습니다. 예상치 못한 특성을 지닌 X-선 역시 그 존재가 입증된 상황이었으므로 이 같은 호의적인 반응은 이해할 만한 일이었습니다.

블롱드로가 가진 거라곤 내부에 프리즘(유리가 아닌 알루미늄)이 장착된 단순한 분광기와 실이 전부였습니다. 그는 보이지 않는 N-광선을 프리즘으로 굴절시켜 스펙트럼을 만들어 특수 처리된 실(예컨대 황산칼슘을 묻힌 실)을 이용해 광선을 검출할 수 있다고 주장했습니다. 이후 연구자들도 분광기 안에서 실을 움직일 때 관찰되는 빛이 N-광선이라고 주장했습니다.

얼마 지나지 않아 N-광선은 기정사실로 받아들여졌습니다. 한편《네이처Nature》는 영국과 독일의 실험실에서 N-광선이 발견되지 않자 의심하기 시작했습니다(10년 전 독일이 X-선을 발견한 상황에서 프랑스는 어떤 것도 발견하지 못했다는 사실에 분개해 있었습니다).《네이처》는 존스홉킨스대학교의 물리학자 로버트 W. 우드Robert W. Wood를 프랑스로 보내 조사하도록 했습니다. 지금이라면 사기꾼으로 비난받았겠지만 우드가 한 일은 무척 기발했습니다. 그는 아무도 보지 않을 때 N-광선 탐지기에서 프리즘을 제거한 다음 자신의 주머니에 몰래 넣었습니다. 탐지기는 알루미늄 처리한 프리즘의 굴절을 원리로 하기 때문에 프리즘이 없다면 소용이 없었습니다. 하지만 실험실 연구원이 실험을 시작하자 N-광선이 발견되었습니다. 그들은 역시나 N-광선이 존재한다고 소리쳤습니다.

실험이 끝났을 때 우드는 정말 모든 게 끝이라는 걸 알았습니다. 그가 보고서를 어떻게 써야 할지 생각하며 프리즘을 다시 분광기에 갖다 놓으려고 할 때 연구원 한 명이 그 모습을 보고는 우드가 프리즘을 제거하려고 한다고 생각했습니다(사실은 다시 갖다 놓은 것이었는데 말이죠). 그래서 우드의 만행을 폭로하고자 또다시 실험을 했고 광선은 발견되지 않았습니다. 연구원은 분광기 상자를 열어 프리즘이 없다는 걸 보여주려고 했지만 놀랍게도 안에는 프리즘이 있었습니다! 결국 모든 게 엉망이 되었습니다. 발표된 논문들은 철회되었고, 우편함으로 온 논문들은 폐기되었으며, N-광선은 사람들의 관심에서 사라졌습니다.

어떻게 이런 일이 벌어질 수 있었을까요? 어떻게 30편이 넘는 논문이 발표되었을까요? 논문을 쓴 과학자들은 거짓말을 하지 않았습니다. 단지 스스로를 속였을 뿐입니다. 이에 대해 어빙 클로츠Irving Klotz는《사이언티픽 아메리칸Scientific American》에 다음과 같이 기고했습니다.

블롱드로와 그의 제자들은 우드처럼 비판적인 사람들이 현상의 유효성이 아니라 관찰자의 예민함을 문제 삼았다고 주장했다. 이 같은 관점은 최근 초감각 인지를 둘러싼 논란들을 주의 깊게 살펴보는 사람들에게 낯설지 않을 것이다. 1905년 N-광선 진영을 지키고 있던 프랑스 과학자들의 주장은 일종의 광신주의 성향을 띠기 시작했다. N-광선 지지자 중 일부는 오로지 라틴 인종만이 광선을 감지할 수 있는 예민함(감각적 예민함뿐 아니라 지적 예민함)을 지닌다고 주장했다. 그들은 앵글로색슨족이 안개에 지속적으로 노출되어 둔감해졌고 게르만족은 맥주를 계속 마서 둔해졌다고 주장했다.

하지만 과학이 항상 실수에서 교훈을 얻는 것은 아닙니다. 최근 낸시대학교에 방문해 사이비 과학을 주제로 강연하며 이 이야기를 예로 들었는데 그곳의 청중 누구도 N-광선과 블롱드로를 들어본 적이 없었고, 심지어 낸시대학교 교수들도 내용을 전혀 몰랐습니다.

여전한 사이비 과학과 회의주의의 길

이제 독일로 눈을 돌려 최근 발견된 'E-광선'과 N-광선을 비교해 봅시다. E-광선은 지구 광선Earth-ray의 약자로 전 세계 모든 언론이 N-광선처럼 E-광선이라고 불렀습니다. E-광선은 N-광선보다 더 터무니없었습니다. E-광선이 무엇일까요? 무엇보다도 E-광선은 수맥 탐지기 외에는 그 어떤 장치로도 탐지할 수 없었고 암을 유발하며 지구 가운데에서 나온다고 추측됐습니다. 당시 서독 정부는 약 20만 달러(약 2억 2000만 원)에 달하는 40만여 마르크를 들여 수맥 탐지가들에게 돈을 준 다음 정부 재정으로 운영되는 병원과 연방 건물에서 치명적인 E-광선이 흐르는 곳을 탐지하고 그곳에 있던 침대와 책상을 치웠습니다. 저는 어떤 보수도 받지 않고 독일로 가 매우 간단한 두 가지 실험을 하자고 제안했습니다. 첫 번째 실험은 '수맥 탐지가 한 명이 수맥이 흐르는 장소를 두 번 찾아낼 수 있는가'였습니다. 두 번째 실험은 '두 명의 수맥 탐지가가 같은 장소를 찾아낼 수 있는가'였습니다. 제가 실험을 제안하자 독일 정부 관계자들은 다음과 같이 대답했습니다. "우리는 수맥의 작용을 알고 있기 때문에 실험할 필요가 없습니다. 중세 시대부터 내려온 것으로 역사적 전통이 진실을 보증합니다."

저는 수맥을 주장하는 사람들을 모두 같은 방식으로 반박합니다. 지표면의 94퍼센트는 드릴로 뚫다 보면 물이 나오기 때문에 그들에게 물이 나오지 않을 곳을 찾아보라고 말합니다. 하지만 그들은 하지 않으려고 하죠. 왜일까요? 성공할 확률이 6퍼센트밖에 되지 않기 때문입니다. 수맥은 무척 속이기 쉬운 관념 운동적 반응입니다. 스스로는 감지할 수 없는 무의식적 운동으로 어떤 미스터리한 힘처럼 보이는 것이지요.

몇 년 전에는 물이 기억을 지닌다는 자크 벵베니스트Jacque Benveniste의 실험을 조사하러 프랑스에 갔습니다. 벵베니스트는 자신의 이론을《네이처》에 발표했고 논문 중간에 다음과 같은 안내문을 실었습니다. "다른 사람의 연구에서 허점을 찾아내는 데 재능이 있는 과학계의 주도면밀한 동료들은 이 결론의 유효성을 입증할 또 다른 실험을 제안해 주길 바란다."《네이처》는 벵베니스트의 실험실에 조사단을 파견했고 저도 그중 한 명이었습니다(다른 두 명은 존 매독스John Maddox와 월터 W. 스튜어트Walter W. Stewart였습니다). 우리는 실험 절차뿐 아니라 데이터 처리에도 심각한 문제들을 발견했습니다. 실험 조건을 엄격히 통제하자 연구자는 결과를 재현하지 못했습니다.

저는 수년 동안 전 세계를 돌아다니며 사람들에게 현실을 직시하라고 외쳤습니다. 제가 하는 일은 무척 독특합니다. 제가 아니더라도 누군가는 해야 하는 일입니다. 언젠가 끝이 날까요? 아마도 아닐 겁니다. 하지만 많은 회의주의자와 과학자가 노력한다면 이런 현상을 조금이나마 '희석'할 수는 있을 것입니다!

감사합니다. 번역 하인해

286

회의주의자의 태도에 대하여

마이클 셔머

영국의 생물학자 리처드 도킨스는 이렇게 말했다. "두 개의 상반된 견해가 동일한 강도로 표현될 때, 진실이 반드시 그 중간 지점에 있지는 않다. 한쪽이 단순히 틀렸을 가능성도 있다." 어떤 관점이 더 진실에 가까운지 혹은 멀리 있는지를 판단하는 능력은 모든 과학의 기초이며, 나는 과학의 세계뿐만 아니라 나 자신과 타인의 개인적인 삶에서 그러한 문제들에 대해 어떻게 생각해야 하는지를 이해하는 데 내 경력을 바쳐왔다. 우리가 내리는 선택, 우리가 가진 믿음, 우리가 선택하는 인생의 길은 모두 우리의 사고력, 그리고 명확하게 사고할 수 있는 능력에 달려 있다.

한국에서《스켑틱》이 발행된 지 10주년을 맞아 한국 독자들에게 회의주의 방법을 통해 과학자처럼 생각하는 방법을 알려온 한국 스켑틱 편집부에 감사드리며, 회의주의의 주요 도구들을 다시 한번 돌아보고자 한다.

도구 1: 나는 존재한다, 고로 생각한다

나는 대학교 2학년 때 내가 가장 좋아했던 교수님의 철학 수업을 들었다. 그는 내가 호기심으로 모든 것을 대할 수 있도록 영감을 줬다. 사실 그 수업은 우등 과정으로 우등생이 아니었던 내가 들을 수 있는 수업이 아니었다. 할 수 없이 나는 말없이 앉아 있을 테니 청강만 하게 해달라고 교수님을 졸라댔다. 한동안 수업 참석을 허락한 그는 내가 생각의 기술은 떨어져도 호기심이 왕성하다는 걸 알아채고는 끝내 정식 수강을 허락했다.

수업에서 다뤘던 책 중 하나로 생물학자 빈센트 데티에가 쓴 《파리를 알기 위해》가 있었다. 지금도 내 책장에 꽂혀 있는 책이다. 실제 이 책은 파리에 관한 것이 아니다. 대신 과학자처럼 생각하는 법과 이런 사고법이 선사하는 경이로움, 그리고 기쁨에 대해 다룬다. 데티에는 이를 "세계로 나아갈 권리, 인류의 한 사람이라는 소속감, 정치적인 장벽, 이념, 종교, 언어를 초월하는 느낌"이라고 했다. 데티에는 이런 보상이 고귀하기는 하지만 이들보다 '더 고상하고 미묘한' 보상이 있다고 한다. 그것은 바로 인간의 본능적인 호기심이다. 그는 이렇게 말한다.

인간이 다른 모든 동물과 구별되는 특징 중 하나는 지식에 대한 순수한 욕구이다(그리고 인간도 분명 동물이다). 많은 동물에게도 호기심이 있지만, 그들에게 있어 호기심은 적응의 한 측면에 불과하다. 인간에게는 알고자 하는 갈망이 있다. 그리고 많은 사람이 앎에 대한 능력을 부여받기에 앎에 대한 의무가 있다. 아무리 작고, 진보나 행복과 무관한 앎이라 하더라도 모든 지식은 전체의 일부다. 바로 이것이 과학자가 참여하는 것이다. 파리를 안다는 것은 전체 지식의 숭고함을 조금이라도 나누는 것이다. 바로 이것이 과학의 도전이자 기쁨이다.

우리는 모두 세상이 어떻게 작동하는지 알아내기 위해 세상을 관찰하는 과학자와 같다. 가장 기본적인 수준에서 세계가 어떻게 작동하는지에 대한 호기심이야말로 과학의 본질이다. 노벨상을 탄 물리학자 리처드 파인만은 자신의 회고록《파인만 씨, 농담도 잘하시네!》에서 이렇게 말한다. "나는 어렸을 적 경이로운 무언가를 선물 받은 사람처럼 항상 그것을 다시 찾고 있습니다. 아이처럼 나는 항상 경이로움을 찾고 있습니다. 매번은 아닐지라도 가끔씩은 꼭 그 경이로움을 만나게 될 거라는 걸 알고 있습니다."

가장 기본적인 수준에서 우리는 생존을 위해 생각을 해야 한다. 생각은 인간의 가장 본질적인 특성이다. 3세기 전 프랑스의 수학자이자 철학자인 르네 데카르트는 자신이 지성사에서 가장 철저하고 회의적인 숙고 끝에 가장 확실한 명제에 도달했다고 결론 내렸다. "나는 생각한다. 고로 존재한다."

하지만 인간이 된다는 것은 생각한다는 것이다. 오히려 나는 데카르트의 말을 뒤집어 다음과 같이 결론 내리고 싶다. "나는 존재한다. 고로 생각한다."

도구2: 절묘한 균형

나는 1987년에 천문학자 칼 세이건의 강연을 들었다. 그리고 바로 그날 세상을 변화시키기 위해 대학원에 진학하고 박사 학위를 취득하기로 결심했다. 특히 그의 제안 중 한 가지가 결코 잊지 못할 일련의 사고 도구를 제공했다. 그것은 새로운 아이디어를 받아들일 수 있을 만큼 열린 마음을 가지되, 말이 되지 않는 아이디어를 믿을 정도로 개방적이지 않아야 한다는 것이었다. 세이건은 이렇게 말했다.

상충하는 두 필수 요소 간의 정교한 균형이 필요합니다. 즉 우리가 얻은 모든 가설을 극히 회의적인 태도로 철저히 검토하는 동시에 새로운 아이디어에 마음을 활짝 열어야 합니다. 만약 당신이 회의적이기만 하다면, 새로운 아이디어를 전혀 받아들일 수 없을 겁니다. 새로운 것을 절대 배우지 못하겠죠. 당신은 난센스가 세상을 지배한다고 확신하는 괴팍한 노인이 되고 말 것입니다(물론 당신의 확신을 뒷받침하는 자료는 많이 있습니다).

반면에 만약 당신이 잘 속는다고 할 만큼 개방적이며 회의감이라고는 눈곱만큼도 없는 사람이라면, 당신은 유용한 아이디어와 무용한 아이디어를 구별하지 못할 것입니다. 모든 아이디어의 타당성이 동등하다면, 제가 보기에, 어떤 아이디어에도 타당성이 전혀 없다는 말과 같습니다. 결국 당신은 길을 잃게 됩니다.

그런 다음 세이건은 '헛소리 탐지 키트'라고 하는 몇 가지 사고 도구를 제안했다. 다음은 나의 언어로 정리한 목록이다.

- 가능하면 '사실'을 독립적으로 확인하라.
- 당신의 생각에 이의를 제기하고 논쟁할 사람을 찾아라. 가급적이면 해당 주제에 대해 당신만큼 지식이 풍부한 사람을 찾아라.
- 특정 분야의 전문가를 인용하는 것은 괜찮지만, 아이디어는 독립적으로 검증돼야 하므로 권위에 호소하는 주장은 큰 힘이 없다.
- 자신의 설명 외에 또 다른 설명을 생각하라.
- 자신이 생각해 낸 아이디어에 지나치게 잡착하지 마라. 그 아이디어를 거부할 수 있는 방법을 생각하라.
- 가능하면 관심 있는 내용을 정량화해 테스트할 수 있는 방법을 마련하라.

- 당신의 주장이 생각의 연쇄로 이뤄져 있고 이들이 모두 참이어 야만 주장이 성립한다면 연쇄를 이루는 생각들의 결함을 찾으려고 노력하라.
- 오컴의 면도칼로 아이디어를 면도하라. 다시 말해 현상을 똑같이 잘 설명하는 두 가지 가설이 있을 때 더 간단한 가설을 선택하라.
- 아이디어를 반증하려고 노력하라. 이는 아이디어를 검증할 수 있는 방법을 생각하라는 말이다. 반증할 수 없거나 검증할 수 없는 아이디어는 오래 지속되지 않는다.
- 아이디어에 대한 통제된 실험을 수행할 수 있는 방법이나 단순한 숙고에서 더 나아가 아이디어를 실행할 수 있는 방법을 생각하라.

도구3: 끈기 있게 밀고 나가기

2004년 6월, 나는 UC 버클리의 과학사학자 프랭크 설로웨이와 찰스 다윈의 발자취를 되짚어 보기 위해 갈라파고스 제도로 한 달간 탐험을 떠났다. 인생에서 육체적으로 가장 힘든 경험 중 하나였던 이 탐험은 1835년 영국의 젊은 박물학자가 이룩한 업적에 대해 새로운 존경심을 갖게 해주었다. 찰스 다윈은 현명한 과학자일 뿐만 아니라 끈질긴 탐험가이기도 했다.

사실 찰스 다윈이 과학사의 거인 중 한 명으로 꼽히는 이유는 그가 개발한 사고 스타일 때문이다. 나는 다윈의 사고방식이 회의론과 확신 사이의 본질적 긴장을 조율하는 데 도움을 줄 거라고 생각한다. 다음은 다윈 사고의 다섯 가지 특징이다.

- 다윈은 타인의 의견을 존중하면서도 권위에 기꺼이 도전했다.
- 다윈은 부정적인 증거, 즉 자신의 이론에 반하는 증거에 세심한 주의를 기울였다.

291

- 다윈은 다른 사람의 연구를 아낌없이 인용하고 활용했다. 다윈 서신 프로젝트로 확인할 수 있는 1만 4000통 이상의 편지 대부분이 과학적 문제에 대한 긴 토론과 질의응답을 담고 있다.
- 다윈은 끊임없이 질문하고 늘 배우며 독창적인 아이디어를 공표할 만큼 자신감이 넘쳤지만 자신의 오류를 인정할 정도로 겸손했다. 설로웨이는 이를 이렇게 말한다. "과학계에는 전통과 변화 사이의 본질적 긴장이 있다. 왜냐하면 사람들은 저마다 선호하는 사고방식이 있기 때문이다. 그런 모순적 특징들이 한 개인의 내면에서 그토록 성공적으로 결합되는 경우는 과학의 역사에서 비교적 드문 일이다."
- 찰스 다윈을 과학계의 위대한 지성 중 한 명으로 만든 특성 중 하나는 그의 끈질긴 성격이었다. 어려운 문제에 부딪힐 때면 다윈은 비밀이 풀릴 때까지 파고들었다. 다윈의 아들 프랜시스는 아버지를 이렇게 회상했다. "끈기는 인내보다 아버지의 마음가짐을 더 잘 표현합니다. 인내심은 진실이 스스로 드러나도록 강요하는 아버지의 맹렬한 열망을 표현하기에는 부족해 보입니다."

도구4: 틀림의 상대성

SF 작가인 아이작 아시모프는 십 대 시절 내가 가장 좋아했던 작가 중 한 명이었다. 그는 1988년에 지식이 어떻게 발전하는지에 대해 논평한 논픽션《틀림의 상대성The Relativity of Wrong》을 썼다.

사람들이 지구가 평평하다고 생각했을 때 그것은 틀린 생각이었다. 사람들이 지구가 구형이라고 생각했을 때도 그것은 틀린 생각이었다. 그러나 지구가 구형이라고 생각하는 것이 지구가 평평하다고 생각하는 것만큼이나 잘못되었다고 보는 관점은 두 주장의 오류를 합친 것보다 더 잘못된 것이다.

지구가 평평하거나 둥글다는 표현, 또는 실제로 극지방이 납작하고 적도 쪽이 부풀어 오른 구형이라는 표현은 과학이 어떻게 틀림의 정도 또는 옳음의 정도로 발전하는지를 보여주는 은유이다.

도구5: 베이즈 추론 또는 합리적 추측의 방법

수 세기에 걸쳐 개발된 가장 중요한 인지 도구 중 하나는 18세기 토머스 베이즈Thomas Bayes 목사가 발명한 베이즈 추론이다. 신학자였던 베이즈는 인간이 신이 아니기에, 즉 전지전능하지 않으므로 모든 것이 어느 정도 불확실할 수밖에 없다는 것을 알아차렸다. 그렇다면 얼마나 불확실할까? 그리고 이러한 불확실성 속에서 어떻게 세상에 대한 합리적인 추론을 도출할 수 있을까?

베이즈 추론은 사건의 확률을 사건과 관련될 수 있는 조건에 대한 사전 지식을 기반으로 설명한다. 이러한 사전 지식을 '사전 확률priors' 또는 초기 신념의 정도라고 부른다. 어떤 것이 참일 확률은 믿음의 신뢰성이나 강도를 나타내는 '신뢰도'를 결정한다. 여기서 신뢰도는 어떤 것이 참일 확률을 백분율로 표현한 것이라고 생각하면 된다. 예를 들어 동전을 던졌을 때 앞면이나 뒷면이 나올 확률이 2분의 1이라는 사전 지식에 근거해, 평평한 동전을 던졌을 때 앞면이 나올 것임을 50퍼센트의 신뢰도로 믿을 수 있다. 또는 빨간 구슬 4개와 파란 구슬 1개를 담고 있는 주머니에서 무작위로 구슬을 하나 뽑는다면, 그 구슬이 빨간색일 것임을 80퍼센트의 신뢰도로 믿을 수 있다는 말이다.

그럼 2020년 코로나19 팬데믹이라는 현실 세계의 가슴 아픈 문제를 살펴보자. 우리는 이 소식을 2019년 12월 말에 처음 들었고, 확진자가 나타나기 시작한 2020년 1월쯤 이에 대한 우리의 사전 지식은 초기에 매서웠지만 결국 사그라든 이전의 전염병들에 관한 것이었다. 예를 들어 2009년의 H1N1 돼지독감이나 2014년 서아프리카의 에볼라 발병 등을 들 수 있으며 이 중 어느 것도 미국에서는 치명적이지 않았다. 따라서 새로운 코로나바이러스인 SARS-CoV-2가 1918년 스페인 독감과 맞먹는 치명적인 팬데믹을 일으킬 가능성에 대한 신뢰도는 낮았다.

베이즈 추론은 새로운 정보가 들어와 확률이 변하면 사전 지식을 업데이트하고 그에 따라 주장에 대한 신뢰도를 조정한다. SARS-CoV-2가 2월과 3월에 퍼져나감에 따라 우리는 사전 지식을 바꾸고 신뢰도를 업데이트했으며, 마스크를 쓰고 사회적 거리 두기를 실천하고 경제를 셧다운했다. 사전 지식의 변화와 업데이트된 신뢰도에 대응하여 2020년 내내 이어진 정책 변화는 베이즈 추론의 완벽한 예시이다.

베이즈 정리는 새로운 사실을 배우거나 새로운 증거를 획득했을 때 우리의 확률을 얼마나 수정해야 할지, 즉 마음을 얼마나 바꿔야 할지를 안내하며, 사고력을 향상시키는 가장 중요한 도구 중 하나다.

도구6: 슈퍼예측가가 되는 법
다음의 주장들에 대해서 여러분은 어떻게 생각하는가?

- 사람들은 자신의 믿음에 반하는 증거를 고려해야 한다.
- 당신에게 동의하는 사람보다 동의하지 않는 사람에게 주의를 기울이는 것이 더 유용하다.
- 어떤 것도 필연적이지 않다.
- 2차 세계대전이나 9/11 같은 역사의 주요 사건들도 아주 다르

게 전개될 수 있었다.

- 무작위성은 종종 우리의 개인적인 삶에서 중요 요인이 된다.

이 모든 문장에 동의하지 않았다면, 아마도 당신은 슈퍼예측가 superforecaster일 것이다. 슈퍼예측가라는 개념은 사회과학자 필립 테틀록Philip E. Tetlock과 댄 가드너Dan Gardner가 쓴《슈퍼 예측: 그들은 어떻게 미래를 보았는가》에서 비롯되었는데, 그들은 수십 년에 걸친 연구를 통해 소위 전문가들이 다트보드에 다트를 던지는 원숭이보다 나을 것이 없다는 것을 보여줬다. 정말이다!

토크쇼에서 인터뷰하는 전문가들의 예측을 실제로 추적하고 얼마나 정확한지 확인해 보면, 그들이 자신이 말하는 바에 대해 전혀 모른다는 것이 분명해진다. 더 나쁜 것은 이런 전문가들에게 구체적인 예측을 하도록 요청했을 때, 예를 들어 "러시아가 세 달 안에 우크라이나 영토를 추가로 합병할 것인가?"나 "다른 국가가 향후 2년 내에 EU를 탈퇴할 것인가?"와 같은 질문을 했을 때, 테틀록과 가드너가 시험한 전문가들의 예측은 무작위 추측보다 나을 것이 없었다. 그들의 실패에는 몇 가지 이유가 있다.

첫째, 전문가들 대부분이 자신을 과신했다. 어찌됐든 그들은 전문가 아닌가! 둘째, 전문가들은 피드백이 부족했다. 누군가 당신의 실수를 지적하지 않는다면, 당신은 성공한 것만을 기억하게 될 것이다. 이는 우리의 믿음을 지지하는 증거만을 추구하고 반대 증거를 무시하거나 합리화하는 확증 편향으로 알려져 있다. 모두가 확증 편향을 하지만, 전문가들은 확증 편향의 전문가다. 셋째, 테틀록과 가드너는 최악의 예측가들이 큰 아이디어를 가진 사람들임을 발견했다. 즉 세상이 작동하는 방식에 대한 거대한 이론을 가진 사람들이었다. 예를 들어 결코 오지 않은 계급 전쟁을 예측하는 좌파 평론가나, 결코 일어나지 않은 자유 기업 시스템의 사회주의적 붕괴를 예측하는 우파 논객이 있다. 폭스 뉴스나 CNN에서는 세상이 작동하는 방식에 대한 현실과 동떨어진 거대한 이론을 언제든 접할 수 있다. 넷째, 전문가들은 자신의 거대한 아이디어에 반하는 사실에 흔들리지 않았다. 그들은 단순히 "그건 아무 의미 없어"라든지 "두고 봐, 곧 때가 올 거야!"와 같은 발언으로 문제를 일축했다.

진짜 슈퍼예측가가 되기 위해 다음을 실천해야 한다.

- 자신의 믿음에 반하는 증거를 고려하라.
- 당신에게 동의하지 않는 사람들에게 주의를 기울여라.
- 어떤 것도 필연적이지 않다는 것을 기억하라.
- 9/11과 같은 주요 사건들도 다르게 전개될 수 있었다는 것을 인식하라.
- 삶에서 무작위성의 역할을 인정하고, 사고와 우연이 실제로 발생함을 받아들여라.
- 마음을 바꾸는 것이 약점이 아니라 강점임을 스스로에게 상기시켜라.
- 직관이 대개 의사 결정에 있어서 지침이 되지 않는다는 것을 기억하라.
- 당신의 믿음에 반하는 증거가 제시될 때, 기꺼이 마음을 바꾸어라.

도구7: 용어 정의 및 명확한 언어 사용

언제가 나는 《산타 모니카 뉴스》에서 다음과 같은 선언문을 읽은 적이 있다.

이 행성은 지금까지 아득한 세월 동안 잠들어 있었다. 그러다가 고에너지 진동수가 시작되면서 바야흐로 의식과 영성이 깨어나려 하고 있다. 한계의 대가들과 점술의 대가들은 그와 똑같은 창조의 힘을 써서 자신들의 참모습을 현시한다. 하지만 전자는 나선형 하강으로 운동하고 후자는 나선형 상승으로 운동하여, 각자 본래부터 갖고 있던 공명 진동을 증가시킨다.

이게 무슨 뜻일까? 글쎄, 잘 모르겠다!

전문 과학 용어로 믿음 체계의 외관을 포장하는 것은 말하는 바에 대한 명확한 정의 없이는 아무런 의미가 없다. 인용문은 '고에너지 진동수' '나선형 하강과 나선형 상승' '공명 진동'과 같은 물리학의 용어를 차용한다. 하지만 정확한 정의 없이 이런 용어들은 어떤 의미도 갖지 못한다. 행성의 고에너지 진동수를 어떻게 측정할 수 있을까? 또는 점술의 대가들은 공명 진동을 어떻게 측정할 수 있을까? 그나저나 점술의 대가란 도대체 무엇일까?

도구8: 입증의 부담과 설명할 수 없는 것들

누가 누구에게 무언가를 증명해야 하는 부담을 지고 있을까? 비범한 주장을 하는 사람은 전문가와 공동체에 자신의 믿음이 많은 사람이 받아들이는 믿음보다 더 타당하다는 것을 증명해야 할 책임이 있다. 이는 어느 정도 민주주의와 비슷하게 작동한다. 우선 당신의 의견이 주목을 받도록 로비를 해야 하고 전문가들을 당신의 편에 결집해 다수가 당신의 주장에 '투표'하도록 설득해야 한다. 마침내 당신의 의견이 주류가 되었을 때, 증명의 부담은 당신의 의견에 도전하려는 외부자의 비범한 주장으로 넘어가게 된다.

대부분의 사람들은 자신을 과신하는데, 자신이 어떤 것을 설명할 수 없다면 그것은 본래 설명 불가능하며, 따라서 진정으로 해결 불가능한 미스터리라고 생각하는 경향이 있다. 과거 선조가 피라미드를 어떻게 지었는지 알 수 없기에 외계인이 피라미드를 건설했을 것이라고 선언하는 아마추어 고고학자만큼 재밌는 사람도 없다. 합리적인 사람들조차도 전문가들이 설명할 수 없는 건 설명할 수 없는 것이라고 여긴다. 이것이 바로 마술사들이 자신의 비밀을 말하지 않는 이유다. 그들의 트릭은 대부분 매우 단순해 트릭이 한번 파헤쳐지면 마법이 사라지고 만다. 우주에는 해결되지 않은 미스터리가 진정으로 많지만 "아직 알지 못해도 언젠가 알게 되지 않을까"라는 태도를 취하는 것이 더 낫다.

도구9: 사고력 증진하기

심리학자 앨프레드 맨더는 이제는 고전이 된 1947년의 저서 《대중을 위한 논리학》에서 다음과 같이 말했다.

생각이란 숙련이 필요한 일이다. 어떻게 생각해야 하는지에 대한 학습이나 연습 없이 명확하고 논리적으로 생각할 수 있는 능력을 우리가 타고난다는 건 사실이 아니다. 훈련하지 않은 마음을 가진 사람이 명확하고 논리적으로 생각할 수 있다고 기대하는 것은 학습이나 연습 없이 자신이 훌륭한 목수나 골퍼, 브리지 플레이어, 피아니스트일 수 있다고 기대하는 것과 다를 바 없다.

사람들이 어떻게 생각하는지 연구한 심리학자 배리 싱어는 특정 추측이 옳은지 그른지 알려주면서 문제에 대한 답을 선택하도록 하는 과제에서 사람들이 다음과 같은 행동을 한다는 걸 발견했다.

- 즉시 가설을 세우고 그에 부합하는 예시만을 찾는다.
- 가설을 반증할 증거를 찾지 않는다.
- 가설이 명백히 틀렸을 때도 가설을 바꾸는 데 매우 오래 걸린다.
- 정보가 너무 복잡하면, 지나치게 단순한 가설이나 해결 전략을 택한다.
- 만약 해결책이 없는 문제를 내거나 가짜 문제를 내고 '옳다'와 '그르다'를 무작위로 제시할 경우, 사람들은 우연한 관계에 대해 가설을 세웠다. 사람들은 항상 인과관계를 발견했다.

도구10: 증거의 부재가 부재의 증거가 될 때

《스켑틱》의 발행인으로서 나는 종종 "외계인이나 빅풋을 믿느냐?" 같은 질문을 받는다. 보통 나는 "그들의 사체를 보여주면 믿겠지만 그렇지 않다면 회의적이다"라는 식으로 답한다. 과학에서는 이를 '귀무가설'이라고 부른다. 즉 무언가의 존재가 입증되기 전까지는 그것이 존재하지 않는다고 보는 것이다.

예를 들어 당신이 코로나19 치료제를 개발했다고 주장한다고 하자. 당신의 약이 실제 코로나19를 치료할 수 있다는 것이 증명될 때까지 FDA는 당신의 약을 승인하지 않을 것이다. 그리고 그때까지는 당신이 코로나19 치료제를 가지고 있지 않다고 가정하는 것이다. 이 경우 귀무가설은 당신이 치료제를 가지고 있지 않다는 것이다. 귀무가설을 기각하려면 충분한 증거를 제시해야 한다.

많은 사람이 "빅풋이 존재하지 않는다는 것을 증명할 수 있느냐?" 또는 "외계인이 존재하지 않는다는 것을 증명할 수 있느냐?"라고 묻는다. 이 질문들에 대한 답은 '아니오'이다. 여기서 중요한 점은 입증의 책임이 회의론자가 아닌 긍정적인 주장을 하는 사람에게 있다는 것이다. 외계인이 우주 어딘가에 있을 수도 있고, 빅풋이 캐나다나 히말라야의 외딴 지역을 돌아다니고 있을지도 모른다. 하지만 내가 그와 같은 주장을 하는 게 아니기에 내게 그것을 반증할 책임은 없다. 사실 모든 은하계를 탐사하거나 지구를 모두 뒤지지 않는 한 그것을 반증할 수 없을 것이다.

여기서 나는 부정적 증거의 원리를 상기시키고 싶다. 이 원칙을 나는 '밤에 짖지 않은 개'라고 한다. 이는 셜록 홈즈가 경주마 납치 사건의 미스터리를 해결하는 아서 코난 도일의 《실버 블레이즈》에서 유래한 말로, 홈즈는 개가 한밤중의 방문자를 보고도 짖지 않은 건 "개가 그자를 잘 알고 있기 때문"이라고 추리한다.* 나는 최근 몇 년간 위키리크스를 통해 수만 건의 기밀 정부 이메일, 문서, 파일이 유출되었음에도 불구하고, UFO 은폐나 가짜 달 착륙에 대한 언급이 전혀 없다는 사실이 매우 흥미롭다고 생각한다. 여기서 증거의 부재는 부재의 증거이다.

도구11: 세이건의 용

"제 차고에 용이 있습니다. 한번 보시겠어요? 물론이죠. 누가 안 그러겠어요?" 이 사고 실험은 칼 세이건이 그의 저서 《악령이 출몰하는 세상》에서 제안한 것으로 여기서는 내 나름대로 한번 각색을 해보려고 한다.

나는 당신을 차고로 데려가 문을 연다. 안을 들여다 보니 상자, 페인트통, 사다리, 자전거, 기타 소품이 몇 개 있지만 용은 보이지 않는다. 당신은 "용은 어디 있죠?"라고 묻는다. 내가 "아, 이건

---

* 놀라운 주장을 하는 사람은 그에 대한 증거가 있었다면 이미 그것을 공포하고도 남았을 일이다. 그들은 '밤에 짖지 않은 개'처럼 긍정적 증거가 없다는 걸 잘 알고 있기에 그에 대해 침묵한다.

눈에 보이지 않는 특별한 용이에요"라고 답한다.

당신은 보이지 않는 용이 움직일 때 발자국이 나타나도록 차고 바닥에 밀가루를 뿌려서 용을 검증할 방법을 제안한다. 그러자 나는 이렇게 말한다. "그건 안 될 거예요. 보이지 않는 용은 땅에서 1피트 위에 떠 있기 때문이죠."

당신은 "보이지 않는 공중에 떠 있는 용이라고요?"라고 회의적으로 물은 후 차고 안에 있는 원격 온도계를 가리키며 용의 체온을 감지해 보자고 제안한다. "미안하지만 이 용은 냉혈 동물이라 열을 전혀 발산하지 않아요."

다시 당신은 "그럼 용이 내뿜는 불은요? 온도계가 용의 불을 감지할 수 있지 않을까요?"라고 합리적으로 제안한다. 나는 얼버무리며 이렇게 답한다. "글쎄요, 사실 이 용은 차가운 불을 내뿜어요. 그것은 용에게만 통용되는 잘 알려지지 않은 현상입니다."

답답한 당신은 도전적인 목소리로 묻는다. "눈에 보이지 않고 공중에 떠다니며 차가운 불을 뿜는 용과 용의 부재 사이의 차이는 무엇인가요?"

정답은 '없음'이다. 원칙적으로 검증할 수 없는 것을 믿는다고 주장하는 사람에게 회의적인 태도를 취하는 것이 이 도구의 요점이다. 누군가가 황당한 이야기를 하거나 말 그대로 믿기 힘든 진실을 주장할 때, 그들에게 이렇게 물어보길 바란다. "그 주장을 반증할 수 있는 방법은 무엇입니까?" 혹은 "우리가 그 주장을 어떻게 시험할 수 있을까요?" 그들이 적절한 답을 하지 못하거나 그 방법이 없다면 그들의 주장에 동의하지 않아야 한다. 만약 그들이 증거를 전혀 제시하지 않는다면, 나는 저널리스트이자 작가였던 크리스토퍼 히친스Christopher Hitchens의 말을 인용하고 싶다. "증거 없이 주장된 것은 증거 없이 기각될 수 있다."

도구12: 특별한 주장에는 특별한 증거가 필요하다

산타 바버라에 사는 나는 하루는 라스베이거스로 운전 여행을 떠났다. 101번 고속도로를 타고 남쪽으로 가서, 134번 고속도로를 타고 동쪽으로, 다시 210번 고속도로를 타고 동쪽으로 이동한 후 15번 고속도로를 이용해 북쪽으로 달려 신시티까지 갈 예정이었다. 밤이 깊은 시간이었는데, 210번과 15번 고속도로가 만나는 지점에서 차 위로 떠 있는 밝은 빛을 봤다. 처음엔 경찰 헬리콥터라고 생각해 갓길에 차를 세웠지만 경찰이 아니었다. 그 빛은 외계인이었고 나를 납치해 자신들의 행성인 플레이아데스 성단으로 데려갔다. 그곳에서 외계인들은 지구에 전해야 할 메시지를 나에게 전달했다. 그것은 바로 우리가 지구 온난화를 멈춰야 한다는 것이었다.

이 이야기에서 어떤 부분이 믿을만하고 또 믿기 힘든가? 확실히 외계인에게 납치되었다는 이야기는 믿기 힘들 것이다. 외계인 우주선의 대시보드 손잡이나 실제 외계인과 같은 물리적 증거를 제시하지 않는 한 여러분은 필히 회의적이어야 한다. 하지만 남부 캘리포니아의 고속도로를 운전했다는 부분에 대해서는 그리 회의적이지 않을 거다. 왜 그럴까?

그 답은 스코틀랜드 계몽주의 철학자 데이비드 흄이 1748년 저서 《인간의 이해력에 관한 탐구》에서 "현명한 사람은 자신의 믿음과 증거를 비례시킨다"라고 한 증거의 원칙과 관련이 있다. 칼 세이건은 이를 1980년에 큰 인기를 끌었던 TV 시리즈 〈코스모스〉의 한 에피소드에서 "비범한 주장에는 비범한 증거가 필요하다"라고 더욱 분명하게 말했다.

평범한 주장은 평범한 증거만 있으면 되지만, 비범한 주장은 비범한 증거를 필요로 한다. 내가 남부 캘리포니아 고속도로를 운전했다는 주장은 지극히 평범한 증거를 필요로 하므로 대개 그 말을 그대로 믿어도 큰 문제가 없다. 그러나 외계인에게 납치되어 플레이아데스 고향 행성으로 우주선을 타고 갔다는 주장은 매우 특별하므로 이를 뒷받침하는 특별한 증거를 제시할 수 없다면 회의적이어야 한다.

도구13: 과학적 방법

내가 과학을 정의하는 방식은 다음과 같다. "과학은 관찰되거나 추론된 과거 혹은 현재의 현상을 설명하고 해석하기 위해 고안된 방법들의 집합이며, 입증과 반증에 열려 있는 검증 가능한 지식 체계를 구축하는 데 초점을 맞춘다."

이 복잡한 문장을 풀어서 이야기해 보자. 과학은 '방법들의 집합'이다. 다시 말해 그것은 우리가 행하는 어떤 행동으로서 동사에 해당한다. 그리고 과학은 '설명하고 해석하는 것'을 목적으로 한다. 우리는 실험실이나 세상에서 우리가 보는 바를 기술할 뿐 아니라 우리가 보고 있다고 생각하는 바를 해석하기도 한다. 왜냐하면 사실 그 자체가 스스로 자신을 드러내지 않고 어떤 모형이나 이론을 통해 해석돼야만 하기 때문이다. 과학이 '관찰되거나 추론된 현상'이란 말은 우리가 직접 무언가를 볼 수 있을 때도 있지만 때로는 간접적으로 그 존재를 추론해야 할 때도 있다는 의미다. 대표적으로 천왕성, 해왕성, 명왕성이 관측도 되기도 전에 기존의 관측 가능한 행성에 미친 영향으로 그 존재가 추론되었다. '과거 혹은 현재'는 천문학, 지질학, 고고학처럼 많은 과학이 본성적으로 역사적 성격을 가지고 있다는 걸 말한다. 마지막으로 '입증과 반증에 열려 있는 검증 가능한 지식 체계'는 과학의 핵심이다. 우리는 실험 결과에 근거해 어떤 아이디어를 반증하거

303

나 입증할 수 있어야 한다.

그렇다면 앞선 과학에 대한 나의 정의는 다음과 같이 줄여볼 수 있다. "변화에 열려 있으며 검증 가능한 세상을 설명하는 방법." 리처드 파인만은 학생들에게 이렇게 설명했다. "실험과 일치하지 않으면, 그것은 틀린 것입니다. 이 간단한 문장 안에 과학의 핵심이 담겨 있습니다. 당신의 가설이 얼마나 아름답든, 당신이 얼마나 똑똑하든, 누가 그 가설을 만들었든, 그의 이름이 무엇이든 상관없습니다. 실험과 일치하지 않으면, 그것은 틀린 것입니다. 그것이 전부입니다." 위대한 영국의 천문학자 아서 스탠리 에딩턴은 이렇게 말한다. "관찰이 최종 판결을 내리는 법정이다." 또한 SF 작가 필립 K. 딕은 이를 다른 방식으로 표현했다. "실재란 당신이 더 이상 믿지 않더라도 사라지지 않는 것이다." 번역 스켑틱 편집부

저자 소개

게리 스미스 Gary Smith

클레어몬트 포모나대학교에서 경제학을 가르치고 있다. 예일대학교에서 경제학으로 박사 학위를 받았다. 금융 통계 및 스포츠 통계에 대해 수십 편의 논문과 9권의 교과서를 썼으며 게임 결과를 예측하는 소프트웨어 프로그램을 만들기도 했다. 《표준 편차: 잘못된 전제, 고문받은 데이터, 거짓말하는 통계(Standard Deviations: Flawed Assumptions, Tortured Data, and Other to Lie with Statistics)》를 썼다.

대니얼 록스턴 Daniel Loxton

저술가이자 회의주의자로 유사과학에 대한 비판적 시각을 담은 글을 《스켑틱》과 《스켑티컬 인콰이어러》 등에 정기적으로 기고하고 있으며, 어린이를 위한 《주니어 스켑틱》의 편집인이다. 지은 책으로는 어린이를 위한 《진화란 무엇인가: 우리와 살아 있는 모든 것들은 어떻게 생겨났을까?(Evolution: How We and All Living Things Came to Be)》 등이 있다.

더그 러셀 Doug Russell

전문 마술사이자 폭죽 전문가다. 주말마다 콜로라도 덴버에 위치한 '위저드 체스트(The Wizard's Chest)'라는 마술 용품 가게에서 마술을 시연했다.

데이비드 자이글러 David Zeigler

노스캐롤라이나대학교 생물학 교수다. 본래 그는 무척추동물을 연구하는 동물학자지만 동물의 행동에도 큰 관심을 가지고 있다. 저서로는《생물 다양성의 이해 (Understanding Biodiversity)》와《진화: 구성요소와 메커니즘(Evolution: Components & Mechanisms)》이 있다.

돈 사클로프스케Don Saklofske

캐나다의 웨스턴온타리오대학교 심리학과 교수로 국제 개인차연구학회 회장 및 《성격 및 개인차(Personality and Individual Differences)》《정신교육 평가 저널(Journal of Psychoeducational Assessment)》의 편집장이다. 제프리 딘, 이반 켈리와 함께 1982년부터 점성술에 관한 비판적 논문과 책을 저술해 왔다.

로버트 D. 커벨Robert D. Kirbel

신경심리학자이자 소설가로 오하이오 주립대학교에서 신경심리학으로 박사 학위를 받았다. 로렌스 리버모어 국립 연구소(Lawrence Livermore National Laboratory)에서 과학 작가로 활동하기도 했다.

마르야나 린데만Marjaana Lindeman

핀란드 헬싱키대학교의 심리학부 교수로, 일상에서의 과학적 사고에 대해 연구하고 있다. 특히 초자연적 현상에 대한 믿음의 심리학을 연구하고 있다. 캐나다 사회과학 및 인문학 연구 자문 위원회와 스위스 국립과학재단 회원이기도 하다. 합리적 사고의 증진에 기여한 공로로 2007년에 핀란드 스켑틱 협회(Skepsis ry)에서 수여하는 소크라테스상을 수여했다.

마시모 피글리우치Massimo Pigliucci

뉴욕시립대학교의 철학 교수이며《생물학의 철학과 이론(Philosophy & Theory in Biology)》지의 편집장이기도 하다. 이탈리아의 페라라대학교에서 유전학으로, 미국 코네티컷대학교에서 식물학으로, 그리고 테네시대학학에서 과학철학으로 박사 학위를 받았다. 저서로는《이것은 과학이 아니다》,《진화를 부정하기 (Denying Evolution)》, 조너선 케플러와 공동 집필한《진화의 이해(Making Sense of Evolution)》등이 있다.

마이클 셔머Michael Shermer

페퍼다인대학교에서 심리학을 공부했으며 풀러턴의 캘리포니아주립대학교에서 실험 심리학으로 석사 학위를, 클레어몬트대학원에서 과학사로 박사 학위를 받았다. 20여 년 동안 교수로 있으면서 캘리포니아주립대학교, 옥시덴탈 칼리지, 글렌

데일 칼리지에서 심리학, 진화론, 과학사를 가르쳤다. 주요 저서로는 '믿음 3부작'이라 불리는《왜 사람들은 이상한 것을 믿는가》《우리는 어떤 식으로 믿는가》《선악의 과학》이 있다. 1997년 과학주의 운동의 본거지인 미국 스켑틱 학회를 설립하고 과학 잡지《스켑틱》을 창간하여 현재까지 발행인과 편집장을 맡고 있다.

믹 웨스트Mick West

음모론이나 유사과학의 허구성을 폭로하는 음모론 분석 전문가이자 과학 커뮤니케이터다. 전문적으로 음모론을 폭로하는 웹사이트 메타벙크(Metabunk)를 운영하고 있다. 지은 책으로는《토끼 굴 피하기: 사실, 논리, 존경을 이용해 음모론 폭로하는 법(Escaping the Rabbit Hole. How to Debunk Conspiracy Theories Using Facts, Logic, and Respect)》이 있다.

에드 기브니Ed Gibney

작가이자 철학자다. 웹사이트 진화론적 철학(Evolutionary Philosophy)을 운영하고 있다.
주로 진화론적 철학에 관하여 논문을 쓰며 연방수사국(FBI), 국토안보부(DHS)에서 경영 컨설팅을 하기도 했다. 지은 책으로는 장편 소설《늪 비우기(Draining the Swamp)》가 있다.

이반 켈리Ivan Kelly

캐나다의 서스캐처원대학교 교육심리학 및 특수교육과 명예교수다. 다년간 미국에 근거지를 둔 회의적 연구 위원회의 점성술 분과 위원장이었으며 점성술, 인간 판단, 인간 행동에 달(the moon)이 미치는 영향에 관한 비판적 저작을 포함해 100여 개 이상의 과학 및 철학 논문을 저술했다.

자피르 이바노프Zafir Ivanov

작가이자 저널리스트로 인지심리학, 신경과학, 베이즈주의 믿음 형성에 관한 기사를 썼다. '이성의 받침점'이라는 베이즈주의적 추론에 관한 TED 강연을 하기도 했다.

제임스 랜디James Randi

세계적인 마술사이자 유사과학적 주장과 초자연적 현상에 적극적으로 이의를 제기한 과학적 회의주의자다. 회의론적 조사 위원회(Committee for Skeptical Inquiry)와 제임스 랜디 교육 재단(James Randi Educational Foundation)의 창립자다. 자신의 이름을 건 '놀라운 랜디(The Amazing Randi)'로 마술사 경력을 시작한 이후 오컬

트와 초자연적 주장을 탐구하는 데 여생을 바쳤다. 자신의 초자연적 능력을 과학적으로 증명하는 사람에게 백만 달러를 주는 '백만 달러 파라노말 챌린지(One Million Dollar Paranormal Challenge)'를 2015년까지 진행하며 유리 겔라 등 당대 유명한 초능력자의 트릭을 폭로하였다. 지은 책으로는 《허튼소리》《초능력의 진실(The Faith Healers)》 등이 있다. 2020년 10월 20일에 92세의 나이로 별세했다.

제프리 딘Geoffrey Dean

전직 점성술사로 서호주 회의론자협회 회장이며, 미국에 근거지를 둔 회의적 탐구 위원회 펠로다. 점성술 연구에 대한 비판적 기사와 논문을 저술했다.

캐럴 태브리스Carol Tavris

사회심리학자. 미국심리학회의 펠로다. 미시간 대학교에서 심리학 박사 학위를 취득했으며 캘리포니아대학교 등에서 심리학을 강의해왔다. 《뉴욕 타임스》,《로스 앤젤레스 타임스》를 비롯해 다양한 매체에 심리학 주제에 관해 글을 쓰고 있다. 주요 저서로는 생물학적 환원주의에 반대하고 남녀평등주의에 입각해서 남녀의 차이를 설명한 《여성과 남성이 다르지도 똑같지도 않은 이유(The Mismeasure of Woman)》와 《잘못 이해된 감정 - 분노(Anger : The Misunderstood)》 등이 있다.

키아 아르니오Kia Aarnio

헬싱키대학교 심리학부에서 박사 학위를 받았다. 미신적 사고와 종교, 교육, 정보 처리과 정 간의 관계에 대해 연구했으며, 심리학 교육의 질 향상과 학생들의 학습 경험을 개선하기 위한 연구를 지속하고 있다. 고등학생을 위한 발달심리학 교과서 《스키마(Skeema)》 시리즈를 공동 집필했다.

필 몰레Phil Molé

시카고 일리노이대학교에서 공중보건학으로 석사 학위를 받은 후 가이아텍(GaiaTech)에서 환경 평가 컨설턴트로 근무했으며, 현재는 VelocityEHS에서 환경, 건강, 안전 및 지속 가능성(Environmental, Health, Safety and Sustainability, EHS) 전문가로 활동하고 있다. 《스켑틱》과 《스켑티컬 인콰이어러》에 주기적으로 글을 쓰고 있다.

역자 소개

김보은

이화여자대학교 화학과를 졸업하고 동대학교 분자생명과학부 대학원을 졸업했다. 가톨릭대학교 의과대학에서 의생물과학 박사 학위를 마친 뒤, 바이러스 연구실에 근무했다. 옮긴 책으로는 《의학에 관한 위험한 헛소문》《인공지능은 무엇이 되려 하는가》《슈퍼 휴먼》《GMO 사피엔스의 시대》등이 있다.

김효정

연세대학교에서 심리학과 영문학을 전공했다. 현재 바른번역 소속 번역가로 활동하고 있으며 옮긴 책으로는 《나는 달리기가 싫어》《당신의 감정이 당신에게 말하는 것》《상황의 심리학》《어떻게 변화를 끌어낼 것인가》《철학하는 십대가 세상을 바꾼다》등이 있다.

류운

서강대학교 철학과를 졸업하고 같은 학교 대학원 철학과에서 석사 학위를 받았다. 옮긴 책으로는 《대멸종》《왜 사람들은 이상한 것을 믿는가》《진화의 탄생》《왜 다윈이 중요한가》《최초의 생명꼴, 세포》등이 있다.

박유진

서울대학교에서 생물학을 전공하고, 서울재즈아카데미에서 음악을 공부한 후, 현재 바른번역 소속 전문 번역가로 활동하고 있다. 옮긴 책으로는《바다의 제왕》《멋진 우주, 우아한 수학》《어린이를 위한 종의 기원》《자연이 만든 가장 완벽한 도형, 나선》등 다수가 있다.

장영재

공학과 물리학을 공부하고 국방과학연구소 연구원으로 근무했으며, '글밥아카데미' 수료 후 현재《하버드 비즈니스 리뷰》및《스켑틱》번역에 참여하는 등 '바른번역' 소속 번역가로 활동하고 있다. 옮긴 책으로는《경이로운 과학 콘서트》《신도 주사위 놀이를 한다》《남자다움의 사회학》《한국, 한국인》《워터 4.0》등이 있다.

하인해

인하대학교 화학공학부를 졸업하고 한국외국어대학교 통번역대학원에서 석사 학위를 취득했다. 졸업 후 정부 기관과 법무법인에서 통번역사로 근무했다. 옮긴 책으로는《우주는 계속되지 않는다》《사피엔스의 멸망》《이끼와 함께》《플라스틱 없는 삶》등이 있다.

나는 의심한다, 고로 존재한다

초판 1쇄 발행 2025년 2월 14일

엮은이	한국 스켑틱 편집부
펴낸곳	(주)바다출판사
주소	서울시 마포구 성지1길 30 3층
전화	02-322-3675(편집), 02-322-3575(마케팅)
팩스	02-322-3858
이메일	badabooks@daum.net
홈페이지	www.badabooks.co.kr

ISBN   979-11-6689-319-3 03400